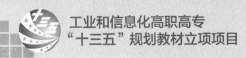

工业和信息化高职高专
"十三五"规划教材立项项目

陈晓红／主编

葛培 马志芳／副主编

高等职业教育『十三五』土建类技能型人才培养规划教材

高层建筑施工

U0311014

人民邮电出版社

北 京

图书在版编目（CIP）数据

高层建筑施工 / 陈晓红主编. -- 北京：人民邮电
出版社，2015.12
高等职业教育"十三五"土建类技能型人才培养规划
教材
ISBN 978-7-115-40034-5

Ⅰ. ①高… Ⅱ. ①陈… Ⅲ. ①高层建筑－工程施工－
高等职业教育－教材 Ⅳ. ①TU974

中国版本图书馆CIP数据核字(2015)第171155号

内 容 提 要

　　本书按照高等职业教育人才培养目标以及专业教学改革的需要，依据最新建筑工程技术标准和材料标准进行编写。全书共 7 个学习情境，主要内容包括高层建筑施工测量、高层建筑施工常用机械、高层建筑施工用脚手架、基础工程施工、高层钢筋混凝土结构施工、钢结构高层建筑施工和高层建筑防水工程施工。每个学习情境里面都设置大量的工程案例，结合案例分析，培养学生的实际应用和操作能力。

　　本书既可作为高职高专土建类相专业的教材，也可作为成人教育土建类及相关专业的教材，还可作为相关从业人员的参考书。

◆ 主　　编　陈晓红
　　副主编　葛　培　马志芳
　　责任编辑　刘盛平
　　责任印制　张佳莹　杨林杰

◆ 人民邮电出版社出版发行　　北京市丰台区成寿寺路 11 号
　　邮编　100164　电子邮件　315@ptpress.com.cn
　　网址　http://www.ptpress.com.cn
　　北京中新伟业印刷有限公司印刷

◆ 开本：787×1092　　1/16
　　印张：18.75　　　　　　　2015 年 12 月第 1 版
　　字数：482 千字　　　　　　2015 年 12 月北京第 1 次印刷

定价：42.00 元

读者服务热线：(010) 81055256　印装质量热线：(010) 81055316
反盗版热线：(010) 81055315
广告经营许可证：京崇工商广字第 0021 号

前　言

随着社会的进步，城市工业和商业的迅速发展促进了高层建筑的快速发展。同时，建筑领域的一些新结构、新材料和新工艺的出现也为高层建筑的发展提供了条件。高层建筑不仅解决了日益增多的人口和有限的用地之间的矛盾，也丰富了城市的面貌，成为城市实力的象征和现代化的标志。

《民用建筑设计通则》（GB 50352—2005）中规定：住宅建筑七层至九层为中高层住宅，十层及十层以上为高层住宅；除住宅建筑之外的民用建筑，高度大于 24m 者为高层建筑（不包含建筑物高度大于 24m 的单层公共建筑），建筑高度大于 100m 的民用建筑为超高层建筑。与普通建筑相比，高层建筑的楼层多、高度大，施工技术和组织管理都相对复杂。

由于科技的日益发展，高层建筑施工技术也得到迅速发展，例如，在基础工程方面，混凝土方桩、预应力混凝土管桩、钢桩等预制打入皆有应用，有的桩长已达到 70m 以上；在结构方面，已形成组合模板、大模板、爬升模板和滑升模板的成套工艺；在钢筋技术方面，钢筋对焊、电渣压力焊、气压焊以及机械连接、预拌混凝土和泵送技术的推广，大大提高了大体积混凝土浇筑速度。此外，对于超高层建筑，厚钢板焊接技术、高强度螺栓和安装工艺都日益完善，国产 H 型钢钢结构也已成功用于高层住宅。

为了进一步体现高等职业教育的特点，及时反映我国高层建筑施工成熟且先进的施工技术和有关计算理论，我们结合最新颁布实施的有关规范和标准，并参照近年来高层建筑施工新技术、新工艺的发展情况编写了本书。本书按照情境导入、案例导航、知识拓展、学习案例、学习情境小结、学习检测等的编写体例形式，构建了一个"引导—学习—总结—练习"的教学全过程，给学生的学习和老师的教学作出了引导，并帮助学生从更深的层次思考、复习和巩固所学的知识。

本书由郑州铁路职业技术学院的陈晓红担任主编，葛培、马志芳担任副主编。参加本书编写的还有闫玉萍、李东浩、赵秀云、张环、孙洪硕、刘青、袁媛、钟宏伟、汪波和袁飞。

本书在编写时参考或引用了部分单位、专家学者的资料，在此表示衷心的感谢。由于编者水平有限，书中疏漏及不当之处在所难免，敬请广大读者批评指正。

编　者

2015 年 6 月

目 录

学习情境四

基础工程施工 ………………… 85

学习情境五

高层钢筋混凝土结构施工 …… 180

学习情境一
高层建筑施工测量

情境导入

某高层建筑定位测量，如图 1-1 所示。

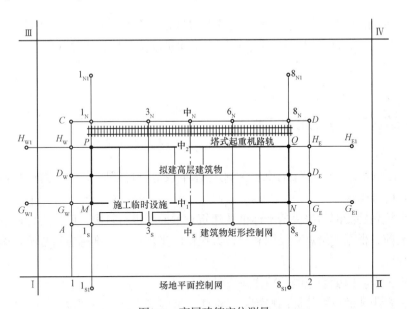

图 1-1　高层建筑定位测量

案例导航

　　高层建筑施工测量，必须建立施工控制网。施工方格网一般在总平面布置图上进行设计，首先，根据现场情况确定其各条边线与建筑轴线的间距，再确定四个角点的坐标；其次，在现场根据城市测量控制网或建筑场地上测量控制网，用极坐标法或直角坐标法，在现场测设出来并打桩；最后，还应在现场检测方格网的四个内角和四条边长，并按设计角度和尺寸进行相应的调整，如图 1-1 所示。

要更加深入地了解高层建筑施工测量的准备工作与内容，掌握高层建筑施工变形观测，需要掌握下列相关知识。

1. 高层建筑施工测量的内容。
2. 建筑物位移观测和竖向观测。
3. 施工控制网的建立。

学习单元一　高层建筑施工测量的准备工作和内容

知识目标

1. 了解高层建筑施工测量的准备工作内容。
2. 熟悉高层建筑测量的方法。

技能目标

1. 能正确理解高层建筑施工测量的准备工作及测量方法。
2. 能够建立施工方格控制网，灵活运用高层建筑施工测量的各种方法。

基础知识

一、高层建筑施工测量的准备工作

1. 测量准备

（1）校核测量仪器。将工程所用的经纬仪、水准仪等测量仪器及工具送国家计量单位校核，保证测量工具的准确性。

（2）根据规划勘测部门提供的坐标桩及建筑总平面图进行复测，确保坐标桩的准确性。

（3）施工前，根据建筑总平面图和建设方提供的坐标点、水准标进行复测，确保工程坐标和高程的准确性。

（4）对施工现场内影响施测的障碍进行处理。

（5）对施测用辅助材料如标高控制桩、油漆、麻线等提前准备到位。

知识链接

高层建筑施工测量的特点

（1）由于高层建筑层数多、高度大，结构竖向偏差直接影响工程受力情况，故施工测量中要求竖向投点精度高，所选用的仪器和测量方法要适应结构类型、施工方法和场地情况。

（2）由于高层建筑结构复杂，设备和装修标准较高，特别是高速电梯的安装等，对施工测量精度要求更高。一般情况下，在设计图纸中会说明总的允许偏差值，由于施工时也有误差产生，为此测量误差必须控制在总偏差值之内。

（3）由于高层建筑平面、立面造型既新颖又复杂多变，故要求开工前应先制订施测方案、仪器配备、测量人员的分工，并经工程指挥部组织有关专家论证后方可实施。

2．施工控制网的建立

（1）建立局部直角坐标系统。为了在现场准确地进行高层建筑物的放样，一般要建立局部的直角坐标系统，且使该局部直角坐标系统的坐标轴方向平行于建筑物的主轴线或街道中心线，以简化设计点位的坐标计算和便于在现场建筑物放样。

施工方格网布设应与总平面图相配合，以便在施工过程中能够保存最多数量的控制点标志。

（2）用极坐标法和直角坐标法放样。对于地面较平坦的建筑场地，宜采用简单的测量工具进行平面位置的放样。通常，平坦地区高层建筑物平面位置的放样多采用极坐标法或直角坐标法。

① 极坐标法放样。采用极坐标法放样时，要相对于起始方向先测设已知的角度，再测设控制点规定的距离。

如图 1-2 所示，设有通过控制点 O 的坐标轴 Ox 和 Oy，待放样点 C 的坐标为 $(x，y)$，放样采用极坐标法，由位于 Ox 轴上距离点 O 为 c 的点 A 来进行。也就是说，在点 A 测设出预先算得的角度 α，再由点 A 测设距离到点 C。为了对点 C 进行放样，需进行下列工作。

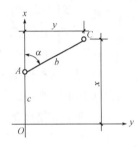

图 1-2　极坐标法放样

- 在 Ox 方向上量出由点 O 到点 A 的距离 c。
- 仪器对中。
- 在点 A 安置仪器，测设角度 α。
- 沿着所测设的方向，由点 A 量出距离 b。
- 在地面上标定点 C 的位置。

以上各项工作均具有一定的误差。由于各项误差互不相关地发生，所以彼此均是独立的，按误差理论可得用极坐标法测设点 C 的误差为

$$M = \pm\sqrt{(\mu c)^2 + (\mu_1 b)^2 + e^2 + \left(\frac{m_\alpha}{\rho} b\right)^2 + \tau^2} \qquad (1.1)$$

式中，μ、μ_1——丈量 c 与 b 的误差系数；

　　　　e——对中误差；

　　　　m_α——测设角度误差；

　　　　τ——标定误差；

　　　　ρ——常数，$\rho=206\,265''$。

由式（1.1）可看出，点 C 离开点 A 和点 O 越远，误差越大。尤其是随着 b 的增大，影响更大。此外，我们还可看出，总误差不取决于角度 α 的大小，而是决定于测设角度的精度。因此，为了减小误差 M，需要提高测设长度和角度的精度。

② 直角坐标法放样。为了进行校核，可以按上述顺序从另一轴线上进行第二次放样。为了使放样工作精确、迅速，在整个建筑场地应布设方格网作为放样工作的控制，这样，建筑物的

各点就可根据最近的方格网顶点来放样。

小技巧

用直角坐标法放样时，先要在地面上设两条互相垂直的轴线作为放样控制点。此时，沿着 Z 轴测设纵坐标，再由纵坐标的端点对 Z 轴作垂线，在垂线上测设横坐标。

直角坐标法是极坐标法的一种特殊情况。此时 $\alpha=90°$，b 和 c 均是直接丈量的，所以误差系数 $\mu=\mu_1$。由此得点 C 位置的总误差为

$$M=\pm\sqrt{\mu^2(c^2-b^2)e^2+\left(\frac{m_{\mathrm{d}}}{\rho}b\right)^2+\tau^2} \tag{1.2}$$

式中，μ——丈量 c 与 b 的误差系数；

m_{d}——水平距离测设的仪器误差；

e——对中误差；

τ——标定误差；

ρ——常数，$\rho=206\ 265''$。

（3）施工方格网测设。施工方格网是测设在基坑开挖范围以外一定距离，平行于建筑物主要轴线方向的矩形控制网。

建立施工方格控制网点，一般要经过初定、精测和检测三步。

① 初定。初定即把施工方格网点的设计坐标放到地面上，可打入 5cm×5cm×30cm 的小木桩作为埋设标志。

由于该点为埋设点，在埋设标志时必须挖掉，为此在初定时必须定出前后方向桩，离标桩 2~3m。根据埋设点和方向桩定出与方向线大致垂直的左右两个点，这样在埋设标志时，只要前后和左右用麻线一拉，此交点即为原来初定的施工方格网点（见图 1-3）。另配一架水准仪，为了掌握其顶面标高，在前或后的方向桩上测一标高。因前后方向桩在埋设标志时不会被挖掉，所以可以在埋设时随时引测。为了满足施工方格网的设计要求，应在标桩顶部现浇混凝土，并在顶面放置 200mm ×200mm 不锈钢板。方格网控制点标志的埋设如图 1-4 所示。

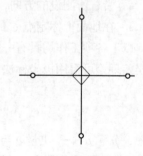

图 1-3 初定点位及方向桩示意图

② 精测。方格网控制点初定并将标桩埋设好后，必须将设计的坐标值精密测定到标板上。为了减少计算工作量，一般可在现场改正。改正方法如下：

- 180° 时的改正方法。详见图 1-5 所示长轴线改正示意图。

$$d=\frac{a\cdot b}{a+b}\cdot\left(90°-\frac{\beta}{2}\right)\cdot\frac{1}{\rho''} \tag{1.3}$$

改正后用同样的方法进行检查，其与 180° 之差应 ≤±10″。

- 90° 时的改正方法，详见图 1-6 所示短轴线改正示意图。

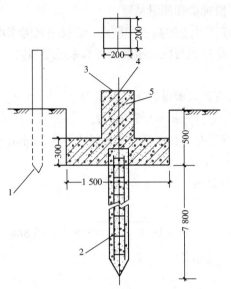

图 1-4　方格网控制点标志埋设图

1—混凝土保护桩；2—预制钢筋混凝土桩；

3—水准标志；4—不锈钢标板；5—300mm×300mm 混凝土

$$d = l \cdot \frac{\delta}{\rho''} \tag{1.4}$$

式中，l——轴线点至轴线端点的距离；

　　δ——设计角为直角时，$\delta = \dfrac{\beta - x'}{2}$。

改正后检查其结果与 90° 之差应 ≤±6″。

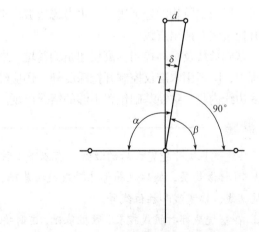

图 1-5　长轴线改正示意图　　　　图 1-6　短轴线改正示意图

③ 检测。精测时，虽然对点位的现场作了改正，但为了检查是否有错误以及计算方格控制网的测量精度，必须再次进行检测，测角用 J₂ 经纬仪做两个测回，距离须往返观测，最后根据

所测得的数据进行平差计算坐标值和测量精度。

（4）高程控制。高层建筑工地上的高程控制点，要联测到国家水准标志上或城市水准点上。高层建筑物的外部水准点标高系统与城市水准点标高系统必须统一，因为要由城市向建筑工地敷设许多管道和电缆等。

利用水准点标高计算误差公式求得的标高误差为

$$m^2 = n^2 L_i + \sigma^2 L_i \tag{1.5}$$

式中，n——每千米平均偶然误差，在三等水准测量中等于±4mm；

σ——平均系统误差，等于±0.8mm；

L_i——千米数，假设为2km。

则

$$m = \pm\sqrt{4^2 \times 2 + 0.8^2 \times 2} = \pm 5.8\text{mm} \tag{1.6}$$

 知识链接

高层建筑施工测量基本准则

（1）遵守国家法令、政策和规范，明确为工程施工服务。

（2）遵守先整体后局部和高精度控制低精度的工作程序。

（3）要有严格审核制度。

（4）建立一切定位、放线工作要经自检、互检合格后，方可申请主管部门验收的工作制度。

二、高层建筑施工测量的内容

1. 高层建筑基础施工测量

高层建筑一般都有地下室，因此要进行基坑开挖。开挖前，应先根据建筑物的轴线控制桩确定角桩，以及建筑物的外围边线，再考虑边坡的坡度和基础施工所需工作面的宽度，测设出基坑的开挖边线并撒出灰线。

（1）基础放线及标高控制。高层建筑的基坑一般都很深，需要放坡并进行边坡支护加固。开挖过程中，除了用水准仪控制开挖深度外，还应经常用经纬仪或拉线检查边坡的位置，防止出现坑底边线内收，致使基础位置不够的情况出现。

小提示

高层建筑基坑开挖完成后的放线，有以下三种情况。

① 直接做垫层，然后做箱形基础或筏板基础，这时要求在垫层上测设基础的各条边界线、梁轴线、墙宽线和柱位线等。

② 在基坑底部打桩或挖孔，做桩基础，这时要求在坑底测设各条轴线和桩孔的定位线，桩做完后，还要测设桩承台和承重梁的中心线。

③ 先做桩，然后在桩上做箱基或筏基，组成复合基础，这时的测量工作是前两种情况的结合。

基坑完成后，应及时用水准仪根据地面上的±0.000水平线，将高程引测到坑底，并在基坑护坡的钢板或混凝土桩上做好标高为负的整米数标高线。由于基坑较深，引测时可多转几站观测，也可用悬吊钢尺代替水准尺进行观测。在施工过程中，如果是桩基，则要控制好各桩的顶面高程，如果是箱基和筏基，可直接将高程标志测设到竖向钢筋和模板上，作为安装模板、绑扎钢筋和浇筑混凝土的标高依据。

（2）高层建筑物桩位放样。软土地基区的高层建筑一般都打入钢管桩或钢筋混凝土方桩作基础。由于高层建筑的上部荷重主要由钢筋桩或钢筋混凝土方桩承受，这对桩位要求较高，其定位偏差不得超过 $D/2$（D 为圆桩直径或方桩边长）。在定桩位时，必须按照建筑施工控制网，实地定出控制轴线，再按设计的桩位图中所示尺寸逐一定出桩位，定出的桩位之间尺寸必须再进行一次校核，以防定错，如图1-7所示。

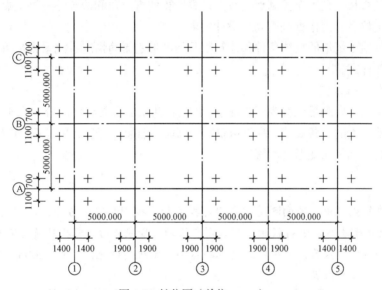

图1-7 桩位图（单位：mm）

（3）高层建筑基坑与基础测定。由于高层建筑多采用箱形基础和桩基础，所以其基坑较深。因此，在开挖其基坑时，应当根据规范和设计所规定的精度（高程和平面）完成土方工程。

基坑下轮廓线的定线和土方工程的定线，可以沿着建筑物的设计轴线，也可以沿着基坑的轮廓线进行定点，最理想的是根据施工控制网来定线。

根据设计图纸，常用的放样方法有投影法、主轴线法和极坐标法。

① 投影法。根据建筑物的对应控制点，投影建筑物的轮廓线。具体步骤如下：

首先将仪器设置在 A_2，后视 A_2'，投影 A_2A_2' 方向线，再将仪器移至 A_3，后视 A_3'，定出 A_3A_3' 方向线，然后用同样的方法在 B_2、B_3 控制点上定出 B_2B_2'、B_3B_3' 方向线，此方向线的交点即为建筑物的四个角点，最后按设计图纸用钢尺或皮尺定出其开挖基坑的边界线，如图1-8所示。

② 主轴线法。建筑方格网一般都确定一条或两条主轴线。主轴线的布置形式有 L 形、T 形或十字形等。这些主轴线用来作为建筑物施工的主要控制依据。因此，当建筑物放样时，按照建筑物柱列线或轮廓线与主轴线的关系，在建筑场地上定出主轴线后，再根据主轴线逐一定出建筑物的轮廓线。

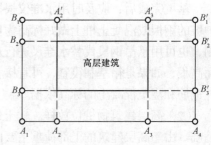

图 1-8　建筑物放样示意图

③ 极坐标法。由于建筑物的造型格调从单一的方形向 S 形、扇面形、圆筒形、多面体形等复杂的几何图形发展，这样给建筑物的放样定位带来了一定的复杂性。极坐标法是比较灵活的放样定位方法。具体做法是，首先确定设计要素，如轮廓坐标、曲线半径、圆心坐标等与施工控制网点的关系，计算其方向角及边长，在工作控制点上按其计算所得的方向角和边长逐一测定点位。将所有建筑物的轮廓点定位后，再检查是否满足设计要求。

总之，根据施工场地的具体条件和建筑物几何图形的繁简情况，测量人员可选择最合适的工作方法进行放样定位。

2. 高层建筑竖向测量

高层建筑中的竖向测量也称为竖直测量，是工程测量的重要组成部分。竖向测量应用广泛，适用于大型工业工程的设备安装、高耸构筑物（高塔、烟囱、筒仓）的施工、矿井的竖向定向，以及高层建筑施工和竖向变形观测等。

小提示

在高层建筑施工中，竖向测量常采用外控法和内控法两种；另外，还可用内外控综合法。但无论使用哪类方法进行投测，都必须在基础工程完成后，根据建筑场地平面控制网，校测建筑物轴线控制桩后，再将建筑轮廓和各细部轴线精确地弹测到 ±0.000 首层平面上，作为向上投测轴线的依据。

（1）外控法。外控法是在建筑物外部，利用经纬仪，根据建筑物轴线控制桩进行轴线的竖向投测。当施工场地比较宽阔时多使用外控法。

① 在建筑物底部投测中心轴线位置。高层建筑的基础工程完工后，将经纬仪安置在轴线控制桩 A_1、A_1'、B_1 和 B_1' 上，把建筑物主轴线精确地投测到建筑物的底部，并设立标志，如图 1-9 所示的 a_1、a_1'、b_1 和 b_1'，以供下一步施工及向上投测之用。

② 向上投测中心线。随着建筑物不断升高，要逐层将轴线向上传递，如图 1-9 所示。将经纬仪安置在中心轴线控制桩 A_1、A_1'、B_1 和 B_1' 上，严格整平仪器，用望远镜瞄准建筑物底部已标出

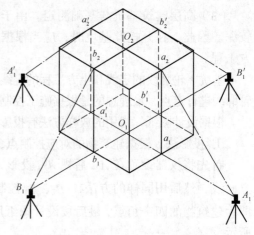

图 1-9　经纬仪投测中心轴线

的轴线 a_1、a'_1、b_1 和 b'_1 点，用盘左和盘右分别向上投测到每层楼板上，并取其中点作为该层中心轴线的投影点，如图 1-9 所示的 a_2、a'_2、b_2 和 b'_2 点。

③ 增设轴线引桩。当楼房逐渐增高，而轴线控制桩距建筑物又较近时，望远镜的仰角较大，操作不便，投测精度也会降低。为此，要将原中心轴线控制桩引测到更远的安全地方，或者附近大楼的屋面。

具体做法：

将经纬仪安置在已经投测上去的较高层（如第十层）楼面轴线 a_{10}、a'_{10} 上，如图 1-10 所示，瞄准地面上原有的轴线控制桩点 A_1 和点 A'_1，用盘左、盘右分中投点法，将轴线延长到远处点 A_2 和点 A'_2，并用标志固定其位置，点 A_2、点 A'_2 即为新投测的 $A_1A'_1$ 轴控制桩。更高各层的中心轴线，可将经纬仪安置在新的引桩上，按上述方法继续进行投测。

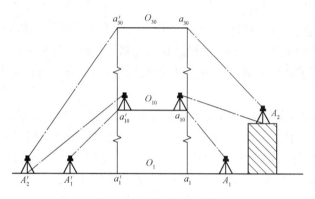

图 1-10　经纬仪引桩投测

（2）内控法。当施工场地窄小，无法在建筑物之外的轴线上安置仪器施测时，多使用内控法。依据仪器的不同，内控法又可分为吊线坠法、激光铅垂仪法、天顶垂准测量及天底垂准测量四种投测方法。

① 吊线坠法。吊线坠法是使用较重的特制线坠悬吊，以首层靠近建筑物轮廓的轴线交点为准，直接向各施工层悬吊引测轴线。吊线坠法竖向测量一般用于高度为 50～100m 的高层建筑施工中。

> **小 提 示**
>
> 在使用吊线坠法向上引测轴线时，要特别注意线坠的几何形体要规整，悬吊时上端要固定牢固，线中间没有障碍，尤其是没有侧向抗力；在逐层引测中，要用更大的线坠每隔3～5层，由下面直接向上放一次通线，以作校测。在用吊线坠法施测时，若用铅直的塑料管套着线坠线，并采用专用观测设备，则精度更高。

② 激光铅垂仪法。激光铅垂仪是一种铅垂定位专用仪器，适用于高层建筑的铅垂定位测量。该仪器可以从两个方向（向上或向下）发射铅垂激光束，用它作为铅垂基准线，精度比较高，仪器操作也比较简单。

此方法必须在首层面层上做好平面控制，并选择四个较合适的位置作控制点（见图1-11）或用中心"十"字控制。在浇筑上升的各层楼面时，必须在相应的位置预留200mm×200mm与首层层面控制点相对应的小方孔，以保证能使激光束垂直向上穿过预留孔。在首层控制点上架设激光铅垂仪，安置仪器对中整平后启动电源，使激光铅垂仪发射出可见的红色光束，投射到上层预留孔的接收靶上，查看红色光斑点离靶心距离最小之点，此点即为第二层上的一个控制点。其余的控制点可用同样的方法做向上传递。

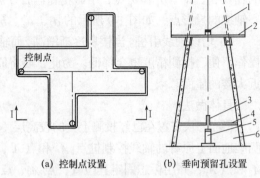

(a) 控制点设置　　　　(b) 垂向预留孔设置

图1-11　内控制布置

1—中心靶；2—滑模平台；3—通光管；
4—防护棚；5—激光铅垂仪；6—操作间

③ 天顶垂准测量。天顶垂准测量也称为仰视法竖向测量，是采用挂垂球、经纬仪投影和激光铅垂仪法来传递坐标的方法。但这种测量方法受施工场地及周围环境的制约，当视线受阻，超过一定高度或自然条件不佳时，施测就无法进行。

天顶垂准测量的基本原理是应用经纬仪望远镜进行观测，当望远镜指向天顶时，旋转仪器，利用视准轴线可以在天顶目标上与仪器的空间画出一个倒锥形轨迹。然后调动望远镜微动手轮，逐步归化，往复多次，直至锥形轨迹的半径达到最小，近似铅垂。天顶目标分划板上的成像，经望远镜棱镜通过90°折射进行观测。其施测程序及操作方法如下：

● 先标定下标志和中心坐标点位，在地面设置测站，将仪器置中、调平，装上弯管棱镜，在测站天顶上方设置目标分划板，位置大致与仪器铅垂或设置在已标出的位置上。

● 将望远镜指向天顶，固定之后调焦，使目标分划板呈现清晰，置望远镜十字丝与目标分划板上的参考坐标 X 轴、Y 轴相互平行，分别置横丝和纵丝读取 x 和 y 的格值 GJ 和 CJ 或置横丝与目标分划板 Y 轴重合，读取 x 格值 GJ。

● 转动仪器照准架 180°，重复上述程序，分别读取 x 格值 $G'J$ 和 y 格值 $C'J$。然后调动望远镜微动手轮，将横丝与 $\dfrac{GJ + G'J}{2}$ 格值重合，将仪器照准架旋转 90°，置横丝与目标分划板 X 轴平行，读取 y 格值 $C'J$，略调微动手轮，使横丝与 $\dfrac{CJ + C'J}{2}$ 格值相重合。

所测得 $X_J = \dfrac{GJ + G'J}{2}$，$Y_J = \dfrac{CJ + C'J}{2}$ 的读数为一个测回，记入手簿作为原始依据。

在数据处理机精度评定时应按下列公式进行计算。

$$m_x \text{ 或 } m_y = \pm \sqrt{\frac{\sum\limits_{j=1}^{4}\sum\limits_{i=1}^{10} \upsilon^2_{ij}}{N(n-1)}} \qquad (1.7)$$

$$m = \pm \sqrt{m^2_x + m^2_y} \quad r = \frac{m}{n} \qquad (1.8)$$

$$r'' = \frac{m}{n} \cdot \rho'' \qquad (1.9)$$

式中，v——改正数；

      N——测站数；

      n——测回数；

      m——垂准点位中误差；

      r——垂准测量相对精度；

      $\rho'' = 206\,265''$。

④ 天底垂准测量。天底垂准测量也称为俯视法竖向测量，其基本原理是利用 DJ6-C6 光学垂准经纬仪上的望远镜，旋转进行光学对中，取其平均值而定出瞬时垂准线。也就是使仪器从一个点向另一个高度面上作垂直投影，再利用地面上的测微分划板测量垂准线和测点之间的偏移量，从而完成垂准测量，如图 1-12 所示。

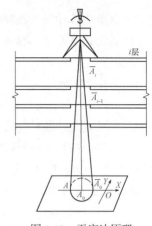

图 1-12　天底法原理

A_0—确定的仪器中心；O—基准点

小 技 巧

天底垂准测量施测程序及操作方法

①依据工程的外形特点及现场情况，拟订出测量方案，并做好观测前的准备工作，定出建筑物底层控制点的位置，以及在相应各楼层留设俯视孔，一般孔径为 150mm，各层俯视孔的偏差≤8mm。

②把目标分划板放置在底层控制点上，使目标分划板中心与控制点标志的中心重合。

③开启目标分划板附属照明设备。

④在俯视孔位置上安置仪器。

⑤基准点对中。

⑥当垂准点标定在所测楼层面十字丝目标上后，用墨斗线在俯视孔边上弹出痕迹。

⑦利用标出来的楼层上十字丝作为测站，即可测角放样，从而测设高层建筑物的轴线数据处理和精度评定与天顶垂准测量的处理方法相同。

（3）内外控综合法。由于受场地的限制，在高层建筑施工中，尤其是超高层建筑施工中，多使用内控法进行竖向控制，但因内控法所用内控网的边长均较短，一般多在 20～50m。每次向施工面上投测后，虽可对内控网各边长及各夹角的自身尺寸进行校测与调整，但检查不了内控网在施工面上的整体位移与转动。为此，近年来，在一些超高层建（构）筑物的施工中，多使用内外控互相结合的测法，以互相校核。

课堂案例

在高层建筑物施工测量中，主要的问题是控制竖向偏差，也就是各层轴线如何精确地向上引测的问题。而基础上高程控制，是利用工程标高保证高层建筑施工各阶段的工作。高程控制水准点必须满足基础整个面积之用，而且还要有高精度的绝对标高。

问题：

1. 高层建筑轴线的投测，一般分为几种？

2. 试叙述各种轴线投测方法的具体操作内容。

3. 高层建筑基础高程控制的方法有哪些?

分析:

1. 高层建筑物轴线的投测方法有经纬仪投测法轴线投测、吊线坠法轴线投测和铅直仪法轴线投测三种。

2. 高层建筑物各种轴线投测方法的具体操作内容如下:

(1)经纬仪投测法轴线投测。当施工场地比较宽阔,建筑物的高度与地面建立的平面控制桩的距离比不小于1:0.8时,多使用此法进行竖向投测。安置经纬仪于轴线控制桩上,严格对中整平,盘左照准建筑物底部的轴线标志,往上转动望远镜,用其竖丝指挥在施工层楼面边缘上画一点,然后盘右再次照准建筑物底部的轴线标志,同法在该处楼面边缘上画出另一点,取两点的中间点作为轴线的端点。如果建筑物施工场地不能满足距离比的要求,经纬仪受仰角限制,可采用高层双站四点方向串镜测量方法(也有称正倒镜法),利用直线方向控制建筑物主要轴线进行逐层测量放样(见图 1-13)。这种测量方法的优点是利用普通工程经纬仪直接观测,不需要投资专用设备,经济适用。

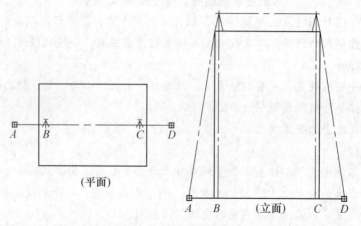

(平面)

(立面)

图 1-13 双站四点串镜法

① 与施工管理人员共同协商,制订建筑物轴线控制测量方案,如十字形、双十字形。在建筑物底层施工时,选择通视条件好的位置,在测设平面控制网的同时建立高层轴线引测方向标桩,埋设半永久性标志,在观测时点位设置觇标或挂线坠均可。

② 当高层建筑楼层逐渐升高,地面投影测量受仰角限制,一台经纬仪已不可能同时观测到 A、D 两点时,设置两台经纬仪于高层楼层端部,估测近于 AD 轴线的 B、C 两点,B、C 两点位置可参照建筑物外边设计尺寸,此数一般为常数,每一楼层均相同。两台仪器的操作人员对准各自方向的地面 AB 方向目标,再倒转望远镜,相互观测 B、C 两侧站点。此时两台仪器可能都不在 AB 直线上。按串镜法测量调整仪器,反复进行,逐步趋近仪器,使测站点 B、C 归化到与 AD 线段重合。B、C 两点因有建筑外边参照,变量不会很大,熟练掌握串镜法的测量人员,仅调整数次即可满足要求。

③ 为了减小测量仪器的系统误差，施测中应定期严格检查校正仪器的各轴系间的几何关系，以提高测量投点精度。

④ 轴线投测到高层施工层面后，精测轴线间的正交角和距离，检验引测成果，分析精度，处理投点误差。

当楼层建得较高时，经纬仪投测时的仰角较大，操作不方便，误差也较大，此

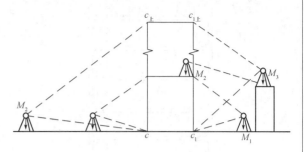

图 1-14　经纬仪投测法

时应将轴线控制桩用经纬仪引测到远处（大于建筑物高度）稳固的地方，然后继续往上投测，如果周围场地有限，也可引测到附近建筑物的屋面上，如图 1-14 所示。先在轴线控制桩 M_1 上安置经纬仪，照准建筑物底部的轴线标志，将轴线投测到楼面上点 M_2 处，然后在 M_3 上安置经纬仪，照准点 M_1，将轴线投测到附近建筑物屋面上点 M_3 处，以后就可在点 M_3 安置经纬仪，投测更高楼层的轴线。注意上述投测工作均应采用盘左盘右取中法进行，以减小投测误差。

所有主轴线投测上来后，应进行角度和距离的检核，合格后再以此为依据测设其他轴线。

（2）吊线坠法轴线投测。当周围建筑物密集，施工场地窄小，无法在建筑物以外的轴线上安置经纬仪时，可采用吊线坠法进行竖向投测。根据建筑物的设计高度决定线坠的质量，高度在 50～80m 的高层建筑施工，可采用 10～12kg 的特别线坠，采用 0.1～1mm 的钢丝为吊线。超高层建筑可采用数层为一分段的钢丝垂吊控制，以克服吊线钢丝过长而不稳定的缺陷。有条件的则可以采用垂直塑料管沿垂直方向套着吊线，减少外部因素影响，这样效果会更理想，精度会更高。

该法与一般的吊线坠法的原理是一样的，只是线坠的重量更大，吊线（细钢丝）的强度更高。此外，为了减少风力的影响，应将吊线坠的位置放在建筑物内部。具体可视建筑物平面结构和竖向布置情况来确定起吊原点，架设固定吊架。一般均采用建筑物平面控制轴线平行内移，建立内控制轴线，在需要垂吊的轴线交点上方相应位置，垂准预留 200mm×200mm 的圆孔形吊线孔洞。吊线钢丝逐层穿过预留孔洞，将内控制轴线交点向上引测到施工层面，配合普通工程经纬仪进行定位放线测量。

（3）铅直仪法轴线投测。随着科技进步，新一代的垂准测量仪器问世，以适应各种高层建筑日益增多且向造型复杂、超高层空间发展的趋势。国内厂家已先后研制、引进、生产激光垂准仪和激光经纬仪，如苏州产 JC100 全自动激光垂准仪、北京产 DZJ3 激光垂准仪、DJ6-C6 垂准经纬仪。其主要技术指标同轴误差≤5″，精度在 1/40 000 以上，100m 光斑直径仅 5mm，而且结构简单，操作方便。国内还有些工厂已研制生产出与普通短望远镜管经纬仪相配的 90° 弯管折光目镜棱镜，并配有 JF1、JF5 对点器。折光对点器在目标有良好照明设施时可清楚照准 150m 以内的目标。利用上述设备，可进行垂准测量和天顶、天底测量（见图 1-15 和图 1-16）。

① 根据高层建筑的结构形式、施工方法和环境条件，与工程施工管理人员共同协商，制订出切实可行的测量方案。做好各项准备工作后，在底层依据平面控制系统，建立竖向测量控制点。一般可布设为方形、十字轴线形、工字形、丁字形等作为内控制，但必须布设三条以上纵横轴线。测量精度不能低于底层平面控制网系统，建立半永久性标桩为竖向测站点。测站上方

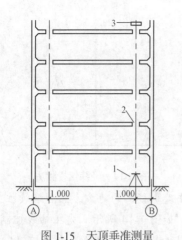

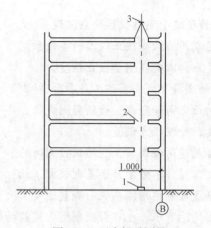

图 1-15　天顶垂准测量　　　　　　图 1-16　天底铅垂测量

1—垂准仪；2—通视孔；3—接收靶　　　1—地面觇标；2—通视孔；3—装有对点器的仪器

垂直方向相应位置各楼层应预留 150mm×150mm 的通视孔。

② 测量工作前必须检查校正仪器，具体方法可按"测量仪器检查与校正"要求进行，或送往有关专职检测部门检校。经纬仪轴系间必须满足下列条件。

- 水准管轴应垂直于竖轴。
- 视准轴应垂直于横轴。
- 横轴应垂直于竖轴。
- 十字丝竖丝应垂直于横轴。
- 光学对中器视准轴应与仪器竖轴重合。
- 垂直度盘指标差调整。

③ 施工配合测量。

- 垂准经纬仪。垂准经纬仪的特点是在望远镜的目镜位置上配备弯曲成 90° 的目镜，以便仪器铅直指向正上方时，测量员仍能方便地进行观测。使用时，将仪器安置在首层地面的轴线点标志上，严格对中整平，由弯管目镜观测，当仪器水平转动一周时，若视线一直指向一点，说明视线方向处于铅直状态，可以向上投测。投测时，视线通过楼板上预留的孔洞，将轴线点投测到施工层楼板的透明板上定点。为了提高投测精度，应将仪器照准部水平旋转一周，在透明板上投测多个点，使这些点应构成一个小圆，然后取小圆的中心作为轴线点的位置。同法用盘右再投测一次，取两次的轴线点的中点作为最后结果。由于投测时仪器安置在施工层下面，故在施测过程中要注意对仪器和人员的安全采取保护措施，防止被坠物击伤。

- 激光经纬仪。激光经纬仪用于高层建筑轴线竖向投测，其方法与配弯管目镜的经纬仪是相同的，只不过是用可见激光代替人眼观测。投测时，在施工层预留孔中央设置用透明聚酯膜片绘制的接收靶，在地面轴线点处对中整平仪器，启动激光器，调节望远镜调焦螺旋，使投射在接收靶上的激光束光斑最小，再水平旋转仪器，检查接收靶上光斑中心是否始终在同一点，或画出一个很小的圆圈，以保证激光束铅直，然后移动接收靶，使其中心与光斑中心或小圆圈中心重合，将接收靶固定，则靶心即为欲投测的轴线点。

- 激光铅直仪。激光铅直仪用于高层建筑轴线竖向投测，其原理和方法与激光经纬仪基本相同，主要区别在于对中方法。激光经纬仪一般用光学对中器，而激光铅直仪用激光管尾部射出的光束进行对中。

3. 高层建筑基础高程控制方法有下面几种。

（1）用钢尺直接测量进行高程传递。一般用钢尺沿结构外墙、边柱或楼梯间，由底层±0.000标高线向上竖直量取设计高差，即可得到施工层的设计标高线。用这种方法传递高程时，应至少由三处底层标高线向上传递，以便于相互校核。由底层传递到上面同一施工层的几个标高点，必须用水准仪进行校核，检查各标高点是否在同一水平面上，其误差应不超过±3mm。合格后以其平均标高为准，作为该层的地面标高。若建筑高度超过一个尺段，可每隔一个尺段的高度，精确测设新的起始标高线，作为继续向上传递高程的依据。

（2）悬吊钢尺法高程传递。在外墙或楼梯间悬吊一根钢尺，分别在地面和楼面上安置水准仪，将标高传递到楼面上。用于高层建筑传递高程的钢尺，应经过检定。量取高差时，尺身应铅直并用规定的拉力，而且应进行温度改正。

学习单元二　高层建筑施工变形观测

📖 **知识目标**

1. 了解变形产生的原因以及进行变形观测的目的。
2. 熟悉高层建筑施工的过程并进行沉降、位移、倾斜等的变形观测。
3. 掌握变形规定的限度能够确保高层建筑施工的工程质量。

🎯 **技能目标**

1. 能够掌握变形观测的基本内容与方法。
2. 可以熟练的进行沉降、位移、倾斜、裂缝等的变形观测。

📖 **基础知识**

一、变形观测概述

高层建筑施工从施工准备到竣工后的一段时间，应进行沉降、位移和倾斜等变形观测，包括两部分：①高层建筑施工对邻近建筑物和护坡桩的影响、日照对在建建筑物的影响；②在建建筑物各部位的变形。前一部分观测由施工单位担任，后一部分观测一般多由勘测专业部门担任。

变形观测主要包括沉降观测、位移观测、倾斜观测等。

二、建筑物位移观测和竖向倾斜观测

1. 建筑物位移观测

当建筑物在平面位置上发生位移时，应根据位移的可能情况，在其纵向和横向上分别设置观测点和控制线，用经纬仪视准线法或小角度法进行观测。和沉降观测一样，水平位移观测也分为四个等级。各等级的变形点的点位中误差分别为：一等为±1.5mm；二等为±3.0mm；三等为±6.0mm；四等为±12.0mm。

2. 建（构）筑物竖向倾斜观测

竖向倾斜观测一般要在进行倾斜观测的建（构）筑物上设置上、下两点或上、中、下多点观测标志，各标志应在同一竖直面内。用经纬仪正倒镜法，由上向下投测各观测点的位置，然后根据高差计算倾斜量；或以某一固定方向为后视，用测回法观测各点的水平角及高差，再进行倾斜量计算。

三、沉降观测

1. 施工塔吊基座的沉降观测

高层建筑施工使用的塔吊基座随着施工的进展，塔身逐步增高，尤其在雨季时，可能会因塔基下沉、倾斜而发生事故。因此，要根据情况及时对塔基四角进行沉降观测，检查塔基下沉和倾斜状况，以确保塔吊运转安全、工作正常。

2. 施工对邻近建（构）筑物影响的观测

施工对邻近建（构）筑物影响的观测包含裂缝和位移等变形观测。为此，在打桩前，除在打桩、井点降水影响范围以外设基准点，施工方还要根据设计要求，对距基坑一定范围的建（构）筑物上设置沉降观测点，并精确地测出其原始标高。以后根据施工进展，及时进行复测，以便针对变形情况，采取安全防护措施。

3. 地基回弹观测

一般基坑越深，挖土后基坑底面的原土向上回弹量越大，建筑物施工后其下沉也越大。为了测定地基的回弹值，基坑开挖前，施工方需要在拟建高层建筑的纵、横主轴线上，用钻机打直径 100mm 的钻孔至基础底面以下 300～500mm 处，在钻孔套管内压设特制的测量标志，并用特制的吊杆或吊锤等测定标志顶面的原始标高。当套管提出后，测量标志即留在原处在套管提出后所形成的钻孔内装满熟石灰粉，以表示点位。待基坑挖至底面时，按石灰粉的位置轻轻找出测量标志，测出其标高，然后在浇筑混凝土基础前再测一次标高，从而得到各点的地基回弹值。地基回弹值是研究地基土体结构和高层建筑物地基下沉的重要资料。

> **小 提 示**
>
> **变形观测的特点**
>
> ① 精度要求高。为了能准确地反映出建（构）物的变形情况，一般规定测量的误差应小于变形量的1/20。为此，变形观测中应使用精密测量仪器和精密的测量方法。
>
> ② 观测时间性强。各项变形观测的首期观测时间必须按要求进行，否则得不到初始数据，从而使整个观测失去意义，其他各阶段的复测，也必须根据工程进展定时进行，不得漏测，这样才能得到准确的变形量及变化情况。
>
> ③ 提交观测成果要及时。对于施工期间的变形观测，一定要及时提交观测成果，以便进行信息化施工。另外，观测成果要可靠、资料要完整，这是进行变形分析的需要，否则得不到符合实际的结果。

4. 建筑物竣工前的沉降观测

建筑物竣工前的沉降观测是高层建筑沉降观测的主要内容。当浇筑基础底板时，按设计指定的位置埋设好临时观测点。一般筏形基础或箱形基础的高层建筑，应沿纵、横轴线和基础周边设置观测点，观测的次数与时间应按设计要求确定。一般第一次观测应在观测点安设稳固后及时进行。以后结构每升高一层，将临时观测点移上一层并进行观测，直到±0.000时，再按规定埋设永久性观测点。然后每施工一层，复测一次，直至竣工。

沉降观测的等级、精度要求、适用范围及观测方法，应根据工程需要，符合表1-1所示相应等级的规定。

表1-1　　　　　　　　沉降观测的等级划分及精度要求和观测方法

等级	标高中误差 /mm	相邻点高差 中误差/mm	适用范围	观测方法	往返较差、附合 或环线闭合差/m
一等	±0.3	±0.1	变形特别敏感的高层建筑、高耸构筑物、重要古建筑等	参照国家一等水准测量，并需双转点，视线不大于15m，前后视距差不大于0.3m，视距累积差不大于1.5m	$0.15\sqrt{n}$
二等	±0.5	±0.3	变形特别敏感的高层建筑、高耸构筑物、古建筑和重要建筑场地的滑坡监测等	一等水准测量	$0.30\sqrt{n}$
三等	±1.0	±0.5	一般性的高层建筑、高耸构筑物、滑坡监测等	二等水准测量	$0.60\sqrt{n}$
四等	±2.0	±1.0	观测精度要求较低的建筑物、构筑物和滑坡监测	三等水准测量	$1.40\sqrt{n}$

注：n 为测站数。

5. 建筑物全部竣工后的沉降观测

在高层建筑的施工过程中，由于速度较快，土层不可能立即承受到全部的荷载，随着时间的进展，沉降量也随之增加。因此，高层建筑竣工后亦需进行变形观测。

从以往积累的资料来分析，竣工后第一年应每月观测一次，第二年每两个月一次，第三年每半年一次，第四年开始每年观测一次，直至稳定为止。在软土层地基建造高层，虽采取了打桩、深基础等措施，沉降仍是不可避免的。为此，可以进行长期观测，以确保建筑物的安全。如有不均匀沉降，应及时采取措施。

高层建筑中的沉降观测以二等水准精度要求。位移观测准确至毫米，读数至0.5mm。用角度观测时必须用2″级以上精度的经纬仪进行观测，以能算至0.5mm为宜。

小 技 巧

沉降观测的观测方法

要保证沉降观测的精度，在实际观测中除应满足国家相关测量规范的要求外还应做到：

① 沉降观测应根据工程性质、载荷增加大小，地质情况而定，一般在埋设的观测点坚固后就进行第一次观测。

② 观测前要对水准仪及水准尺进行检验，应满足精度要求才进行观测。

③ 沉降观测的水准路线（从一个水准基点到另一个水准基点）应为闭合水准路线。

学习案例

某工程主体为一栋公寓楼。主楼高 103.4m 左右，地下一层，地上 30 层。采用桩基础，框架结构。本工程主要监测任务是监测建筑物在施工期间及使用初期的基础沉降变化情况，给甲方、监理、设计及施工单位及时提供准确可靠的测量数据，确保施工顺利进行。监测操作依据国家有关标准和该工程所在地相关依据和标准。

想一想：

1. 请回答在进行该工程检测操作时，高层监测网、工作基点、沉降观测点应该如何布设与施测？

2. 简述观测方案。

案例分析：

1. 本案例包含下列三部分

（1）高程监测网的布设与施测。高程监测网按二级变形测量精度布设，基准点布设 4 个，组成一闭合路线。基准点布设在变形区域外坚实稳固的地方，使用钢桩标志，采用深埋方法。监测网使用日本产 at-g2 测微器自动安平水准仪，配一把水准尺观测。水准仪性能指标为：望远镜放大倍数的 32 倍；自动安平精度为 ±0.3；估读值为 0.01mm。每公里往返测高差中，误差 ≤+0.4mm，观测前应对测量仪器进行全面检验，均符合相应规范技术要求。高程监测网首期观测两次，按二级变形观测量精度限差要求观测，在计算机上进行评差计算，取各基准点的平均值作为沉降观测的起算高程，环线闭合差及往返较差需满足：$\Delta h<1.0mm$。在以后的沉降过程中定期对基准点进行检测，以验证各基准点的稳定性，监测已测高差之差 ≤1.5mm。

（2）工作基点的布设与施测。工作基点布设 1 个，在建筑场地附近即便于工作又不易破坏的位置，使用钢桩标志，采用深埋方法。观测方法和技术要求与基准点相同，应定期与基准点联测，进行检查。检测已测高差之差 ≤±1.5mm。

（3）沉降监测点的布设与施测。根据《规范》要求，沉降监测点应布设在建筑物的拐角处、沉降缝两侧及重要的承重部位，沉降监测点由乙方根据甲方提供的由建筑设计院布设的点位在现场布设。点位高度应在室外坪以上 0.25m 处，点位正上方 2.5m 范围内不应有突出物，以便于立尺观测。标点在墙上打孔，并将标志连接在建筑物的主体上，观测时采用旋进旋出式外部顶端为球面的钢棒膨胀标志，不用时用丝堵住保护，确保沉降观测精度。首次观测方法及技术要求与基准点相同，首次观测 2 次，取各点平均值作为沉降观测点首期观测成果。

2. 观测方案

该工程采用任意高程基准，根据有关的沉降观测说明，甲方要求随着建筑工程的进展，公寓楼每增高 2 层观测 1 次。公寓在主体封顶后第 1 年每季度观测 1 次，共计 4 次，直至下降稳定为止，共计 19 次。

 知识拓展

高层建筑的结构类型与结构体系

1. 高层建筑的结构类型

（1）钢筋混凝土结构。钢筋混凝土结构具有造价较低、取材丰富，并可浇筑各种复杂断面形状，而且强度高、刚度大、耐火性和延性良好，结构布置灵活方便，可组成多种结构体系等优点，因此，在高层建筑中得到广泛应用。当前，我国的高层建筑中钢筋混凝土结构占主导地位。

（2）钢结构。钢结构具有强度高、构件断面小、自重轻、延性及抗震性能好等优点；钢构件易于工厂加工，施工方便，能缩短现场施工工期。近年来，随着高层建筑建造高度的增加，以及我国钢产量的大幅度增加，采用钢结构的高层建筑也不断增多。

（3）钢—钢筋混凝土组合结构。钢—钢筋混凝土组合结构是钢和钢筋混凝土相结合的组合结构和混合结构。这种结构可以使两种材料互相取长补短，取得经济合理、技术性能优良的效果。

2. 高层建筑的结构体系

高层建筑所采用的结构材料、结构类型和施工方法与多层建筑有很多共同之处，但高层建筑不仅要承受较大的垂直荷载，还要承受较大的水平荷载，而且高度越高相应的荷载越大，因此高层建筑所采用的结构材料、结构类型和施工方法又有一些特别之处。

（1）框架结构。如图 1-17（a）所示，框架结构由梁、柱构件通过节点连接构成，是我国采用较早的一种梁、板、柱结构体系。框架结构的优点是建筑平面布置灵活，可形成较大的空间，有利于布置餐厅、会议厅、休息厅等，因此在公共建筑中的应用较多。其建筑高度一般不宜超过 60m。框架结构由于侧向刚度差，在高烈度地震区不宜采用。

（2）剪力墙结构。剪力墙结构是利用建筑物的内外墙作为承重骨架的结构体系，如图 1-17（b）所示。与一般房屋的墙体受力不同，这类墙体除了承受竖向压力外，还要承受由水平荷载所引起的弯矩。由于其承受水平荷载的能力较框架结构强、刚度大、水平位移小，现已成为高层住宅建筑的主体，建筑高度可达 150m。但由于承重墙过多，限制了建筑平面的灵活布置。

（3）框架—剪力墙结构。在框架结构平面中的适当部位设置钢筋混凝土剪力墙，也可以利用楼梯间、电梯间墙体作为剪力墙，使其形成框架-剪力墙结构，如图 1-17（c）所示。框架—剪力墙结构既有框架平面布置灵活的优点，又能较好地承受水平荷载，并且抗震性能良好，是目前高层建筑中经常采用的一种结构体系，适用于 15～20 层的高层建筑，一般不超过 120m。

（4）筒体结构。筒体结构由框架和剪力墙结构发展而成，是由若干片纵横交错的框架或剪力墙与楼板连接围成的空间体系。筒体体系在抵抗水平力方面具有良好的刚度，且建筑平面布置灵活，能满足建筑上需要较大的开间和空间的要求。根据筒体平面布置、组成数量的不同，又可分为框架—筒体、筒中筒和组合筒三种体系，分别如图 1-17（d）、（e）、（f）所示。

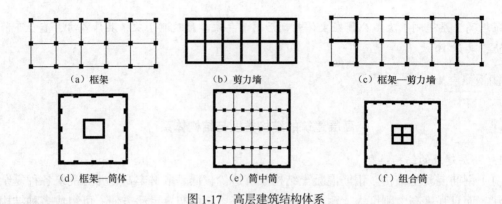

（a）框架　　　　　　　　（b）剪力墙　　　　　　　　（c）框架—剪力墙

（d）框架—筒体　　　　　　（e）筒中筒　　　　　　　　（f）组合筒

图 1-17　高层建筑结构体系

知识链接

其他竖向结构

1. 悬挂结构

悬挂结构是由一个或几个筒体，在其顶部（或顶部及中部）设置桁架，并由从桁架上引出的若干吊杆与下面各层的楼面结构相连而成。悬挂结构也可由一个巨大的刚架或拱的顶部悬挂吊杆与下面各层的楼面相连而成。

2. 巨型结构

巨型结构是由若干个筒体或巨柱、巨梁组成巨型框架，承受建筑物的垂直荷载和水平荷载。在每道巨梁之间再设置多个楼层，每道巨梁一般占一个楼层并支承巨梁间的各楼层荷载。

3. 蒙皮结构

蒙皮结构是将航空和造船工业的技术引入建筑领域，以外框架的柱、梁作为纵、横肋，蒙上一层薄金属板，形成共同工作体系。

此外，由于建筑功能和建筑艺术的需要，出现了一些大门洞、大跨度的特殊建筑。

学习情境小结

在高层建筑施工过程中有大量的施工测量问题，施工测量应紧密配合施工，起到指导施工的作用。建筑物的竖向测量是高层建筑工程施工测量的重要组成部分。如工业建筑的大型厂房、高塔、烟囱的施工与安装，民用建筑中的高层建筑施工及竖向变形观测等。

本学习情境主要介绍了高层建筑施工测量的常用方法，施工控制网的建立、建筑基础测量、建筑物的竖向测量及变形观测。

学习检测

一、填空题

1. 高层建筑施工测量，必须建立_____。一般以_____、

_____的施工方格控制网较为实用。

2. 高层建筑物轴线的投测，一般可分为_____、_____和_____三种。

3. 在高层建筑施工中，竖向测量常用_____和_____两种；另外，还可采用_____。

4. 地基回弹值是研究_____和_____的重要资料。

5. 吊坠法是使用较重的_____，以_____的轴线交点为准，直接向各施工层悬吊引测轴线。

二、选择题

1. （   ）是用于垂直测量的专用仪器，适用于高层建筑的垂直定位测量，观测时将仪器架设在地面首层控制点上。

    A. 激光经纬仪   B. 激光垂准仪   C. 激光铅直仪   D. 测距仪

2. 当周围建筑物密集，施工场地窄小，无法在建筑物以外的轴线上安置经纬仪时，可采用（   ）进行竖向投测。

    A. 经纬仪投测法   B. 激光垂准仪法   C. 铅直仪法   D. 吊线坠法

3. 高层建筑物施工测量中的主要问题是（   ），也就是各层轴线如何精确地向上引测的问题。

    A. 向下引测的精度   B. 控制横向偏差   C. 控制竖向偏差   D. 以上都不对

4. 当施工场地比较宽阔时，多使用（   ）进行竖向投测。

    A. 经纬仪投测法轴线投测   B. 激光垂准仪法轴线投测

    C. 铅直仪法轴线投测   D. 吊线坠法轴线投测

5. 在高层建筑的施工过程中，由于速度较快，土层不可能立即承受到全部的荷载，随着时间的进展，沉降量也随之增加。因此，高层建筑竣工后需进行（   ）。

    A. 变形观测   B. 沉降观测   C. 竖向倾斜观测   D. 横向倾斜观测

三、简答题

1. 高层建筑施工测量有哪些特点？

2. 传统的吊线坠测量方法应采用多重的线坠，其适用范围是什么？

3. 试述普通经纬仪投影及双站串镜法测量的适用范围。

4. 在高层建筑施工中，竖向测量的常用方法有哪些？如何选用？

5. 如何根据工程需要，确定沉降观测的等级、精度要求、适用范围及观测方法？

6. 建筑物全部竣工后的变形观测有何规定？

7. 如何用经纬仪正倒镜法进行建（构）筑物竖向倾斜观测？

学习情境二
高层建筑施工常用机械

♻ 情境导入

　　塔式起重机具有提升、回转和水平运输的功能，并且生产效率高，在吊运长、大、重的物料时有明显的优势。正因为塔式起重机具有以上性能特点，某建筑公司要求其某个高层工业结构的安装使用塔式起重机进行施工。

✦ 案例导航

　　塔式起重机是一种具有竖直塔身的全回转臂式起重机。起重臂安装在塔身顶部，形成「形的工作空间。具有较高的有效高度和较大的工作半径。

　　要了解塔式起重机的类型及如何进行塔式起重机的安全操作？需要掌握下列相关知识。

　1. 塔式起重机的类型及工作参数。

　2. 塔式起重机的安全操作要求。

学习单元一　塔式起重机

目 知识目标

　1. 了解塔式起重机的类型。

　2. 熟悉各种类型起重机的构造组成和使用条件。

◎ 技能目标

通过本单元学习能够进行塔式起重机的装拆及进行塔式起重机的安全操作。

基础知识

一、塔式起重机的类型

塔式起重机一般分为固定式、附着式、轨道（行走）式、爬升式等几种，如图 2-1 所示。

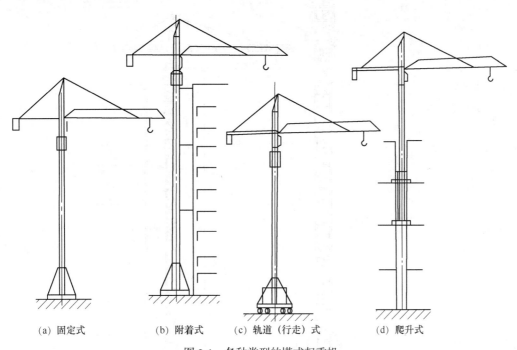

| (a) 固定式 | (b) 附着式 | (c) 轨道（行走）式 | (d) 爬升式 |

图 2-1　各种类型的塔式起重机

1. 固定式塔式起重机

固定式塔式起重机没有行走机构，能够附着在固定的建筑物或建筑物的基础上，随着建筑物或构筑物的上升不断地上升。图 2-2 所示为 QTZ63 型塔式起重机，它是按最新颁布的塔式起重机标准设计的新型起重机械，主要由金属结构、工作机构、液压顶升系统、电气设备及控制部分等组成。

2. 附着式塔式起重机

附着式塔式起重机是固定在建筑物近旁的钢筋混凝土基础上，借助于锚固支杆附着在建筑物结构上的起重机械，它可以借助顶升系统随着建筑施工进度面自行向上接高。采用这种形式可减少塔身的长度，增大起升高度，一般规定每隔 20m 将塔身与建筑物用锚固装置连接。这种塔式起重机宜用于高层建筑的施工。

附着式塔式起重机的型号较多，如 QTZ50、QTZ60、QTZ100、QTZ120 型等。

如 QTZ100 型塔式起重机，该机具有固定、附着、内爬等多种使用形式，独立式起升高度为 50m，附着式起升高度为 120m。其塔机基本臂长为 54m，额定起重力矩为 1 000kN·m 最大额定起重量为 80kN，加长臂为 60m，可吊 12kN 的重物，如图 2-3 所示。

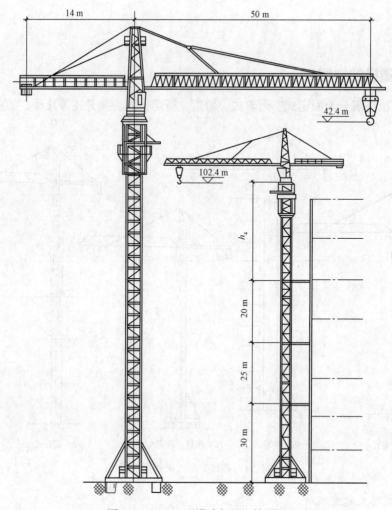

图 2-2　QTZ63 型塔式起重机外形图

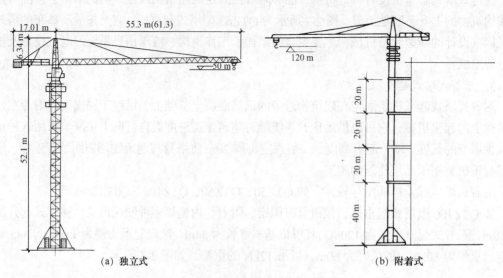

(a) 独立式　　　　　　　　　　　　　　(b) 附着式

图 2-3　QTZ100 型塔式起重机的外形图

小 提 示

　　附着式塔式起重机的顶部有套架和液压顶升装置，需要接高时，利用塔顶的行程液压千斤顶，将塔顶上部结构顶高，用定位销固定，千斤顶回油，推入标准节，用螺栓与下面的塔身连成整体，每次接高2.5m。

　　自升式塔式起重机的顶升接高过程如图2-4所示。

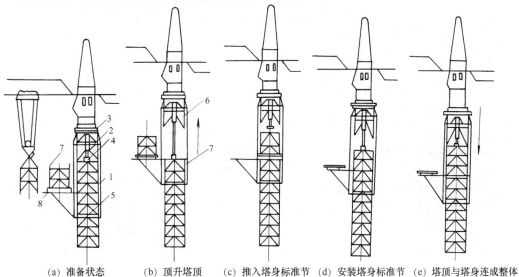

　　(a) 准备状态　　(b) 顶升塔顶　　(c) 推入塔身标准节　(d) 安装塔身标准节　(e) 塔顶与塔身连成整体

图2-4　自升式塔式起重机的顶升接高过程

1—顶升套架；2—液压千斤顶；3—承座；4—顶升横梁；5—定位销；6—过渡节；7—标准节；8—摆渡小车

　　锚固装的附着杆布置形式如图2-5所示。

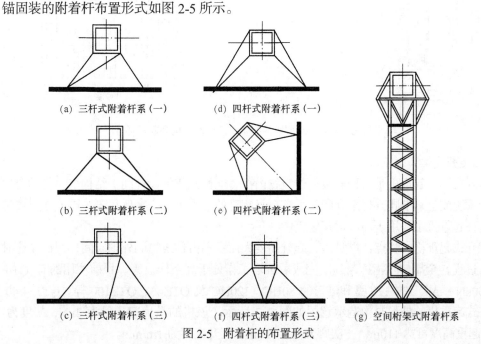

　　(a) 三杆式附着杆系 (一)　　　　(d) 四杆式附着杆系 (一)

　　(b) 三杆式附着杆系 (二)　　　　(e) 四杆式附着杆系 (二)

　　(c) 三杆式附着杆系 (三)　　　　(f) 四杆式附着杆系 (三)　　　(g) 空间桁架式附着杆系

图2-5　附着杆的布置形式

3. 轨道（行走）式塔式起重机

轨道式塔式起重机又称轨道（行走）式塔式起重机，简称为轨行式塔式起重机。轨道（行走）式塔式起重机是一种能在轨道上行驶的起重机。这种起重机可负荷行走，有的只能在直线轨道上行驶，有的可沿 L 形或 U 形轨道行驶，轨道（行走）式塔式起重机应用广泛，有塔身回转式和塔顶旋转式两种。

TQ60/80 型是轨道行走式上回转、可变塔高塔式起重机，其外形结构和起重特性如图 2-6 所示。

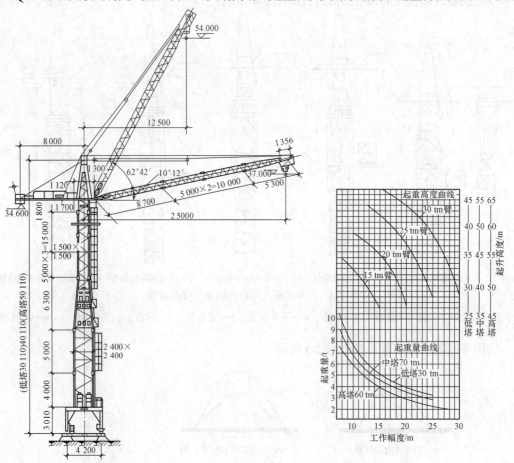

图 2-6　TQ60/80 型塔式起重机的外形结构和起重特性

4. 爬升式塔式起重机

爬升式塔式起重机是一种安装在建筑物内部（电梯井或特设开间）结构上，借助套架托梁和爬升系统或上、下爬升框架和爬升系统自身爬升的起重机械，一般每隔 1 层或 2 层楼爬升一次。这种起重机主要用于高层建筑施工中。

爬升式起重机的特点：塔身短，起升高度大而且不占建筑物的外围空间；司机作业时看不到起吊过程，全靠信号指挥，施工完成后拆塔工作处于高空作业等。目前使用的有 QT5-4/40 型（400kN·m）、ZT-120 型和进口的 80HC、120HC 及 QTZ63、QTZ100 等。QT5-4/40 型爬升式塔式起重机的外形与构造示意图如图 2-7 所示。该机的最大起重量为 4kN，幅度为 11～20m，起重高度可达 110m，一次爬升高度 8.6m，爬升速度为 1m/min。

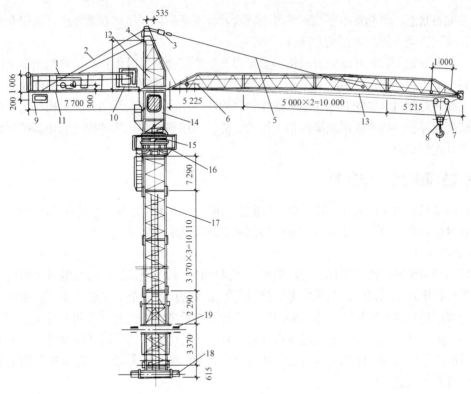

图 2-7　QT5-4/40 型爬升式塔式起重机外形与构造示意图

1—起重机构；2—平衡臂拉绳；3—起重力矩限制装置；4—起重量限制装置；5—起重臂接绳；

6—小车牵引机构；7—起重小车；8—吊钩；9—配重；10—电气系统；11—平衡臂；12—塔顶；13—起重臂；

14—司机室；15—回转支撑上支座；16—回转支撑下支座及走台；17—塔身；18—底座；19—套架

爬升式塔式起重机的爬升过程主要分准备状态、提升套架和提升起重机三个阶段，如图 2-8 所示。

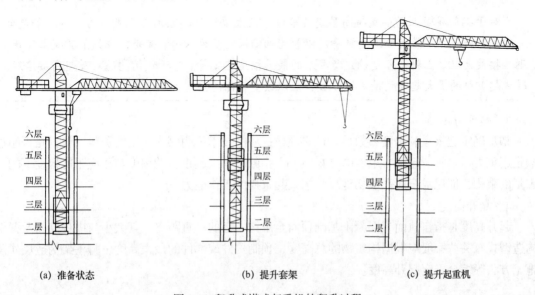

(a) 准备状态　　　　(b) 提升套架　　　　(c) 提升起重机

图 2-8　爬升式塔式起重机的爬升过程

（1）准备状态。将起重小车收回到最小幅度处，下降吊钩，吊住套架并松开固定套架的地脚螺栓，收回活动支腿，做好爬升准备。

（2）提升套架。首先开动起升机构将套架提升至两层楼高度时停止；接着摇出套架四角活动支腿并用地脚螺栓固定；再松开吊钩升高至适当高度并开动起重小车到最大幅度处。

（3）提升起重机。先松开底座地脚螺栓，收回底座活动支腿，开动爬升机构将起重机提升至两层楼高度停止，接着摇出底座四角的活动支腿，并用预埋在建筑结构上的地脚螺栓固定，至此，提升过程结束。

二、塔式起重机的工作参数

塔式起重机的主要参数：回转半径、起重量、起重力矩和起升高度（或称吊钩高度）。选用塔式起重机进行高层建筑施工时，首先应根据施工对象确定所要求的参数。

1. 回转半径

回转半径通常所指的是工作半径或幅度，即从回转中心线至吊钩中心线的水平距离。高层建筑施工选择塔式起重机时，首先应考察该塔吊的最大幅度是否能满足施工需要。在选定塔式起重机时要通过建筑外形尺寸，作图确定回转半径，然后考虑塔式起重机起重臂长度、工程对象、计划工期、施工速度以及塔式起重机配置台数，最后确定适用的塔式起重机。一般来说，体型简单的高层建筑仅需配用一台自升塔式起重机，而体型庞大复杂、工期紧迫的则需配置两台或多台自升塔式起重机。

2. 起重量

起重量是指所起吊的重物重量、铁扁担、吊索和容器重量的总和。起重量参数分为最大幅度时的额定起重量和最大起重量，前者是指吊钩滑轮位于臂头时的起重量，而后者是吊钩滑轮以多倍率（3绳、4绳、6绳或8绳）工作时的最大额定起重量。

小 提 示

对于钢筋混凝土高层及超高层建筑来说，最大幅度时的额定起重量极为关键。若是全装配式大板建筑，最大幅度起重量应以最大外墙板重量为依据。若是现浇钢筋混凝土建筑，则应按最大混凝土料斗容量确定所要求的最大幅度起重量。对于钢结构高层及超高层建筑，塔式起重机的最大起重量是关键参数，应以最重构件的重量为准。

---

3. 起重力矩

初步确定起重量和幅度参数后，还必须根据塔吊技术说明书中给出的资料，核查是否超过额定起重力矩。所谓起重力矩（单位 kN·m）指的是塔式起重机的幅度与相应于此幅度下的起重量的乘积，能比较全面和确切地反映塔式起重机的工作能力。

4. 起升高度

起升高度是指自轨面或混凝土基础顶面至吊钩中心的垂直距离，其大小与塔身高度及臂架构造型式有关。一般应根据构筑物的总高度、预制构件或部件的最大高度、脚手架构造尺寸及施工方法等综合确定起升高度。

三、塔式起重机安全操作

1. 塔式起重机轨道基础

（1）起重机的轨道基础应符合下列要求。

① 路基承载能力：轻型（起重量 30kN 以下）应为 60～100kPa；中型（起重量 31～150kN）应为 101～200kPa；重型（起重量 150kN 以上）应为 200kPa 以上。

② 每间隔 6m 应设置轨距拉杆一个，轨距允许偏差为公称值的 1/1 000，且不超过±3mm。

③ 在纵横方向上，钢轨顶面的倾斜度不得大于 1/1 000。

④ 钢轨接头间隙不得大于 4mm，并应与另一侧轨道接头错开，错开距离不得小于 1.5m，接头处应架在轨枕上，两轨顶高度差不得大于 2mm。

⑤ 距轨道终端 1m 处必须设置缓冲止挡器，其高度不应小于行走轮的半径。在距轨道终端 2m 处必须设置限位开关碰块。

⑥ 鱼尾板连接螺栓应紧固，垫板应固定牢靠。

（2）起重机的混凝土基础应符合下列要求。

① 混凝土强度等级不低于 C35。

② 基础表面平整度允许偏差不得大于 1/1 000。

③ 埋设件的位置、标高和垂直度以及施工工艺必须符合出厂说明书要求。

（3）起重机的轨道基础或混凝土基础待验收合格后，方可使用。

（4）起重机的轨道基础两旁、混凝土基础周围应修筑边坡和排水设施，并应与基坑保持一定安全距离。

2. 塔式起重机的安装和使用

（1）塔式起重机的安装。

① 安装前应根据专项施工方案对塔式起重机基础的下列项目进行检查，确认合格后方可实施。

- 基础的位置、标高、尺寸。
- 基础的隐蔽工程验收记录和混凝土强度报告等相关资料。
- 安装辅助设备的基础、地基承载力、预埋件等。
- 基础的排水措施。

② 安装作业应根据专项施工方案要求实施。安装作业人员应分工明确、职责清楚。安装前应对安装作业人员进行安全技术交底，交底人和被交底人双方应在交底书上签字，专职安全员应监督整个交底过程。

③ 安装辅助设备就位后，应对其机械和安全性能进行检验，合格后方可作业。

> **小 提 示**
>
> 实际应用中，经常发现因安装辅助设备自身安全性能出现故障而发生塔式起重机安全事故，所以要对安装辅助设备的机械性能进行检查，合格后方可使用。

④ 安装所使用的钢丝绳、卡环、吊钩和辅助支架等起重机具均应符合规定，并经检查合格

后方可使用。

⑤ 安装作业中应统一指挥，明确指挥信号。当视线受阻、距离过远时，应采用对讲机或多级指挥。

⑥ 自升式塔式起重机的顶升加节，应符合下列要求。

- 顶升系统必须完好。

- 结构件必须完好。

- 顶升前，塔式起重机下支座与顶升套架应可靠连接。

- 顶升前，应确保顶升横梁搁置正确。

- 顶升前，应将塔式起重机配平，顶升过程中，应确保塔式起重机的平衡。

- 顶升加节的顺序，应符合产品说明书的规定。

- 顶升过程中，不应进行起升、回转、变幅等操作。

- 顶升结束后，应将标准节与回转下支座可靠连接。

- 塔式起重机加节后需进行附着的，应按照先装附着装置、后顶升加节的顺序进行，附着装置的位置和支撑点的强度应符合要求。

⑦ 塔式起重机的独立高度、悬臂高度应符合产品说明书的要求。

⑧ 雨雪、浓雾天严禁进行安装作业。安装时塔式起重机最大高度处的风速应符合产品说明书的要求，且风速不得超过 12m/s。

⑨ 塔式起重机不宜在夜间进行安装作业；特殊情况下，必须在夜间进行塔式起重机安装和拆卸作业时，应保证提供足够的照明。

⑩ 特殊情况下，当安装作业不能连续进行时，必须将已安装的部位固定牢靠并达到安全状态，经检查确认无隐患后，方可停止作业。

⑪ 电气设备应按产品说明书的要求进行安装，安装所用的电源线路应符合现行行业标准《施工现场临时用电安全技术规范》（JGJ 46—2005）的要求。

⑫ 塔式起重机的安全装置必须齐全，并应按程序进行调试合格。

⑬ 连接件及其防松防脱件应符合规定要求，严禁用其他代用品代用。连接件及其防松防脱件应使用力矩扳手或专用工具紧固连接螺栓，使预紧力矩达到规定要求。

⑭ 安装完毕后，应及时清理施工现场的辅助用具和杂物。

（2）塔式起重机的使用。

① 塔式起重机起重司机、起重信号工、司索工等操作人员应取得特种作业人员资格证书，严禁无证上岗。

② 塔式起重机使用前，应对起重司机、起重信号工、司索工等作业人员进行安全技术交底。

③ 塔式起重机的力矩限制器、重量限制器、变幅限位器、行走限位器、高度限位器等安全保护装置不得随意调整或拆除，严禁用限位装置代替操纵机构。

④ 塔式起重机回转、变幅、行走、起吊动作前应示意警示。起吊时应统一指挥，明确指挥信号；当指挥信号不清楚时，不得起吊。

⑤ 塔式起重机起吊前，当吊物与地面或其他物件之间存在吸附力或摩擦力而未采取处理措

施时，不得起吊。

⑥ 塔式起重机起吊前，应对安全装置进行检查，确认合格后方可起吊；安全装置失灵时，不得起吊。

⑦ 塔式起重机起吊前，应按要求对吊具与索具进行检查，确认合格后方可起吊；吊具与索具不符合相关规定的，不得用于起吊作业。

⑧ 塔式起重机与架空输电线的安全距离（见表2-1）应符合现行国家标准《塔式起重机安全规程》（GB 5144—2006）的规定。

表2-1 塔式起重机与架空输电线的安全距离

安全距离	电压/kV				
	<1	1~15	20~40	60~110	>220
沿垂直方向/m	1.5	3.0	4.0	5.0	6.0
沿水平方向/m	1.0	1.5	2.0	4.0	6.0

⑨ 作业中遇突发故障，应采取措施将吊物降落到安全地点，严禁吊物长时间悬挂在空中。

⑩ 遇有风速在12m/s及以上的大风或大雨、大雪、大雾等恶劣天气时，应停止作业。雨雪过后，应先经过试吊，确认制动器灵敏可靠后方可进行作业。夜间施工应有足够照明，照明的安装应符合现行行业标准《施工现场临时用电安全技术规范》（JGJ 46—2005）的要求。

⑪ 塔式起重机不得起吊重量超过额定荷载的吊物，并不得起吊重量不明的吊物。

⑫ 在吊物荷载达到额定荷载的90%时，应先将吊物吊离地面200~500mm，检查机械状况、制动性能、物件绑扎情况等，确认无误后方可起吊。对有晃动的物件，必须拴拉溜绳使之稳固后方可吊起。

⑬ 物件起吊时应绑扎牢固，不得在吊物上堆放或悬挂其他物件；零星材料起吊时，必须用吊笼或钢丝绳绑扎牢固；当吊物上站人时不得起吊。

⑭ 标有绑扎位置或记号的物件，应按标明位置绑扎。钢丝绳与物件的夹角宜为45°~60°。吊索与吊物棱角之间应有防护措施；未采取防护措施的，不得起吊。

⑮ 作业完毕后，应松开回转制动器，各部件应置于非工作状态，控制开关应置于零位，并应切断总电源。

⑯ 行走式塔式起重机停止作业时，应锁紧夹轨器。

⑰ 塔式起重机使用高度超过30m时应配置障碍灯，起重臂根部铰点高度超过50m时应配备风速仪。

⑱ 严禁在塔式起重机塔身上附加广告牌或其他标语牌。

⑲ 每班作业应做好例行保养，并应做好记录。记录的主要内容应包括结构件外观、安全装置、传动机构、连接件、制动器、索具、夹具、吊钩、滑轮、钢丝绳、液位、油位、油压、电源、电压等。

⑳ 实行多班作业的设备，应执行交接班制度，认真填写交接班记录，接班司机经检查确认无误后，方可开机作业。

㉑ 塔式起重机应实施各级保养。转场时，应做转场保养，并有记录。

㉒ 塔式起重机的主要部件和安全装置等应进行经常性检查，每月不得少于一次，并应做好

记录，发现有安全隐患时应及时进行整改。

㉓ 当塔式起重机使用周期超过一年时，应按要求进行一次全面检查，合格后方可继续使用。

㉔ 使用过程中塔式起重机发生故障时，应及时维修，维修期间应停止作业。

（3）塔式起重机的拆卸及钢丝绳的使用。

① 塔式起重机的拆卸。

● 塔式起重机拆卸作业宜连续进行；当遇特殊情况，拆卸作业不能继续时，应采取措施保证塔式起重机处于安全状态。

● 当用于拆卸作业的辅助起重设备设置在建筑物上时，应明确设置位置、锚固方法，并应对辅助起重设备的安全性及建筑物的承载能力等进行验算。

● 拆卸前应检查下列项目：主要结构件、连接件、电气系统、起升机构、回转机构、变幅机构、顶升机构等。发现隐患应采取措施，解决后方可进行拆卸作业。

● 附着式塔式起重机应明确附着装置的拆卸顺序和方法。

● 自升式塔式起重机每次降节前，应检查顶升系统和附着装置的连接等，确认完好后方可进行作业。

● 拆卸时应先降节、后拆除附着装置。塔式起重机的自由端高度应符合规定要求。

> **小 提 示**
>
> 拆卸完毕后，为塔式起重机拆卸作业而设置的所有设施应拆除，清理场地上作业时所用的吊索具、工具等各种零配件和杂物。

② 钢丝绳的使用。

● 钢丝绳作吊索时，其安全系数不得小于6倍。

● 钢丝绳的报废应符合现行国家标准《起重机　钢丝绳　保养、维护、安装检验和报废》（GB/T 5972—2009）的规定。

● 当钢丝绳的端部采用编结固接时，编结部分的长度不得小于钢丝绳直径的20倍，并不应小于300mm，插接绳股应拉紧，凸出部分应光滑平整，且应在插接末尾留出适当长度，用金属丝扎牢，钢丝绳插接方法宜按现行行业标准《起重机械吊具与索具安全规程》（LD 48—1993）的要求。用其他方法插接的，应保证其插接连接强度不小于采用绳夹固接时的连接强度，钢丝绳吊索固接的要求（见表2-2）。

表2-2　　　　　　　　　对应不同钢丝绳直径的绳夹最少数量

钢丝绳直径/mm	≤19	19～32	32～38	38～44	44～60
绳卡数	3	4	5	6	7

注：钢丝绳绳卡座应在钢丝绳长头一边；钢丝绳绳卡的间距不应小于钢丝绳直径的6倍。

● 绳夹压板应在钢丝绳受力绳一边，绳夹间距 A 不应小于钢丝绳直径的6倍（见图2-9）。

● 吊索必须由整根钢丝绳制成，中间不得有接头；环形吊索只允许有一处接头。

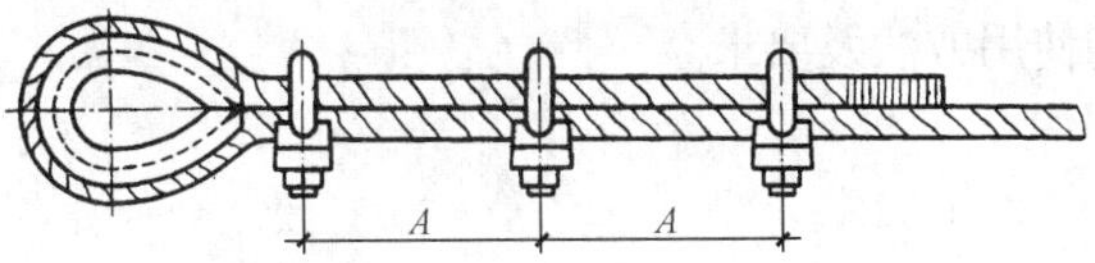

图 2-9　钢丝绳夹的正确布置方法

● 采用二点吊或多点吊时，吊索数宜与吊点数相符，且各根吊索的材质、结构尺寸索眼端部固定连接、端部配件等性能应相同。

● 钢丝绳严禁采用打结方式系结吊物。

● 当吊索弯折曲率半径小于钢丝绳公称直径的 2 倍时，应采用卸扣将吊索与吊点拴接。

● 卸扣应无明显变形、可见裂纹和弧焊痕迹。销轴螺纹应无损伤现象。

（4）吊钩与滑轮的使用。

① 吊钩应符合现行行业标准《起重机械吊具与索具安全规程》（LD 48—1993）中的相关规定。

② 吊钩禁止补焊，有下列情况之一的应予以报废。

● 表面有裂纹。

● 挂绳处截面磨损量超过原高度的 10%。

● 钩尾和螺纹部分等危险截面及钩筋有永久性变形。

● 开口度比原尺寸增加 15%。

● 钩身的扭转角超过 10°。

③ 滑轮的最小绕卷直径，应符合现行国家标准《塔式起重机设计规范》（GB/T 13752—1992）的相关规定。

小提示

滑轮有下列情况之一的应予以报废

① 裂纹或轮缘破损。

② 轮槽不均匀磨损达 3mm。

③ 滑轮绳槽壁厚磨损量达原壁厚的 20%。

④ 铸造滑轮槽底磨损达钢丝绳原直径的 30%，焊接滑轮槽底磨损达钢丝绳原直径的 15%。

④ 滑轮、卷筒均应设有钢丝绳防脱装置，吊钩应设有钢丝绳防脱钩装置。

学习单元二　外用施工电梯

知识目标

1. 了解施工电梯的种类。

2．掌握施工电梯的使用方法及要求。

🎯 技能目标

1．通过本单元学习，能够熟悉施工外用电梯的类型。
2．能够熟练掌握施工外用电梯的选用方法及使用要求。

📖 基础知识

一、施工电梯的类型

施工电梯按用途可划分为载货电梯、载人电梯和人货两用电梯。载货电梯一般起重能力较大，起升速度快，而载人电梯或人货两用电梯对安全装置要求高一些。目前，在实际工程中用得比较多的是人货两用电梯。

国产施工电梯一般可分为两类：一类是齿轮齿条驱动式，另一类是钢丝绳轮驱动式，如图2-10所示。

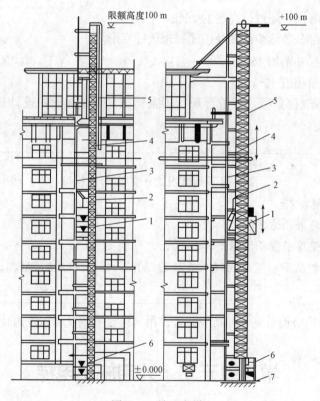

图 2-10　施工电梯

1—吊笼；2—小吊杆；3—架设安装杆；4—平衡箱；5—导轨架；6—底笼；7—混凝土基础

1．齿轮齿条驱动式施工电梯

施工电梯的主要部件为吊笼、带有底笼的平面主框架结构、立柱导轨架，驱动装置、电控系统提升系统、安全装置等。

齿轮齿条驱动式施工电梯按吊笼数量可分为单吊笼式和双吊笼式。每个吊笼可配用平衡重，也可不配平衡重。同不配用平衡重的相比，配平衡重的吊笼在电机功率不变的情况下，承载能力可稍有提高。按承载能力，施工电梯可分为两种，一种载重量为 1 000kg 或乘员 11 人或 12 人，另一种载重量为 2 000kg 或载乘员 24 人。国产施工电梯大多属于前者。

2. 钢丝绳轮驱动式施工电梯

绳轮驱动施工电梯常称为施工升降机或升降机，其构造特点：采用三角断面钢管焊接格桁结构立柱，单吊笼，无平衡重，设有限速和机电联锁安全装置，附着装置简单。钢丝绳轮驱动式施工电梯利用卷扬机、滑轮组，通过钢丝绳悬吊吊笼升降。此类施工电梯是由我国的一些科研单位和生产厂家合作研制的。钢丝绳轮驱动式施工电梯又称施工升降机。有的人货两用，可载货 1 000kg 或乘员 8～10 人；有的只用于运货，载重也达 1 000kg。

小 提 示

施工电梯的选择

① 高层建筑施工电梯的机型选择，应根据建筑体型、建筑面积、运输总量、工期要求以及施工电梯的造价与供货条件等确定。

② 现场施工经验表明，20 层以下的高层建筑，宜采用钢丝绳轮驱动施工电梯，25～30 层以上的高层建筑选用齿轮齿条驱动式施工电梯。

③ 一台施工电梯的服务楼层面积为 $600m^2$，可按此数据为高层建筑工地配备施工电梯。为缓解高峰时运载能力不足的矛盾，应尽可能选用双吊厢式施工电梯。

二、施工升降机的安装和拆卸

1. 施工升降机的安装

（1）安装作业人员应按施工安全技术交底内容进行作业。

（2）安装单位的专业技术人员、专职安全生产管理人员应进行现场监督。

（3）施工升降机的安装作业范围应设置警戒线及明显的警示标志。非作业人员不得进入警戒范围。任何人不得在悬吊物下方行走或停留。

（4）进入现场的安装作业人员应佩戴安全防护用品，高处作业人员应系安全带，穿防滑鞋。作业人员严禁酒后作业。

（5）安装作业中应统一指挥，明确分工。进行危险部位安装时应采取可靠的防护措施。当指挥信号传递困难时，应使用对讲机等通信工具进行指挥。

（6）当遇大雨、大雪、大雾或风速大于 13m/s 等恶劣天气时，应停止安装作业。

（7）电气设备安装应按施工升降机使用说明书的规定进行，安装用电应符合现行行业标准《施工现场临时用电安全技术规范（附条文说明）》（JGJ 46—2005）的规定。

（8）施工升降机金属结构和电气设备金属外壳均应接地，接地电阻不应大于 4Ω。

（9）安装时应确保施工升降机运行通道内无障碍物。

（10）安装作业时必须将按钮盒或操作盒移至吊笼顶部操作。当导轨架或附墙架上有人员作业时，严禁开动施工升降机。

（11）传递工具或器材不得采用投掷的方式。

（12）在吊笼顶部作业前应确保吊笼顶部护栏齐全完好。

（13）吊笼顶上所有的零件和工具应放置平稳，不得超出安全护栏。

（14）安装作业过程中，安装作业人员和工具等总荷载不得超过施工升降机的额定安装载重量。

（15）当安装吊杆上有悬挂物时，严禁开动施工升降机。严禁超载使用安装吊杆。

（16）层站应为独立受力体系，不得搭设在施工升降机附墙架的立杆上。

（17）当需安装导轨架加厚标准节时，应确保普通标准节和加厚标准节的安装部位正确，不得用普通标准节替代加厚标准节。

（18）导轨架安装时，应对施工升降机导轨架的垂直度进行测量校准。施工升降机导轨架安装垂直度偏差应符合使用说明书和表 2-3 所示的规定。

表2-3　　　　　　　　安装垂直度偏差

导轨架架设高度 h/m	$h \leqslant 70$	$70 < h \leqslant 100$	$100 < h \leqslant 150$	$150 < h \leqslant 200$	$h > 200$
垂直度偏差/mm	不大于（1/1 000）h	$\leqslant 70$	$\leqslant 90$	$\leqslant 110$	$\leqslant 130$
	对钢丝绳式施工升降机，垂直度偏差不大于（1.5/1 000）h				

（19）接高导轨架标准节时，应按使用说明书的规定进行附墙连接。

（20）每次加节完毕后，应对施工升降机导轨架的垂直度进行校正，且应按规定及时重新设置行程限位和极限限位，经验收合格后方能运行。

（21）连接件和连接件之间的防松防脱件应符合使用说明书的规定，不得用其他物件代替。对有预紧力要求的连接螺栓，应使用扭力扳手或专用工具，按规定的拧紧次序将螺栓准确地紧固到规定的扭矩值。安装标准节连接螺栓时，宜螺杆在下，螺母在上。

（22）施工升降机最外侧边缘与外面架空输电线路的边线之间，应保持安全操作距离最小安全操作距离应符合表 2-4 所示的规定。

表2-4　　　　　　　　最小安全操作距离

外电线电路电压/kV	<1	1～10	35～110	220	330～500
最小安全操作距离/m	4	6	8	10	15

（23）当发生故障或危及安全的情况时，应立刻停止安装作业，采取必要的安全防护措施应设置警示标志并报告技术负责人。在故障或危险情况未排除之前，不得继续安装作业。

（24）当遇意外情况不能继续安装作业时，应使已安装的部件达到稳定状态并固定牢靠经确认合格后方能停止作业。作业人员下班离岗时，应采取必要的防护措施，并应设置明显的警示标志。

（25）安装完毕后应拆除为施工升降机安装作业而设置的所有临时设施，清理施工场地上作业时所用的索具、工具、辅助用具、各种零配件和杂物等。

小 提 示

钢丝绳式施工升降机的安装还应符合下列规定。

① 卷扬机应安装在平整、坚实的地点，且应符合使用说明书的要求。

② 卷扬机、曳引机应按使用说明书的要求固定牢靠。

③ 应按规定配备防坠安全装置。

④ 卷扬机卷筒、滑轮、曳引轮等应有防脱绳装置。

⑤ 每天使用前应检查卷扬机制动器，动作应正常。

⑥ 卷扬机卷筒与导向滑轮中心线应垂直对正，钢丝绳出绳偏角大于 2° 时应设置排绳器。

⑦ 卷扬机的传动部位应安装牢固的防护罩；卷扬机卷筒旋转方向应与操纵开关上指示的方向一致。卷扬机钢丝绳在地面上运行区域内应有相应的安全保护措施。

2. 施工升降机的拆卸

（1）拆卸前应对施工升降机的关键部件进行检查，当发现问题时，应在问题解决后再进行拆卸作业。

（2）施工升降机拆卸作业应符合拆卸工程专项施工方案的要求。

（3）应有足够的工作面作为拆卸场地，应在拆卸场地周围设置警戒线和醒目的安全警示标志，并应派专人监护。拆卸施工升降机时，不得在拆卸作业区域内进行与拆卸无关的其他作业。

（4）夜间不得进行施工升降机的拆卸作业。

（5）拆卸附墙架时，施工升降机导轨架的自由端高度应始终满足使用说明书的要求。

（6）应确保与基础相连的导轨架在最后一个附墙架拆除后，仍能保持各方向的稳定性。

（7）施工升降机拆卸应连续作业。当拆卸作业不能连续完成时，应根据拆卸状态采取相应的安全措施。

（8）吊笼未拆除之前，非拆卸作业人员不得在地面防护围栏内、施工升降机运行通道内、导轨架内以及附墙架上等区域活动。

（9）拆卸作业还应符合上述"施工升降机的使用"中的有关规定。

三、施工升降机的使用

（1）不得使用有故障的施工升降机。

（2）严禁施工升降机使用超过有效标定期的防坠安全器。

（3）施工升降机额定载重量、额定乘员数标牌应置于吊笼醒目位置。严禁在超过额定载重量或额定乘员数的情况下使用施工升降机。

（4）当电源电压值与施工升降机额定电压值的偏差超过±5%，或供电总功率小于施工升降机的规定值时，不得使用施工升降机。

（5）应在施工升降机作业范围内设置明显的安全警示标志，应在集中作业区做好安全防护。

（6）当建筑物超过 2 层时，施工升降机地面通道上方应搭设防护棚。当建筑物高度超过 24m 时，应设置双层防护棚。

（7）使用单位应根据不同的施工阶段、周围环境、季节和气候，对施工升降机采取相应的安全防护措施。

（8）使用单位应在现场设置相应的设备管理机构或配备专职的设备管理人员，并指定专职设备管理人员、专职安全生产管理人员进行监督检查。

（9）当遇大雨、大雪、大雾、施工升降机顶部风速大于 20m/s 或导轨架、电缆表面结有冰层时，不得使用施工升降机。

（10）严禁将行程限位开关作为停止运行的控制开关。

（11）使用期间，使用单位应按使用说明书的要求定期对施工升降机进行保养。

（12）在施工升降机基础周边水平距离 5m 以内，不得开挖井沟，不得堆放易燃易爆物品及其他杂物。

（13）施工升降机运行通道内不得有障碍物。不得利用施工升降机的导轨架、横竖支撑、层站等牵拉或悬挂脚手架、施工管道、绳缆标语、旗帜等。

（14）施工升降机安装在建筑物内部井道中时，应在运行通道四周搭设封闭屏障。

（15）安装在阴暗处或夜班作业的施工升降机，应在全行程装设明亮的楼层编号标志灯。夜间施工时作业区应有足够的照明，照明应满足现行行业标准《施工现场临时用电安全技术规范》（JGJ 46—2005）的要求。

（16）施工升降机不得使用脱皮、裸露的电线、电缆。

（17）施工升降机吊笼底板应保持干燥整洁。各层站通道区域不得有物品长期堆放。

（18）施工升降机司机严禁酒后作业。工作时间内司机不应与其他人员闲谈，不应有妨碍施工升降机运行的行为。

（19）施工升降机司机应遵守安全操作规程和安全管理制度。

（20）实行多班作业的施工升降机，应执行交接班制度。接班司机应进行班前检查，确认无误后，方能开机作业。

（21）施工升降机每天第一次使用前，司机应将吊笼升离地面 1~2m，停车检查制动器的可靠性。当发现问题时，应经修复合格后方能运行。

（22）施工升降机每 3 个月应进行 1 次 1.25 倍额定重量的超载试验，确保制动器性能安全可靠。

（23）工作时间内司机不得擅自离开施工升降机。当有特殊情况需离开时，应将施工升降机停到最底层，关闭电源并锁好吊笼门。

（24）操作手动开关的施工升降机时，不得利用机电联锁开动或停止施工升降机。

（25）层门门栓宜设置在靠施工升降机一侧，且层门应处于常闭状态。未经施工升降机司机许可，不得启闭层门。

（26）施工升降机专用开关箱应设置在导轨架附近便于操作的位置，配电容量应满足施工升降机直接启动的要求。

（27）施工升降机使用过程中，运载物料的尺寸不应超过吊笼的界限。

（28）散状物料运载时应装入容器、进行捆绑或使用织物袋包装，堆放时应使荷载分布均匀。

（29）运载融化沥青、强酸、强碱、溶液、易燃物品或其他特殊物料时，应由相关技术部门做好风险评估和采取安全措施，且应向施工升降机司机、相关作业人员书面交底后方能载运。

（30）当使用搬运机械向施工升降机吊笼内搬运物料时，搬运机械不得碰撞施工升降机。卸料时，物料放置速度应缓慢。

（31）当运料小车进入吊笼时，车轮处的集中荷载不应大于吊笼板底和层站底板的允许承载力。

（32）吊笼上的各类安全装置应保持完好有效。经过大雨、大雪、台风等恶劣天气后应对各安全装置进行全面检查，确认安全有效后方能使用。

（33）当在施工升降机运行中发现异常情况时，应立即停机，直到排除故障后方可继续运行。

（34）当在施工升降机运行中由于断电或其他原因中途停止时，可进行手动下降。吊笼手动下降速度不得超过额定运行速度。

（35）作业结束后应将施工升降机返回最底层停放，将各控制开关拨到零位，切断电源，锁好开关箱、吊笼门和地面防护围栏门。

小 提 示

钢丝绳式施工升降机的使用还应符合下列规定。

① 钢丝绳应符合现行国家标准《起重机　钢丝绳　保养、维护、安装、检验和报废》（GB/T 5972—2009）的规定。

② 施工升降机吊笼运行时钢丝绳不得与遮掩物或其他物件发生碰触或摩擦。

③ 当吊笼位于地面时，最后缠绕在卷扬机卷筒上的钢丝绳不应少于3圈，且卷扬机卷筒上钢丝绳应无乱绳现象。

④ 卷扬机工作时，卷扬机上部不得放置任何物件。

⑤ 不得在卷扬机、曳引机运转时进行清理或加油。

学习单元三　泵送混凝土施工机械

知识目标

1. 了解混凝土运输机械的各种类型。
2. 熟悉混凝土搅拌运输车的分类与构造。

技能目标

1. 明确掌握混凝土搅拌运输车选用及使用要求。
2. 能熟练掌握泵送混凝土施工机械的原理。

基础知识

一、混凝土搅拌运输车

混凝土搅拌运输车由混凝土集中搅拌站将商品混凝土装运到施工现场，并卸入预先准备好的料斗里，再由混凝土泵或塔式起重机输送到浇筑部位。混凝土搅拌运输车运输过程中，同时对混凝土进行不停地搅动，使混凝土免于在运输途中产生离析和初凝，并进一步改善混凝土拌合物的和易性和均匀性，从而提高混凝土的浇筑质量。

混凝土搅拌运输车主要由底架、搅拌筒、发动机、静液驱动系统、加水系统、装料及进料系统、卸料溜槽、卸料振动器、操作平台、操纵系统及防护设备组成。

1. 混凝土搅拌运输车的分类与构造

混凝土搅拌运输车按公称容量的大小，分为 $2m^3$、$2.5m^3$、$4m^3$、$6m^3$、$7m^3$、$8m^3$、$9m^3$、$10m^3$、$12m^3$ 等几种，搅拌筒的充盈率为 $55\%\sim60\%$。公称容量在 $2.5m^3$ 以下者属轻型搅拌运输车，搅拌筒安装在普通卡车底盘上制成；公称容量在 $4\sim6m^3$ 者，属于中型混凝土搅拌运输车，用重型卡车底盘改装而成；公称容量在 $8m^3$ 以上者，为大型混凝土搅拌运输车，以三轴式重型载重卡车底盘制成。实践表明，公称容量在 $6m^3$ 的搅拌运输车技术经济效果最佳，目前国内制造和应用的以及国外引进的大多属这类档次的混凝土搅拌运输车。

小 提 示

混凝土搅拌运输车构造

混凝土搅拌运输车（见图 2-11）主要由底架、搅拌筒、发动机、静液驱动系统、加水系统、装料及卸料系统、卸料溜槽、卸料振动器、操作平台、操纵系统及防护设备等组成。

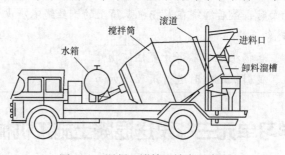

图 2-11　混凝土搅拌运输车示意图

搅拌筒内安装有两扇螺栓形搅拌叶片，当鼓筒正向回转时，可使混凝土得到拌和，反向回转时，可使混凝土排出。

2. 混凝土搅拌运输车的选用及使用注意事项

（1）混凝土搅拌运输车选用时，考核技术性能应注意以下几点。

① $6m^3$ 搅拌运输车的装料时间一般需 $40\sim60s$，卸料时间为 $90\sim180s$；搅拌车拌筒开口宽度应大于 1 050mm，卸料溜槽宽度应大于 450mm。

② 装料高度应低于搅拌站（机）出料口的高度，卸料高度应高于混凝土泵车受料口的高度，以免影响正常装、卸料。

③ 搅拌筒的筒壁及搅拌叶片必须用耐磨、耐锈蚀的优质钢材制作，并应有适当的厚度。

④ 安全防护装置齐全。

⑤ 性能可靠，操作简单，便于清洗、保养。

（2）新车投入使用前，必须经过全面检查和试车，一切正常后，才可正式使用。

（3）搅拌车液压系统使用的压力应符合规定，不得随意调整。液压的油量、油质和油温应符合使用说明书中的规定；换油时，应选用与原牌号相当的液压油。

（4）搅拌车装料前，应先排净筒内的积水和杂物。压力水箱内应保持满水状态，以备急用。

（5）搅拌车装载混凝土，其体积不得超过允许的最大搅拌容量。在运输途中，搅拌筒不得停止转动，以免混凝土离析。

（6）搅拌车到达现场卸料前，应先使搅拌筒全速（14～18r/min）转动1～2min，并待搅拌筒完全停稳不转后，再进行反转卸料。

（7）当环境温度高于25℃时，混凝土搅拌车从装料到卸料包括途中运输的全部延续时间不得超过60min；当环境温度低于25℃时，全部延续时间不得超过90min。

（8）搅拌筒由正转变为反转时，必须先将操纵手柄放至中间位置，待搅拌筒停转后，再将操纵手柄放至反转位置。

（9）冬期施工，搅拌运输车开机前，应检查水泵是否冻结；每日工作结束时，应按以下程序将积水排放干净：开启所有阀门→打开管道的排水龙头→打开水泵排水阀门→使水泵作短时间运行（5min）→最后将控制手柄转至"搅拌—出料"位置。

（10）搅拌运输车在施工现场卸料完毕，返回搅拌站前，应放水将装料口、出料漏斗及卸料槽等部位冲洗干净，并清除黏结在车身各处的污泥和混凝土。

（11）在现场卸料后，应随即向搅拌筒内注入150～200L清水，并在返回途中使搅拌筒慢速转动，清洗拌筒内壁，防止水泥浆渣黏附在筒壁和搅拌叶片上。

（12）每天下班后，应向搅拌筒内注入适量清水，并高速（14～18r/min）转动5～10min然后将筒内杂物和积水排放干净，以使筒内保持清洁。

（13）混凝土搅拌运输车操作人员必须经过专门培训并取得合格证方准上岗操作；无合格证者，不得上岗顶班作业。

课堂案例

××年×日，某市一施工工地发生一起混凝土泵车机械伤害事故。3名工人在引导混凝土泵车臂架末端的软管时，泵车侧倾，泵车臂架瞬间下降，砸中3名工人，其中1名工人因砸中头部，经抢救无效死亡，另有2名工人轻伤。

事故发生经过：

某混凝土有限公司具备预拌混凝土专业承包三级资质，与某建筑安装有限公司签订混凝土购销合同，负责供应某工程预拌混凝土并负责泵送。

事故发生当日，某混凝土有限公司将泵车开到施工工地，泵车操作工卞某支好泵车4只支腿和臂架，到2楼施工面用遥控器操作泵车泵送混凝土，某建筑安装有限公司安排胡某等3名工人引导混凝土泵车臂架末端的软管。刚泵送了5min左右，突然，听到一声响声，泵车左前支腿突然下陷，左后支腿撑破下水道盖板下陷，导致泵车向左侧侧倾，泵车臂架瞬间下降，砸中胡某头部，经抢救无效死亡，另外2名工人轻伤。

问题：

1. 事故发生的原因有哪些？

2. 该起事故的责任如何认定？

分析:

1. 事故发生的原因

(1)直接原因。泵车左后腿支撑在不坚实的普通水泥盖板上（下面为下水道）；左前腿支撑在软土质地面上，其垫加的支承面不符合国家有关混凝土泵送施工技术规程和该型号泵车使用说明书的要求（应采用一定规格的长短木方交叉叠放）；现场作业环境不能满足泵车支腿伸展要求，支腿未伸展到位。

(2)间接原因。

① 某混凝土有限公司职工未经安全教育培训合格上岗；施工方案中没有编制安全技术措施，操作工不知道施工方案和操作规程。

② 某建筑安装有限公司未与混凝土有限公司签订专门的安全生产管理协议，未安排专人在现场协调、管理安全生产工作。

2. 事故责任的认定

(1)某混凝土有限公司安全生产责任制落实不到位，职工安全教育培训不到位，未按照有关规定要求制定施工组织设计，对事故的发生负有主要责任。

(2)泵车操作工卞某没有按照国家有关混凝土泵送施工技术规程和使用说明书的要求操作，对事故的发生负直接责任。

(3)某建筑安装有限公司未能依法认真履行安全生产义务，现场安全生产管理混乱，对事故的发生负重要责任。

二、混凝土泵和泵车

1. 混凝土泵

混凝土泵是在压力推动下沿管道输送混凝土的一种设备。它能连续完成高层建筑的混凝土的水平运输和垂直运输，配以布料杆还可以进行较低位置的混凝土的浇筑。近几年来，在高层建筑施工中泵送商品混凝土应用日益广泛，主要原因是泵送商品混凝土的效率高，质量好，劳动强度低。按照混凝土泵的移动方式不同，液压泵分为固定泵、拖式泵和混凝土泵车。

以卧式双缸混凝土泵为例，其工作原理为：两个混凝土缸并列布置，由两个油缸驱动，通过阀的转换，交替吸入或输出混凝土，使混凝土平稳而连续地输送出去，如图 2-12 所示。液压缸的活塞向前推进，将混凝土通过中心管向外排出，同时混凝土缸中的活塞向回收缩，将料斗中的混凝土吸入。当液压缸（或混凝土缸）的活塞到达行程终点时，摆动缸运作，将摆动阀切换，使左混凝土缸吸入，右混凝土缸排出。在混凝土泵中，分配阀是核心机构，也是最容易损坏的部分。泵的工作性能好坏与分配阀的质量和形式有着密切的关系。泵阀大致可分为闸板阀、S 形阀、C 形阀三大类，如图 2-13~图 2-16 所示。

2. 混凝土泵车

混凝土泵车（见图 2-17）是将混凝土泵安装在汽车底盘上，利用柴油发动机的动力，通过动力分动箱将动力传给液压泵，然后带动混凝土泵进行工作。通过布料杆，可将混凝土送到一定高程与距离。对于一般的建筑物施工，这种泵车有独特的优越性，其移动方便，输送幅度与高度适中，可节省一台起重机，在施工中很受欢迎。

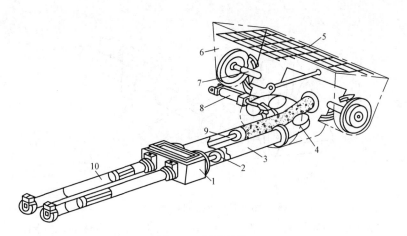

图 2-12　泵送机构

1—结合块；2—活塞；3—混凝土泵缸；4—吸入导管；5—料斗格；

6—料斗；7—搅拌机构；8—摆动缸；9—活塞杆；10—液压缸

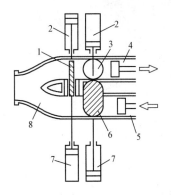

图 2-13　混凝土泵的平置式闸板分配阀

1—排出闸板；2—左液压缸；3—料斗出料口；

4—左混凝土缸；5—右混凝土缸；6—吸入闸板；

7—右液压缸；8—Y 形输送管

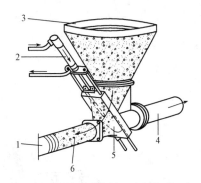

图 2-14　混凝土泵的斜置式闸板分配阀

1—工作活塞；2—液压缸；3—集料斗；

4—输送管；5—闸板；6—混凝土工作缸

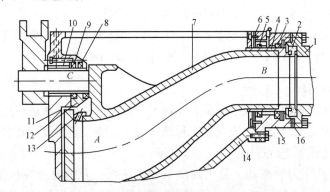

图 2-15　混凝土泵的 S 形分配阀

1—连接法兰；2—减磨压环；3、9—蕾形密封圈；4—护帽；5、8—Y 形密闭圈；6—密封环；7—阀体；

10—轴套；11—O 形圈；12—密封圈座；13—切割环；14—装料斗；15—支承座；16—调整垫片

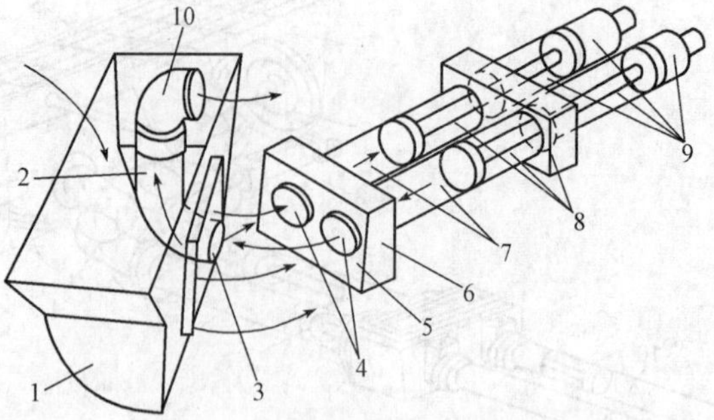

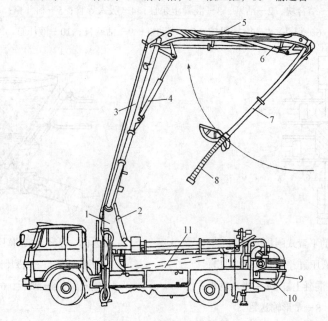

图 2-16 混凝土泵的 C 形分配阀

1—集料斗；2—管形阀；3—摆动管口；4—工作缸口；5—可更换的摩擦板面；

6—缸头；7—工作缸；8—清水箱；9—液压缸；10—输送管口

44

图 2-17 混凝土泵车

1—回转支承装置；2—变幅液压缸；3—第 1 节臂架；4、6—伸缩液压缸；

5—第 2 节臂架；7—第 3 节臂架；8—软管；9、11—输送管；10—泵体

3. 混凝土泵的选择

混凝土泵的实际排量，为混凝土泵或泵车标定的最大排量乘以泵送距离影响系数、作业效率系数。采用泵送混凝土施工时，应根据工程结构特点、施工组织设计要求、不同泵型的技术参数以及技术经济比较等进行选用。

混凝土泵，按其压力的高低，分为高压泵和中压泵。凡混凝土泵缸活塞前端压力大于 $7N/mm^2$ 者为高压泵，小于等于 $7N/mm^2$ 者为中压泵。高压泵的输送距离（高度）大，但价格高，液压系统复杂，维修费用大，且需配用厚壁输送管。

一般浇筑基础或高度为 6～7 层以下的结构工程，以采用汽车式混凝土泵进行混凝土浇筑为宜；当垂直输送高度为 80～100m 时，可以采用一台高压泵到顶，也可采用两台固定式中压混凝土泵进行接力输送。

混凝土的可泵性一般与单位水泥含量、坍落度、骨料品种与粒径、含砂率和粒度有关。混凝土泵的主要参数指混凝土泵的实际平均输出量和混凝土泵的最大水平输送距离。

混凝土泵的实际平均输出量，可根据混凝土泵的最大输出量、配管情况和作业效率，按下式计算。

$$Q_1 = Q_{max} \alpha_1 \eta \tag{2.1}$$

式中，Q_1——每台混凝土泵的实际平均输出量，m^3/h；

Q_{max}——每台混凝土泵的最大输出量，m^3/h；

α_1——配管条件系数，可取 0.8～0.9；

η——作业效率。根据混凝土搅拌运输车向混凝土泵供料的间断时间、拆装混凝土输送管和布料停歇等情况，可取 0.5～0.7。

混凝土泵的最大水平输送距离，可通过试验或查阅产品的性能表（曲线）确定；也可根据混凝土泵的混凝土最大出口压力（可从技术性能表中查出）、配管情况、混凝土性能指标和输出量按下式计算。

$$L_{max} = \frac{P_e - p_f}{\Delta P_H} \times 10^6 \tag{2.2}$$

式中，L_{max}——混凝土泵最大水平输送距离，m；

P_e——混凝土泵额定工作压力，MPa；

p_f——混凝土泵送系统附件及泵体内部压力损失，当缺乏详细资料时，可按表 2-5 所示取值累加计算，MPa；

表2-5　　混凝土泵送系统附件的估算压力损失

附件名称		换算单位	估算压力损失/MPa
管路截止阀		每个	0.1
泵体附属结构	分配阀	每个	0.2
	启动内耗	每台泵	1.0

ΔP_H——混凝土在水平输送管内流动每米产生的压力损失，可按式（2.3）计算（Pa/m）；采用其他方法确定时，宜通过试验验证。

$$\Delta P_H = \frac{2}{r}\left[K_1 + K_2(1+\frac{t_2}{t_1})V_2\right]\alpha_2 \tag{2.3}$$

式中，r——混凝土输送管半径，m；

K_1——黏着系数，Pa；

K_2——速度系数，Pa·s/m；

$\dfrac{t_2}{t_1}$——混凝土泵分配阀切换时间与活塞推压混凝土时间之比,当设备性能未知时,可取 0.3;

V_2——混凝土拌合物在输送管内的平均流速,m/s;

α_2——径向压力与轴向压力之比,对普通混凝土取 0.90。

当配管情况复杂,有水平管也有向上垂直管、弯管等时,先按表 2-6 所示计算。

表2-6   混凝土输送管水平换算长度

管类别或布置状态	换算单位	管规格		水平换算长度/m
向上垂直管	每米	管径/mm	100	3
			125	4
			150	5
倾斜向上管（输送管倾斜角为 α,见图 2-18）	每米	管径/mm	100	$\cos\alpha+3\sin\alpha$
			125	$\cos\alpha+4\sin\alpha$
			150	$\cos\alpha+5\sin\alpha$
垂直向下及倾斜向下管	每米	—		1
锥形管	每根	锥径变化/mm	175~150	4
			150~125	8
			125~100	16
弯管（弯头张角为 β, $\beta\leqslant90°$,见图 2-18）	每只	弯曲半径/mm	800	$12\beta/90$
			1 000	$9\beta/90$
胶管	每根	长 3~5m		20

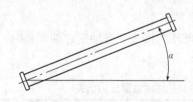 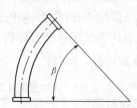

图 2-18   布管计算角度示意图

4. 输送管配管

输送管是混凝土泵送设备的重要组成部分,管道配置与敷设是否合理,常影响到泵送效率和泵送作业的顺利进行。一般施工前应根据工程周围情况、工程规模认真进行配管设计,并应满足以下技术要求。

（1）进行配管设计时,应尽量缩短管线长度,少用弯管和软管,应便于装拆、维修、排除故障和清洗。

（2）应根据集料最大粒径、混凝土输出量和输出距离、混凝土泵型号、泵送压力等选择输送管材、管径。泵送混凝土的输送管应采用耐磨锰钢无缝钢管制作。最常用的管径 $\phi100$、$\phi125$、$\phi150$,壁厚在 3.2mm 以上。在同一条管线中应用相同直径的输送管,新管应布置在泵送压力较大处。管径与集料最大粒径的比值应符合表 2-7 所示的规定。

表2-7 输送管道直径 ϕ 与混凝土集料最大粒径 D 的比值

管道直径 ϕ/mm	100～115	125～150	150～180	180～200
ϕ/D	3.7～3.3	3.3～3.0	3.0～2.7	2.7～2.5

注：对于碎石混凝土可取上限；卵石混凝土则可选用下限。

学习案例

某市某危改工程东二区1#、2#楼，拟在现场各安装一台外用施工电梯，其设计要求如下：

为1#楼服务的宝达电梯为1#电梯，其每个梯笼额定荷载为2t，电梯最终高为57.304m（以-1.050m为参考点），电梯需要附墙7道。

为2#楼服务的江汉电梯为2#电梯，此电梯由原装瑞典电梯改制而成，电梯最终高度为57.304m（以-1.050m为参考点），电梯需要附墙7道。

想一想：

1. 该外用电梯如何安装？
2. 简述该外用电梯的拆除。
3. 使用外用电梯时的安全措施有哪些？

案例分析：

1. 安装电梯用现场塔机吊装

（1）在电梯的底座，并用M24×230的螺栓连接，注意调平底座的水平度，使底座水平度达到0.2%。预紧力为350N·m。

（2）安装三节标准节，连接标准节用的螺栓为M24×230，预紧力为350N·M。

（3）安装围栏。

（4）安装吊笼。

（5）电气控制系统的安装。

（6）电动升降试车。

（7）电梯标准节的加节。

（8）按使用说明书的规定进行电梯附墙安装。

（9）对重系统的安装。

（10）其余步骤必须按规范进行安装。

（11）进行电梯坠笼实验，一切达到要求、合格后投入使用。

2. 外用电梯的拆除

外用电梯按常规拆除，外用电梯回库时，注意办理好电梯部件的清点移交工作。

3. 使用外用电梯的安全措施

（1）安装时，工人必须佩带齐全的安全防护用品。

（2）塔机吊重就位时，必须保证吊位轻捷、准确，配合一致。

（3）电梯在首次吊重运行时，必须从最低层上升，严禁自上而下。当电梯梯笼升离地面1～2m时，要停车实验制动器的可靠性，如果发现制动器异常，须修复后方可运行。

（4）梯笼内乘人或载物时，应使载荷均匀分布，防止偏重，严禁超载荷运行。

（5）操作人员应与指挥人员密切配合，根据指挥信号操作。

（6）电梯运行中发现机械有异常情况时，应立即停机检查，排除故障后方可继续运行。电梯在大雨、大雾和6级以上风时，应停止运行，并将梯笼降到底层，切断电源。

（7）电梯运行到最上层和最下层时，严禁以行程限位开关自动停车来代替正常操作按钮的使用。

（8）注意电梯导轨架垂直度的控制。

（9）注意接地，按规范控制接地电阻阻值。

（10）附墙架允许的最大水平倾角为±8°。

（11）连接螺栓的强度等级不低于8.8级。

（12）对接标准节时，必须保证各标准节立管对接处的错位阶差≤0.5mm。如果标准节上有对重导轨，应确保导轨对接处的错位阶差≤0.5mm。

 知识拓展

混凝土泵和泵车的使用

（1）混凝土泵应安放在平整、坚实的地面上，周围不得有障碍物，在放下支腿并调整后应使机身保持水平和稳定，轮胎应楔紧。

（2）泵送管道的敷设应符合下列要求。

① 水平泵送管道宜直线敷设。

② 垂直泵送管道不得直接装接在泵的输出口上，应在垂直管前端加装长度不小于20m的水平管，并在水平管近泵处加装逆止阀。

③ 敷设向下倾斜的管道时，应在输出口上加装一段水平管，其长度不应小于倾斜管高低差的5倍。当倾斜度较大时，应在坡度上端装设排气活阀。

④ 泵送管道应有支承固定，在管道和固定物之间应设置木垫作缓冲，不得直接与钢筋或模板相连，管道与管道间应连接牢靠；管道接头和卡箍应扣牢密封，不得漏浆；不得将已磨损管道装在后端高压区。

⑤ 泵送管道敷设后，应进行耐压试验。

（3）砂石粒径、水泥强度等级及配合比应按出厂规定，满足泵机可泵性的要求。

（4）作业前应检查并确认泵机各部螺栓紧固，防护装置齐全可靠，各部位操纵开关、调整手柄、手轮、控制杆、旋塞等均在正确位置，液压系统正常无泄漏，液压油符合规定，搅拌斗内无杂物，上方的保护格网完好无损并盖严。

（5）输送管道的管壁厚度应与泵送压力匹配，近泵处应选用优质管子。管道接头、密封圈及弯头等应完好无损。高温烈日下应采用湿麻袋或湿草袋遮盖管路，并应及时浇水降温，寒冷季节应采取保温措施。

（6）应配备清洗管、清洗用品、接球器及有关装置。开泵前，无关人员应离开管道周围。

（7）启动后，应空载运转，观察各仪表的指示值，检查泵和搅拌装置的运转情况，确认一切正常后，方可作业。泵送前应向料斗加入10L清水和0.3m³水泥砂浆以润滑泵及管道。

（8）泵送作业中，料斗中的混凝土平面应保持在搅拌轴轴线以上。料斗格网上不得堆满混凝土，应控制供料流量，及时清除超粒径的集料及异物，不得随意移动格网。

（9）当进入料斗的混凝土有离析现象时应停泵，待搅拌均匀后再泵送。当集料分离严重，料斗内灰浆明显不足时，应剔除部分集料，另加砂浆重新搅拌。

（10）泵送混凝土应连续作业；当因供料中断被迫暂停作业时，停机时间不得超过30min。暂停时间内应每隔5~10min（冬季3~5min）做2或3个冲程反泵—正泵运动，再次投料泵送前应先将料搅拌。当停泵时间超限时，应排空管道。

（11）垂直向上泵送中断后再次泵送时，应先进行反向推送，使分配阀内混凝土吸回料斗，经搅拌后再正向泵送。

（12）泵机运转时，严禁将手或铁锹伸入料斗或用手抓握分配阀。当需在料斗或分配阀上工作时，应先关闭电动机和消除蓄能器压力。

（13）不得随意调整液压系统压力。当油温超过 70℃时，应停止泵送，但仍应使搅拌叶片和风机运转，待降温后再继续运行。

（14）水箱内应储满清水，当水质浑浊并有较多砂粒时，应及时检查处理。

（15）泵送时，不得开启任何输送管道和液压管道；不得调整、修理正在运转的部件。

（16）作业中，应对泵送设备和管路进行观察，发现隐患应及时处理。对磨损超过规定的管子、卡箍、密封圈等应及时更换。

（17）应防止管道堵塞。泵送混凝土应搅拌均匀，控制好坍落度；在泵送过程中，不得中途停泵。

（18）当出现输送管堵塞时，应进行反泵运转，使混凝土返回料斗；当反泵几次仍不能消除堵塞时，应在泵机卸载情况下，拆管排除堵塞。

（19）作业后，应将料斗内和管道内的混凝土全部输出，然后对泵机、料斗、管道等进行冲洗。当用压缩空气冲洗管道时，进气阀不应立即开大，只有当混凝土顺利排出时，方可将进气阀开至最大。在管道出口端前方 10m 内严禁站人，并应用金属网篮等收集冲出的清洗球和砂石粒。对凝固的混凝土，应采用刮刀清除。

（20）作业后，应将两侧活塞转到清洗室位置，并涂上润滑油。各部位操纵开关、调整手柄、手轮、控制杆、旋塞等均应复位。液压系统应卸载。

学习情境小结

本学习情境主要介绍高层建筑施工常用起重运输用机械。从塔式起重机、外用施工电梯和泵送混凝土施工机械三部分进行阐述。通过本学习情境的学习，读者能合理选用、配备施工机械，以保证高层建筑施工效率。

学习检测

一、填空题

1. 塔式起重机一般分为＿＿＿＿＿＿、＿＿＿＿＿＿、＿＿＿＿＿＿、

_____等几种。

2. 塔式起重机的主要工作参数有_____、_____、_____和_____。

3. 高层建筑施工电梯的机型选择，应根据_____、_____、_____、_____以及施工电梯的_____与_____等确定。

4. 按照混凝土泵的移动方式不同，液压泵分为_____、_____和_____。

二、选择题

1. 中型塔式起重机起重量为（　　），适用于一般工业建筑与高层民用建筑施工。

   A. 5～30kN   B. 30～150kN   C. 200～400kN   D. 400kN 以上

2. 附着式塔式起重机的顶部有套架和液压顶升装置，需要接高时，每次接高（　　）。

   A. 2.5m   B. 3.5m   C. 4.5m   D. 5.0m

3. 起重力矩是起重量与相应工作幅度的（　　）。

   A. 乘积   B. 相除   C. 之差   D. 之和

4. 塔式起重机起重臂根部铰点高度超过 50m 时应配备（　　）。

   A. 障碍灯   B. 广告牌   C. 风速仪   D. 标语牌

5. 高层建筑施工电梯机型选择时，（　　）不属于选择条件。

   A. 建筑体型   B. 运输总量   C. 工期要求   D. 以上都不是

三、简答题

1. 起重机的轨道基础应符合哪些要求？

2. 自升式塔式起重机的顶升加节应符合哪些要求？

3. 根据现场施工经验，不同层楼的建筑应如何选用施工电梯？

4. 当发现施工电梯故障或危及安全的情况时，应怎样做？

5. 混凝土搅拌运输车选用时，考核技术性能应注意哪些？

6. 如何选用混凝土泵？

学习情境三

高层建筑施工用脚手架

♻ 情境导入

某综合楼工程位于××市，共三十五层。其中，地下二层，屋面一层。总建筑面积约 37 160m²，其中，地上建筑面积约为 35 000m²。层高 2.8m；高层住宅楼相对高度约 87.88m。其主体为剪力墙结构，外墙砼厚分别为 25cm、20cm；并有 4cm 厚的聚苯乙烯保温层。平面结构设计有多处飘窗和较宽的大型阳台，阳台设有玻璃幕墙。本工程采用液压升降整体脚手架进行施工。

⊛ 案例导航

液压升降整体脚手架指依靠液压装置，附着在建（构）筑物上，实现整体升降的脚手架。在施工的过程中如何严格做好设计计算、安全防护等工作，并且编制好施工组织设计，需要掌握下列相关知识。

1. 液压升降整体脚手架的构造；
2. 液压升降整体脚手架的安装、拆除及使用。

学习单元一　液压升降整体脚手架

▤ 知识目标

1. 了解液压升降整体脚手架的构造。
2. 掌握液压升降整体脚手架的安装与拆除、升降和使用要求。

◎ 技能目标

通过本单元学习能够熟练地进行液压升降整体脚手架的安装、使用与拆除。

一、液压升降整体脚手架的构造及一般规定

1. 液压升降整体脚手架架体的构造

液压升降整体脚手架指依靠液压装置，附着在建（构）筑物上，实现整体升降的脚手架。其架体结构如图 3-1 所示，其架体结构尺寸应符合下列要求。

（1）架体结构高度不应大于 5 倍楼层高。

（2）架体全高与支承跨度的乘积不应大于 110m²。

（3）架体宽度不应大于 1.2m。

（4）直线布置的架体支承跨度不应大于 8m，折线或曲线布置的架体中心线处支承跨度不应大于 5.4m。

（5）水平悬挑长度不应大于跨度的 1/2，且不得大于 2m。

（6）当两主框架之间架体的立杆作承重架时，纵距应小于 1.5m，纵向水平杆的步距不应大于 1.8m。

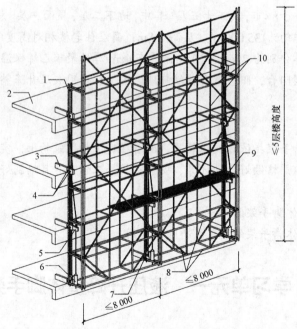

图 3-1　液压升降整体脚手架总装配示意图（单位：mm）

1—竖向主框架；2—建筑结构混凝土楼面；3—附着支承结构；

4—导向及防倾覆装置；5—悬臂（吊）梁；6—液压升降装置；

7—防坠落装置；8—水平支承结构；9—工作脚手架；10—架体结构

2. 一般规定

（1）技术人员和专业操作人员应熟练掌握液压升降整体脚手架的技术性能及安全要求。

（2）遇到雷雨、大雾、大雪、6 级及以上大风天气时，必须停止施工。架体上人员应对设备、工具、零散材料、可移动的铺板等进行整理、固定，并应做好防护，全部人员撤离后应立即切断电源。

（3）液压升降整体脚手架施工区域内应有防雷设施，并应设置相应的消防设施。

（4）液压升降整体脚手架安装、升降、拆除过程中，应统一指挥，在操作区域应设置安全警戒。

（5）液压升降整体脚手架安装、升降、使用、拆除作业，应符合现行行业标准《建筑施工高处作业安全技术规范》（JGJ 80—1991）的有关规定。

（6）液压升降整体脚手架施工用电应符合现行行业标准《施工现场临时用电安全技术规范（附条文说明）》（JGJ 46—2005）的有关规定。

（7）升降过程中作业人员必须撤离工作脚手架。

二、液压升降整体脚手架安装与拆除

1. 液压升降整体脚手架安装

（1）液压升降整体脚手架应由有资质的安装单位施工。

（2）安装单位应核对脚手架搭设构（配）件、设备及周转材料的数量、规格，查验产品质量合格证、材质检验报告等文件资料。构（配）件、设备、周转材料应符合下列规定。

① 钢管应符合现行国家标准《直缝电焊钢管》（GB/T 13793—2008）的规定。

② 钢管脚手架的连接扣件应采用可锻铸铁制作，其材质应符合现行国家标准《钢管脚手架扣件》（GB 15831—2006）的规定，并在螺栓拧紧的扭力矩达到 65N·m 时，不得发生破坏。

③ 脚手板应采用钢、木、竹材料制作，其材质应符合相应的国家现行标准的有关规定。

④ 安全围护材料及辅助材料应符合相应的国家现行标准的有关规定。

（3）应核实预留螺栓孔或预埋件的位置和尺寸。

（4）应查验竖向主框架、水平支承、附着支承、液压升降装置、液压控制台、油管、各液压元件、防坠落装置、防倾覆装置、导向部件的数量和质量。

（5）应设置安装平台，安装平台应能承受安装时的垂直荷载。高度偏差应小于 20mm；水平支承底平面高差应小于 20mm。

（6）架体的垂直度偏差应小于架体全高的 0.5%，且不应大于 60mm。

（7）安装过程中竖向主框架与建筑结构间应采取可靠的临时固定措施，确保竖向主框架的稳定。

（8）架体底部应铺设脚手板，脚手板与墙体间隙不应大于 50mm，操作层脚手板应满铺、铺牢，孔洞直径宜小于 25mm。

（9）剪刀撑斜杆与地面的夹角应为 45°～60°。

（10）每个竖向主框架所覆盖的每一楼层处应设置一道附着支承及防倾覆装置。

（11）防坠落装置应设置在竖向主框架处，防坠吊杆应附着在建筑结构上，且必须与建筑结构可靠连接。每一升降点应设置一个防坠落装置，在使用和升降工况下应能起作用。

（12）防坠落装置与液压升降装置联动机构的安装，应先使液压升降装置处于受力状态调节螺栓将防坠落装置打开，防坠杆件应能自由地在装置中间移动；当液压升降装置处于失力状态时，防坠落装置应能锁紧防坠杆件。

（13）在竖向主框架位置设置上下两个防倾覆装置后，才能安装竖向主框架。

（14）液压升降装置应安装在竖向主框架上，并应有可靠的连接。

（15）控制台应布置在所有机位的中心位置，两边均设排油管；油管应固定在架体上应有防止碰撞的措施，转角处应圆弧过渡。

（16）在额定工作压力下，应保压 30min，所有的管接头滴漏总量不得超过 3 滴油。

（17）架体的外侧防护应采用安全密目网，安全密目网应布设在外立杆内侧。

（18）液压升降整体脚手架安装后应按表 3-1 所示的要求进行验收。

表3-1　　　　　　　　　　　　　液压升降整体脚手架安装后验收表

工程名称		结构形式	
建筑面积		机位布置情况	
总包单位		安拆单位	
监理单位		验收日期	

序号	检查项目	标准	检查结果
1★	相邻竖向主框架的高差	≤30mm	
2★	竖向主框架及导轨的垂直度偏差	≤0.5%且≤60mm	
3★	预埋穿墙螺栓孔或预埋件中心的误差	≤15mm	
4★	架体底部脚手板与墙体间隙	≤50mm	
5	节点板的厚度	≥6mm	
6	剪刀撑斜杆与地面的夹角	45°～60°	
7★	操作层脚手板应铺满、铺牢，孔洞直径	≤25mm	
8★	连接螺栓的拧紧扭力矩	40～65N·m	
9★	防松措施	双螺母	
10★	附着支承在建（构）筑物上连接处的混凝土强度	≥C10	
11	架体全高	≤5倍楼层高度	
12	架体宽度	≤1.2mm	
13	架体全高×支承跨度	≤110m²	
14	支承跨度直线型	≤8mm	
15	支承跨度折线型或曲线型	≤5.4mm	
16	水平悬挑长度	≤2mm；且≤1/2跨度	
17	使用工况上端悬臂高度	≤2/5架体高度；且≤6m	
18	防坠落装置制动距离	≤80m	
19★	在竖向主框架位置的最上附着支承和最下附着支承之间的间距	≥5.6mm	
20	垫板尺寸	≥100mm×100mm×10mm	

续表

序号	检查项目	标准	检查结果
21★	防倾覆装置与导轨之间的间隙	≤8mm	
22	液压升降装置承受额定荷载 48h	滑移量≤1mm	
23	液压升降装置施压 20MPa，保压 15min	无异常	
24	液压升降装置锁紧力，上、下锁紧油缸在 8MPa 压力承载工况下	锁紧不滑移	
25	承受荷载，液压系统失压 36h	载移不滑移	
26	额定工作压力下，保压 30min，所有的管路接头滴漏量	≤3 滴油	
27	防护栏杆	在 0.6m 和 1.2m 两道	
28	挡脚板高度	≥180mm	
29	顶层防护栏杆高度	≥1.5m	
检查结论			
检查人签字	总包单位项目经理	安拆单位负责人	安全员	机械管理员
	符合要求，同意使用（　　　）		不符合要求，不同意使用（　　　）	
			总监理工程师（签字） 年　月　日	

注：表中带"★"检查项目为每月检查内容。

2. 液压升降整体脚手架拆除

（1）液压升降整体脚手架的拆除工作应按专项施工方案执行，并应对拆除人员进行安全技术交底。

（2）液压升降整体脚手架的拆除工作宜在低空进行。

（3）拆除后的材料应随拆随运，分类堆放，严禁抛掷。

三、液压升降整体脚手架升降

（1）液压升降整体脚手架提升或下降前应按表 3-2 所示的要求进行检查；检查合格后方能发布升降指令。

表3-2　　　　　　　　　　　液压升降整体脚手架升降前准备工作检查表

工程名称		升降层次	
建筑面积		机位布置情况	
总包单位		安拆单位	
监理单位		日期	
序号	检查项目	标准	检查结果
1	安装最上附着支承处结构混凝土强度	≥C10	

序号	检查项目	标准	检查结果
2	液压动力系统的控制柜	设置在楼层上	
3	防坠吊杆与建筑结构连接	可靠	
4	防坠落装置工作状态	正常	
5	竖向主框架位置的最上附着支承和最下附着支承之间的间距	≥2.8m 或 ≥1/4 架体高度	
6	防倾覆装置与导轨之间的间隙	≤8mm	
7	架体的垂直度偏差	≤0.5%架体全高且≤60mm	
8	额定荷载失载 30%时	报警停机	
9	额定荷载失载 70%时	报警停机	
10	升降行程范围	无伸出墙面外的障碍物	
11	专业操作人员	持证上岗	
12	垂直立面与地面	进行警戒	
13	架体上	无杂物及人员	
检查结论			
检查人签字	安拆单位负责人	安全员	机械管理员
符合要求，同意使用（　　）		不符合要求，不同意使用（　　）	

项目经理（签字）

年　月　日

（2）在液压升降整体脚手架升降过程中，应设立统一信号，统一指挥。参与的作业人员必须服从指挥，确保安全。

（3）升降时应进行检查。

> **小提示**
>
> 升降检查时要符合下列要求。
> ① 液压控制台的压力表、指示灯、同步控制系统的工作情况应无异常现象。
> ② 各个机位建筑结构受力点的混凝土墙体或预埋件应无异常变化。
> ③ 各个机位的竖向主框架、水平支承结构、附着支承结构、导向、防倾覆装置、受力构件应无异常现象。
> ④ 各个防坠落装置的开启情况和失力锁紧工作应正常。

（4）当发现异常现象时，应停止升降工作。查明原因、隐患排除后，方可继续进行升降工作。

四、液压升降整体脚手架使用

（1）液压升降整体脚手架提升或下降到位后，应按表 3-3 所示的要求进行检查，检查合格后方可使用。

表3-3 液压升降整体脚手架升降后使用前安全检查表

工程名称		结构层次	
建筑面积		机位布置情况	
工程名称		结构层次	
总包单位		安拆单位	
监理单位		日期	
序号	检查项目	标准	检查结果
1	整体脚手架的垂直荷载	建筑物受力	
2	液压升降装置	非工作状态	
3	防坠落装置	工作状态	
4	最上一道防倾覆装置	可靠牢固	
5	架体底层脚手板与墙体间隙	≤50mm	
6	在竖向主杠架位置的最上附着支承和最下附着支承之间的间距	≥5.6m 或 ≥1/2 架体高度	
检查结论			
检查人签字	安拆单位负责人	安全员	机械管理员
符合要求，同意使用（　　）		不符合要求，不同意使用（　　）	
		项目经理（签字） 年　月　日	

（2）在使用过程中严禁下列违章作业。

① 架体上超载、集中堆载。

② 利用架体作为吊装点和张拉点。

③ 利用架体作为施工外模板的支模架。

④ 拆除安全防护设施和消防设施。

⑤ 碰撞构件或扯动架体。

⑥ 其他影响架体安全的违章作业。

（3）施工作业时，应有足够的照度。

（4）液压升降整体脚手架使用过程中，应每个月进行一次检查，并应符合表 3-1 所示的要求，检查合格后方可继续使用。

（5）作业期间，应每天清理架体、设备、构配件上的混凝土、尘土和建筑垃圾。

（6）每完成一个单体工程，应对液压升降整体脚手架部件、液压升降装置、控制设备、防坠落装置等进行保养和维修。

（7）液压升降整体脚手架的部件及装置，出现下列情况之一时，应予以报废。

① 焊接结构件严重变形或严重锈蚀。

② 螺栓发生严重变形、严重磨损、严重锈蚀。

③ 液压升降装置主要部件损坏。

④ 防坠落装置的部件发生明显变形。

学习单元二　碗扣式钢管脚手架

 知识目标

1. 了解该脚手架的构造组成、地基与基础处理。
2. 熟悉双排脚手架的搭设、拆除方法。
3. 熟悉碗扣式钢管脚手架的安全管理内容。

🎯 技能目标

1. 能够进行碗扣式钢管脚手架的搭设与拆除。
2. 明确碗扣式钢管脚手架的安全管理内容，确保工程顺利进行。

📖 基础知识

一、碗扣式钢管脚手架基本构架形式及术语

碗扣式钢管脚手架的基本构架形式（见图 3-2）。脚手架：为建筑施工而搭设的上料、堆料与施工作业用的临时结构架。单排脚手架（单排架）：只有一排立杆，横向水平杆的一端搁置在墙体上的脚手架。双排脚手架（双排架）：由内外两排立杆和水平杆等构成的脚手架。

① 结构脚手架：用于砌筑和结构工程施工作业的脚手架。

② 装修脚手架：用于装修工程施工作业的脚手架。

③ 敞开式脚手架：仅设有作业层栏杆和挡脚板，无其他遮挡设施的脚手架。

④ 局部封闭脚手架：遮挡面积小于 30% 的脚手架。

⑤ 半封闭脚手架：遮挡面积占 30%～70% 的脚手架。

⑥ 全封闭脚手架：沿脚手架外侧全长和全高封闭的脚手架。

⑦ 模板支架：用于支撑模板的、采用脚手架材料搭设的架子。

⑧ 开口型脚手架：沿建筑周边非交圈设置的脚手架。

⑨ 封圈型脚手架：沿建筑周边交圈设置的脚手架。

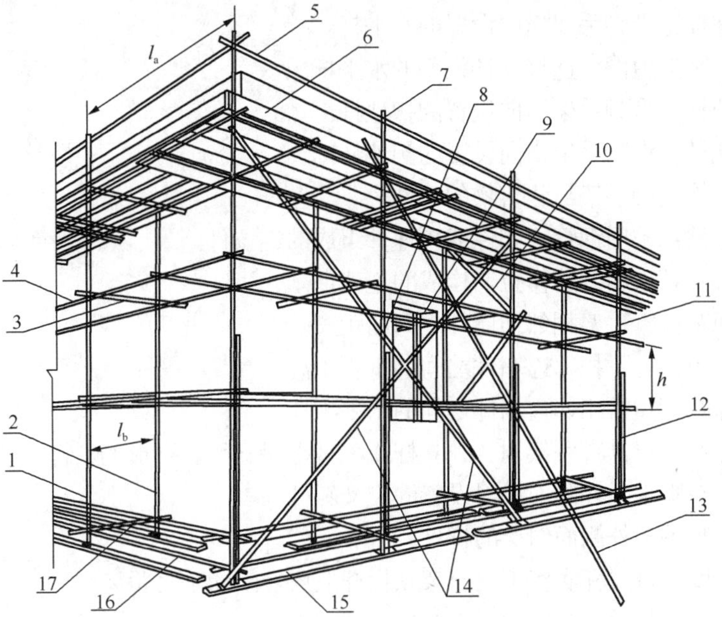

图 3-2　碗扣式钢管脚手架的基本构架形式示意图

1—外立杆；2—内立杆；3—横向水平杆；4—纵向水平杆；5—栏杆；6—挡脚板；

7—直角扣件；8—旋转扣件；9—连墙件；10—横向斜撑；11—主立杆；12—副立杆；

13—抛撑；14—剪刀撑；15—垫板；16—纵向扫地杆；17—横向扫地杆

59

⑩　扣件：采用螺栓紧固的扣接连接件。

⑪　直角扣件：用于垂直交叉杆件间连接的扣件。

⑫　旋转扣件：用于平行或斜交杆件间连接的扣件。

⑬　对接扣件：用于杆件对接连接的扣件。

⑭　防滑扣件：根据抗滑要求增设的非连接用途扣件。

⑮　底座：设于立杆底部的垫座。

⑯　固定底座：不能调节支垫高度的底座。

⑰　可调底座：能够调节支垫高度的底座。

⑱　垫板：设于底座下的支承板。

⑲　立杆：脚手架中垂直于水平面的竖向杆件。

⑳　外立杆：双排脚手架中离开墙体一侧的立杆。

㉑　内立杆：双排脚手架中贴近墙体一侧的立杆。

㉒　角杆：位于脚手架转角处的立杆。

㉓　双管立杆：两根并列紧靠的立杆。

㉔　主立杆：双管立杆中直接承受顶部荷载的立杆。

㉕　副立杆：双管立杆中分担主立杆荷载的立杆。

㉖　水平杆：脚手架中的水平杆件。

㉗　纵向水平杆：沿脚手架纵向设置的水平杆。

㉘ 横向水平杆：沿脚手架横向设置的水平杆。

㉙ 扫地杆：贴近地面，连接立杆根部的水平杆。

㉚ 纵向扫地杆：沿脚手架纵向设置的扫地杆。

㉛ 横向扫地杆：沿脚手架横向设置的扫地杆。

㉜ 连墙件：连接脚手架与建筑物的构件。

㉝ 刚性连墙件：采用钢管、扣件或预埋件组成的连墙件。

㉞ 柔性连墙件：采用钢筋作拉筋构成的连墙件。

㉟ 连墙件间距：脚手架相邻连墙件之间的距离。

㊱ 连墙件竖距：上下相邻连墙件之间的垂直距离。

㊲ 连墙件横距：左右相邻连墙件之间的水平距离。

㊳ 横向斜撑：与双排脚手架内、外立杆或水平杆斜交呈之字形的斜杆。

㊴ 剪刀撑：在脚手架外侧面成对设置的交叉斜杆。

㊵ 抛撑：与脚手架外侧面斜交的杆件。

㊶ 脚手架高度：自立杆底座下皮至架顶栏杆上皮之间的垂直距离。

㊷ 脚手架长度：脚手架纵向两端立杆外皮间的水平距离。

㊸ 脚手架宽度：双排脚手架横向两侧立杆外皮之间的水平距离，单排脚手架为外立杆外皮至墙面的距离。

㊹ 立杆步距（步）：上下水平杆轴线间的距离。

㊺ 立杆间距：脚手架相邻立杆轴线间的距离。

㊻ 立杆纵距（跨）：脚手架相邻立杆的纵向间距。

㊼ 立杆横距：脚手架立杆的横向间距，单排脚手架为外立杆轴线至墙面的距离。

㊽ 主节点：立杆、纵向水平杆、横向水平杆三杆紧靠的扣接点。

㊾ 作业层：上人作业的脚手架铺板层。

二、双排脚手架搭设及拆除

1. 双排脚手架搭设

（1）底座和垫板应准确地放置在定位线上；垫板宜采用长度很多于立杆二跨、厚度不小于50mm的木板；底座的轴心线应与地面垂直。

（2）双排脚手架搭设应按立杆、横杆、斜杆、连墙件的顺序逐层搭设，底层水平框架的纵向直线度偏差应小于1/200架体长度；横杆间水平度偏差应小于1/400架体长度。

（3）双排脚手架的搭设应分阶段进行，每段搭设后必须经检查验收合格后，方可投入使用。

（4）双排脚手架的搭设应与建筑物的施工同步上升，并应高于作业面1.5m。

（5）当双排脚手架高度 H 小于或等于30m时，垂直度偏差应小于或等于 $H/500$；当高度 H 大于30m时，垂直度偏差应小于或等于 $H/1\,000$。

（6）当双排脚手架内外侧加挑梁时，在一跨挑梁范围内施工操作人员不得超过一名，并且严禁堆放物料。

（7）连墙件必须随双排脚手架的升高及时在规定的位置处设置，严禁任意拆除。

作业层设置应符合下列规定。

① 脚手板必须铺满、铺实，外侧应设 180mm 挡脚板及 1 200mm 高两道防护栏杆。

② 防护栏杆应在立杆 0.6m 和 1.2m 的碗扣接头处搭设两道。

③ 作业层下部的水平安全网设置应符合现行行业标准《建筑施工安全检查标准》（JGJ 59—2011）的规定。

（8）当采用钢管扣件作加固件、连墙件、斜撑时，应符合现行行业标准《建筑施工扣件式钢管脚手架安全技术规范》（JGJ 130—2011）的有关规定。

2. 双排脚手架拆除

（1）双排脚手架拆除时，必须按专项施工方案，在专人统一指挥下进行。

（2）拆除作业前，施工管理人员应对操作人员进行安全技术交底。

（3）双排脚手架拆除时必须划出安全区，并设置警戒标志，派专人看守。

（4）拆除前应清理脚手架上的器具及多余的材料和杂物。

（5）拆除作业应从顶层开始，逐层向下进行，严禁上下层同时拆除。

（6）连墙件必须在双排脚手架拆到该层时方可拆除，严禁提前拆除。

（7）拆除的构配件应采用起重设备吊运或人工传递到地面，严禁抛掷。

（8）当双排脚手架采取分段、分立面拆除时，必须事先确定分界处的技术处理方案。

（9）拆除的构配件应分类堆放，以便于运输、维护和保管。

三、模板支撑架的搭设与拆除

（1）模板支撑架的搭设应按专项施工方案，在专人指挥下，统一进行。

（2）应按施工方案弹线定位，放置底座后应分别按先立杆后横杆再斜杆的顺序搭设。

（3）在多层楼板上连续设置模板支撑架时，应保证上下层支撑立杆在同一轴线上。

（4）模板支撑架拆除应符合现行国家标准《混凝土结构工程施工质量验收规范（2010 年版）》（GB 50204—2002）中混凝土强度的有关规定。

（5）架体拆除应按施工方案设计的顺序进行。

四、碗扣式钢管脚手架使用安全管理

（1）作业层上的施工荷载应符合设计要求，不得超载，不得在脚手架上集中堆放模板、钢筋等物料。

（2）混凝土输送管、布料杆、缆风绳等不得固定在脚手架上。

（3）遇 6 级及以上大风、雨雪、大雾天气时，应停止脚手架的搭设与拆除作业。

（4）手架使用期间，严禁擅自拆除架体结构杆件；如果需要拆除，必须先制订修改施工方案并报请原方案审批人批准，确定补救措施后方可实施。

（5）严禁在脚手架基础及邻近处进行挖掘作业。

（6）脚手架应与输电线路保持安全距离，施工现场临时用输电线路架设及脚手架接地防雷措施等应按现行行业标准《施工现场临时用电安全技术规范》（JGJ 46—2005）的有关规定执行。

（7）搭设脚手架人员必须持证上岗。上岗人员应定期体检，合格者方可持证上岗。

（8）搭设脚手架人员必须戴安全帽、系安全带、穿防滑鞋。

学习单元三　门式钢管脚手架

知识目标

1. 了解该脚手架的构造组成、地基与基础处理。
2. 熟悉脚手架搭设工序、脚手架拆除。
3. 掌握门式钢管脚手架检查与验收方法。

技能目标

1. 能熟练掌握门式钢管脚手架的构造、搭设与拆除。
2. 明确门式钢管脚手架的检查与验收的方法。

基础知识

一、门式钢管脚手架构造及地基与基础要求

1. 门式钢管脚手架构造

门式钢管脚手架是由门架、交叉支撑、连接棒、挂扣式脚手板或水平架、锁臂等组成基本结构，再设置水平加固杆、剪刀撑、扫地杆、封口杆、托座与底座，并采用连墙件与建筑物主体结构相连的一种标准化钢管脚手架，如图3-3所示。

这种脚手架搭设高度一般限制在35m以内，采取一定加固措施后可达60m。架高在40～60m时，结构架可一层同时操作，装修架可两层同时操作；架高在19～38m时，结构架可两层同时操作，装修架可三层同时作业；架高17m以下，结构架可三层同时作业，装修架可四层同时作业。

门架立杆离墙面净距不宜大于150mm；大于150mm时应采取内挑架板或其他离口防护的安全措施。门架的内外两侧均应设置交叉支撑并应与门架立杆上的锁销锁牢。上、下榀门架的组装必须设置连接棒及锁臂，连接棒直径应小于立杆内径的1～2mm。在脚手架的操作层上应连续满铺与门架配套的挂扣式脚手板，并扣紧挡板，防止脚手板脱落和松动。

水平架设置应符合下列规定。

① 在脚手架的顶层门架上部、连墙件设置层、防护棚设置处必须设置。

② 当脚手架搭设高度 $H \leqslant 45m$ 时，沿脚手架高度，水平架应至少两步一设；当脚手架搭设高度 $H > 45m$ 时，水平架应每步一设；不论脚手架多高，均应在脚手架的转角处、端部及间断处的一个跨距范围内每步一设。

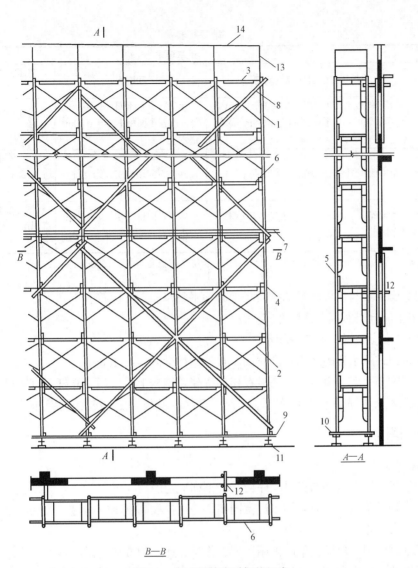

图 3-3　门式钢管脚手架的组成

1—门架；2—交叉支撑；3—挂扣式脚手板；4—连接棒；5—锁臂；6—水平架；7—水平加固杆；

8—剪刀撑；9—扫地杆；10—封口杆；11—可调底座；12—连墙杆；13—栏杆柱；14—栏杆扶手

③　水平架在其设置层面内应连续设置。

④　当因施工需要，临时局部拆除脚手架内侧交叉支撑时，应在拆除交叉支撑的门架上方及下方设置水平架。

⑤　水平架可由挂扣式脚手板或门架两侧设置的水平加固杆代替。

底步门架的立杆下端应设置固定底座或可调底座。

2. 地基与基础要求

（1）门式脚手架与模板支架的地基承载力应经计算确定，在搭设时，根据不同地基土质和搭设高度条件，应符合表 3-4 所示的规定。

表3-4　　　　　　　　　　　　　　　地基要求

搭设高度 /m	地基要求		
	中低压缩性且压缩性均匀	回填土	高压缩性或压缩性不均匀
≤24	夯实原土，干重力密度要求 15.5kN/m³。立杆底座置于面积不小于 0.075m² 的垫木上	土夹石或素土回填夯实，立杆底座置于面积不小于 0.10m² 垫木上	夯实原土，铺设通长垫木
>24且 ≤40	垫木面积不小于 0.10m²，其余同上	砂夹石回填夯实，其余同上	夯实原土，在搭设地面满铺 C15 混凝土，厚度不小于 150mm
>40且 ≤55	垫木面积不小于 0.15m² 或铺通长垫木，其余同上	砂夹石回填夯实，垫木面积不小于 0.15m² 或铺通长垫木	夯实原土，在搭设地面满铺 C15 混凝土，厚度不小于 200mm

注：垫木厚度不小于 50mm，宽度不小于 200mm；通长垫木的长度不小于 1500mm。

（2）门式脚手架与模板支架的搭设场地必须平整坚实，并应符合下列规定。

① 回填土应分层回填，逐层夯实。

② 场地排水应顺畅，不应有积水。

（3）搭设门式脚手架的地面标高宜高于自然地坪标高 50～100mm。

（4）当门式脚手架与模板支架搭设在楼面等建筑结构上时，门架立杆下宜铺设垫板。

（5）在搭设前，应先在基础上弹出门架立杆位置线，垫板、底座安放位置应准确，标高应一致。

二、脚手架搭设

1. 搭设程序

门式脚手架与模板支架的搭设程序应符合下列规定。

（1）门式脚手架的搭设应与施工进度同步，一次搭设高度不宜超过最上层连墙件两步，且自由高度不应大于 4m。

（2）满堂脚手架和模板支架应采用逐列、逐排和逐层的方法搭设。

（3）门架的组装应自一端向另一端延伸，应自下而上按步架设，并应逐层改变搭设方向，不应自两端相向搭设或自中间向两端搭设。

（4）每搭设完两步门架后，应校验门架的水平度及立杆的垂直度。

2. 门架及配件搭设

（1）门架应能配套使用，在不同组合情况下，均应保证连接方便、可靠，且应具有良好的互换性。

（2）不同型号的门架与配件严禁混合使用。

（3）上下两榀门架立杆应在同一轴线位置上，门架立杆轴线的对接偏差不应大于 2mm。

（4）门式脚手架的内侧立杆离墙面净距不宜大于 150mm；当大于 150mm 时，应采取内设挑架板或其他隔离防护的安全措施。

（5）门式脚手架顶端栏杆宜高出女儿墙上端或檐口上端 1.5m。

（6）配件应与门架配套，并应与门架连接可靠。

（7）门架的两侧应设置交叉支撑，并应与门架立杆上的锁销锁牢。

（8）上下两榀门架的组装必须设置连接棒，连接棒与门架立杆配合间隙不应大于 2mm。

（9）门式脚手架上下榀门架间应设置锁臂，当采用插销式或弹销式连接棒时，可不设锁臂。

（10）门式脚手架作业层应连续满铺与门架配套的挂扣式脚手板，并应有防止脚手板松动或脱落的措施。当脚手板上有孔洞时，孔洞的内切圆直径不应大于 25mm。

（11）底部门架的立杆下端宜设置固定底座或可调底座。

（12）可调底座和可调托座的调节螺杆直径不应小于 35mm，可调底座的调节螺杆伸出长度不应大于 200mm。

（13）交叉支撑、脚手板应与门架同时安装。

（14）连接门架的锁臂、挂钩必须处于锁住状态。

（15）钢梯的设置应符合专项施工方案组装布置图的要求，底层钢梯底部应加设钢管并应采用扣件扣紧在门架立杆上。

（16）在施工作业层外侧周边应设置 180mm 高的挡脚板和两道栏杆，上道栏杆高度应为 1.2m，下道栏杆应居中设置。挡脚板和栏杆均应设置在门架立杆的内侧。

3. 加固件搭设

（1）门式脚手架剪刀撑的设置必须符合下列规定。

① 当门式脚手架搭设高度在 24m 及以下时，在脚手架的转角处、两端及中间间隔不超过 15m 的外侧立面必须各设置一道剪刀撑，并应由底至顶连续设置。

② 当脚手架搭设高度超过 24m 时，在脚手架全外侧立面上必须设置连续剪刀撑。

③ 对于悬挑脚手架，在脚手架全外侧立面上必须设置连续剪刀撑。

（2）剪刀撑的构造应符合下列规定。

① 剪刀撑斜杆与地面的倾角宜为 45°～60°。

② 剪刀撑应采用旋转扣件与门架立杆扣紧。

③ 剪刀撑斜杆应采用搭接方式接长，搭接长度不宜小于 1 000mm，搭接处应采用 3 个及 3 个以上旋转扣件扣紧。

④ 每道剪刀撑的宽度不应大于 6 个跨距，且不应大于 10m；也不应小于 4 个跨距，且不应小于 6m。设置连续剪刀撑的斜杆水平间距宜为 6～8m。

（3）门式脚手架应在门架两侧的立杆上设置纵向水平加固杆，并应采用扣件与门架立杆扣紧。

─ 小 提 示 ─

水平加固杆设置应符合下列要求。

① 在顶层、连墙件设置层必须设置水平加固杆。

② 当脚手架铺设挂扣式脚手板时，至少每4步应设置一道，并宜在有连墙件的水平层设置。

③ 当脚手架搭设高度小于或等于 40m 时，至少每两步门架应设置一道；当脚手架搭设高度大于 40m 时，每步门架应设置一道。

④ 在脚手架的转角处、开口型脚手架端部的两个跨距内，每步门架应设置一道。

⑤ 悬挑脚手架每步门架应设置一道。

⑥ 在纵向水平加固杆设置层面上应连续设置。

（4）门式脚手架的底层门架下端应设置纵、横向通长的扫地杆。纵向扫地杆应固定在距门架立杆底端不大于 200mm 处的门架立杆上，横向扫地杆宜固定在紧靠纵向扫地杆下方的门架立杆上。

（5）水平加固杆、剪刀撑等加固杆件必须与门架同步搭设。

（6）水平加固杆应设于门架立杆内侧，剪刀撑应设于门架立杆外侧。

4. 连墙件安装

（1）连墙件设置的位置、数量应按专项施工方案确定，并应按确定的位置设置预埋件。

（2）在门式脚手架的转角处或开口型脚手架端部，必须增设连墙件，连墙件的垂直间距不应大于建筑物的层高，且不应大于4.0m。

（3）连墙件应靠近门架的横杆设置，距门架横杆不宜大于200mm。连墙件应固定在门架的立杆上。

（4）连墙件宜水平设置，当不能水平设置时，与脚手架连接的一端，应低于与建筑结构连接的一端，连墙杆的坡度宜小于1∶3。

（5）连墙件的安装必须随脚手架搭设同步进行，严禁滞后安装。

（6）当脚手架操作层高出相邻连墙件以上两步时，在连墙件安装完毕前必须采用确保脚手架稳定的临时拉结措施。

5. 通道口设置

（1）门式脚手架通道口高度不宜大于 2 个门架高度，宽度不宜大于 1 个门架跨距。

（2）门式脚手架通道口应采取加固措施，并应符合下列规定。

① 当通道口宽度为一个门架跨距时，在通道口上方的内外侧应设置水平加固杆，水平加固杆应延伸至通道口两侧各一个门架跨距，并在两个上角内外侧应加设斜撑杆。

② 当通道口宽为两个及两个以上跨距时，在通道口上方应设置经专门设计和制作的托架梁，并应加强两侧的门架立杆。

（3）门式脚手架通道口的搭设应符合规定的要求，斜撑杆、托架梁及通道口两侧的门架立杆加强杆件应与门架同步搭设，严禁滞后安装。

6. 斜梯设置

（1）作业人员上下脚手架的斜梯应采用挂扣式钢梯，并宜采用"之"字形设置，一梯段宜跨越两步或三步门架再行转折。

（2）钢梯规格应与门架规格配套，并应与门架挂扣牢固。

（3）钢梯应设栏杆扶手、挡脚板。

7. 扣件连接

加固杆、连墙件等杆件与门架采用扣件连接时，应符合下列规定。

（1）扣件规格应与所连接钢管的外径相匹配。

（2）扣件螺栓拧紧扭力矩值应为 40～65N·m。

（3）杆件端头伸出扣件盖板边缘的长度不应小于 100mm。

三、脚手架拆除

（1）架体的拆除应按拆除方案施工，并应在拆除前做好下列准备工作。

① 应对将拆除的架体进行拆除前的检查。

② 根据拆除前的检查结果补充并完善拆除方案。

③ 清除架体上的材料、杂物及作业面上的障碍物。

（2）拆除作业必须符合下列规定。

① 架体的拆除应从上而下逐层进行，严禁上下同时作业。

② 同一层的构配件和加固杆件必须按先上后下、先外后内的顺序进行拆除。

③ 连墙件必须随脚手架逐层拆除，严禁先将连墙件整层或数层拆除后再拆架体。拆除作业过程中，当架体的自由高度大于两步时，必须加设临时拉结。

④ 连接门架的剪刀撑等加固杆件必须在拆卸该门架时拆除。

（3）拆卸连接部件时，应先将止退装置旋转至开启位置，然后拆除，不得硬拉，严禁敲击。拆除作业中，严禁使用手锤等硬物击打、撬动。

（4）当门式脚手架需分段拆除时，架体不拆除部分的两端应按规定采取加固措施后再行拆除。

（5）门架与配件应采用机械或人工运至地面，严禁抛投。

（6）拆卸的门架与配件、加固杆等不得集中堆放在未拆架体上，并应及时检查、整修与保养，并宜按品种、规格分别存放。

四、检查与验收要求

1. 搭设检查验收

（1）搭设前，对脚手架的地基与基础应进行检查，经验收合格后方可搭设。

（2）门式脚手架搭设完毕或每搭设 2 个楼层高度，应对搭设质量及安全进行一次检查，经检验合格后方可交付使用或继续搭设。

> **小 提 示**
>
> 在门式脚手架搭设质量验收时，应具备下列文件。
> ① 按要求编制的专项施工方案。
> ② 构配件与材料质量的检验记录。
> ③ 安全技术交底及搭设质量检验记录。
> ④ 门式脚手架分项工程的施工验收报告。

（3）门式脚手架分项工程的验收，除应检查验收文件外，还应对搭设质量进行现场核验，并将检验结果记入施工验收报告。

（4）门式脚手架的技术要求、允许偏差及检验方法，应符合表 3-5 所示的规定。

表3-5 门式脚手架搭设技术要求、允许偏差及检验方法

项次	项目		技术要求	允许偏差/mm	检验方法
1	隐蔽工程	地基承载力	符合《建筑施工门式钢管脚手架安全技术规范》（JGJ 128—2010）的规定	—	观察、施工记录检查
		预埋件	符合设计要求	—	
2	地基与基础	表面	坚实平整		观察
		排水	不积水		
		垫板	稳固		
		底座	不晃动		
			无沉降	—	
			调节螺杆高度符合《建筑施工门式钢管脚手架安全技术规范》（JGJ 128—2010）的规定	≤200	钢直尺检查
		纵向轴线位置	—	±20	尺量检查
		横向轴线位置		±10	
3	架体构造		符合《建筑施工门式钢管脚手架安全技术规范》（JGJ 128—2010）的规定及专项施工方案的要求	—	观察尺量检查
4	门架安装	门架立杆与底座轴线偏差		2.0	尺量检查
		上下榀门架立杆轴线偏差		—	
5	垂直度	每步架		$h/500$，±3.0	经纬仪或线坠钢直尺检查
		整体		$H/500$，±50.0	
6	水平度	一跨距内两榀门架高差		±5.0	水准仪水平尺钢直尺检查
		整体		±100	
7	连墙件	与架体、建筑结构连接	牢固		观察、扭矩测力扳手检查
		纵、横向间距		±300	尺量检查
		与门架横杆距离		≤200	
8	剪刀撑	间距	按设计要求设置	—	尺量检查
		与地面的倾角	45°～60°		角尺、尺量检查
9	水平加固件		按设计要求设置	—	观察、尺量检查
10	悬挑支撑结构	型钢规格	符合设计要求	—	观察、尺量检查
		安装位置		±3.0	
11	施工层防护栏杆、挡脚板		按设计要求设置	—	观察、手扳检查
12	安全网		按规定设置	—	观察
13	扣件拧紧力矩		40～65N·m	—	扭矩测力扳手检查

注：h—步距；H—脚手架高度。

2. 使用过程中检查

门式脚手架在使用过程中应进行日常检查，发现问题应及时处理。在使用过程中遇有下列情况，应进行检查，确认安全后方可继续使用。

（1）遇有 8 级以上大风或大雨过后。

（2）冻结的地基土解冻后。

（3）停用超过 1 个月。

（4）架体遭受外力撞击等作用。

（5）架体部分拆除。

（6）其他特殊情况。

3. 拆除前检查

（1）门式脚手架在拆除前，应检查架体构造、连墙件设置、节点连接，当发现有连墙件、剪刀撑等加固杆件缺少、架体倾斜失稳或门架立杆悬空情况时，对架体应先行加固，然后再予拆除。

（2）在拆除作业前，对拆除作业场地及周围环境应进行检查，拆除作业区内应无障碍物，作业场地临近的输电线路等设施应采取防护措施。

五、安全管理

（1）搭拆门式脚手架或横板支架应由专业架子工操作，并应按《住房和城乡建设部特种作业人员考核管理规定》考核合格，持证上岗。上岗人员应定期进行体检，凡不适合登高作业者，不得上架操作。

（2）搭拆架体时，施工作业层应铺设脚手板，操作人员应站在临时设置的脚手板上进行作业，并应按规定使用安全防护用品，穿防滑鞋。

（3）门式脚手架作业层上严禁超载。

（4）严禁将模板支架、缆风绳、混凝土泵管、卸料平台等固定在门式脚手架上。

（5）6 级及以上大风天气应停止架上作业；雨、雪、雾天应停止脚手架的搭拆作业；雨、雪、霜后上架作业应采取有效的防滑措施，并应扫除积雪。

（6）门式脚手架在使用期间，当预见可能有强风天气所产生的风压值超出设计的基本风压值时，对架体应采取临时加固措施。

（7）在门式脚手架使用期间，脚手架基础附近严禁进行挖掘作业。

（8）门式脚手架在使用期间，不应拆除加固杆、连墙件、转角处连接杆、通道口斜撑杆等加固杆件。

（9）当施工需要，脚手架的交叉支撑可在门架一侧进行局部临时拆除，但在该门架单元上下应设置水平加固杆或挂扣式脚手板，在施工完成后应立即恢复安装交叉支撑。

（10）应避免装卸物料对门式脚手架产生偏心、振动和冲击荷载。

（11）门式脚手架外侧应设置密目式安全网，网间应严密，防止坠物伤人。

（12）门式脚手架与架空输电线路的安全距离、工地临时用电线路架设及脚手架接地、防雷措施，应按现行行业标准《施工现场临时用电安全技术规范》（JGJ 46—2005）的有关规定执行。

（13）在门式脚手架上进行电、气焊作业时，必须有防火措施和专人看护。

（14）不得攀爬门式脚手架。

（15）搭拆门式脚手架或模板支架作业时，必须设置警戒线、警戒标志，并应派专人看守，严禁非作业人员入内。

（16）对门式脚手架应进行日常性的检查和维护，架体上的建筑垃圾或杂物应及时清理。

📋 课堂案例

××市××变电站工程，位于该市××工业园内。主控楼总建筑面积为 382.07m^2，建筑结构类型为框架二层结构类型，建筑耐火等级为二级，抗震设防烈度为七度，建筑防水等级为Ⅲ级，建筑结构类型为框架结构。主体结构合理使用年限为 50 年。

问题：

1. 对于该工程脚手架应该如何搭设？

2. 简述脚手架的拆除。

3. 脚手架安全操作要求有哪些？

分析：

1. 脚手架搭设

（1）脚手架材料的技术要求。钢管采用外径 48mm、壁厚 3.5mm 的焊接钢管，作为脚手架使用的钢管必须进行防锈处理。用于立杆、大横杆、剪刀撑和斜杆的钢管长度宜为 4.0～6.0m；用于小横杆的钢管长度宜为 1.8～2.2m，以适应脚手架宽度的需要。

扣件有直角扣件、旋转扣件和对接扣件，扣件应采用《可锻铸铁分类及技术条件》的规定；扣件不得有裂纹、气孔、砂眼等影响质量的缺陷；扣件能灵活转动，与钢管扣紧时接触良好，当扣件夹紧钢管时，开口处的最小距离不小于 5mm。

木脚手板的厚度不宜小于 50mm，宽度不宜小于 200mm，重量不宜大于 30kg；脚手板材质符合规定，不得有超过允许的变形和缺陷。

（2）脚手架的构造要求。立杆：横距为 0.9～1.5m，纵距为 1.5～1.8m，相邻立杆的接头位置应错开布置在不同的步距内，与相近大横杆的距离不宜大于步距的 1/3，立杆和大横杆必须用直角扣件扣紧，不得隔步设置或遗漏。

大横杆：步距为 1.5～1.8m。上下横杆的接长位置应错开布置在不同的立杆纵距中，与相近立杆的距离不大多于纵距的 1/3。相邻步架的大横杆应错开布置在立杆的里侧和外侧，以减少立杆偏心受载情况。

小横杆：贴紧立杆布置，搭于大横杆之上并用直角扣件扣紧。在相邻立杆之间根据需要加设 1～2 根。在任何情况下，均不得拆除作为基本构架的小横杆。

剪刀撑：脚手架除在两端设置外，中间每隔 12～15m 设一道。剪刀撑应联系 3～4 根立杆，斜杆与地面夹角为 45°～60°。剪刀撑应沿架高连续布置。剪刀撑的斜杆除两端用旋转扣件与脚手架的立杆或大横杆扣紧外，在其中间应增加 2～4 个扣点。

水平斜拉杆：设置在连墙的步架内，以加强脚手架的横向刚度。

（3）搭设前，应先将混凝土地面清理干净，保证立杆基础的稳定。

（4）脚手架搭设程序。放置纵向扫地杆→自角部起依次向两边竖立底立杆，底端与纵向扫地杆扣接固定后、装设横向扫地杆并与立杆固定（固定立杆底端前，应吊线确保立杆垂直），每边竖起3～4根立杆后，随即装设第一步纵向平杆（与立杆扣接固定）和横向平杆（小横杆，靠近立杆并与纵向平杆扣接固定）、校正立杆垂直和平杆水平使其符合要求后，按 40～60N•m 力距拧紧扣件螺栓，形成构架的起始段→按上述要求依次向前延伸搭设，直至第一步架交圈完成。交圈后，再检查一遍构架质量和地基情况，严格确保设计要求和构架质量→设置连墙杆（或加抛撑）→按第一步架的作业程序和要求搭设第二步、第三步……→随搭设进程及时装设连墙杆和剪刀撑→装设作业层间横杆（在构架横向平杆之间加设的、用于缩小铺板支承跨度的横杆）、铺设脚手板和装设作业层栏杆、挡脚板或围护、封闭措施。

（5）小横杆里端离墙面不大于20cm，另一端伸出大横杆外边8～10cm。

（6）脚手架的作业面应铺脚手板，脚手板应同小横杆扎牢。

（7）脚手架顶端里杆低于檐口 50cm，外杆高出 1m，最上一步应增加 1.2m 高一道护栏。外侧从第二步起全部张设防护安全网。

（8）充分利用现场外墙上的窗口及孔洞做脚手架与墙体的刚性连接点。具体做法是在窗口或洞口的两侧分别放根钢管，然后用一根水平的横杆将这两根钢管连接起来并与脚手架的里杆进行连接，形成刚性连接，以保证脚手架的稳定性。

（9）在脚手架内侧设置双跑登高扶梯，并与脚手架连接。在扶梯转折处设置休息平台，在扶梯两侧要设置防护栏，以确保上下安全。

（10）在门口通道位置上方要用层板搭设防护棚，以防高空落物伤人。防护棚的搭设长度要离脚手架外立杆3m以上。

2. 脚手架的拆除

（1）脚手架拆除前由项目经理召集有关人员对工程进行全面检查，确认外墙的装修工程已施工完毕，确定已不需要脚手架时，方可进行拆除。

（2）拆除脚手架前，应设置警戒区，并有专人负责指挥。

（3）拆除前，应将脚手架上留有的施工材料、杂物等清理干净。

（4）脚手架的拆除顺序一般为：安全网→脚手板→栏杆→剪刀撑→小横杆→大横杆→立杆，按自上而下、先搭后拆、后搭先拆的原则逐步拆除。剪刀撑应先拆中间，再拆除两头，由中间的操作人员往下递杆子。

（5）连墙件待其上部杆件拆除完毕（伸上来的立杆除外）后才能松开拆去。

（6）松开扣件的平杆应随即撤下，不得松挂在架上。拆除长杆时应两人协同作业，以避免作业时的闪失事故。

（7）拆下的杆件和零配件，应按类分堆，扣件装入容器内吊下，严禁高空抛掷。

（8）拆下的杆件、扣件运至地面时，应随时按品种、分规格堆放整齐妥善保管。

3. 安全操作要求

（1）搭拆脚手架必须持有效证件上岗，不准无证上岗。

（2）搭拆时，工人戴好安全帽、佩好安全带，工具放入工具袋内。

（3）遇到恶劣天气，不得进行高空脚手架搭拆工作。

学习单元四　工具式脚手架

 知识目标

1. 了解工具式脚手架种类。
2. 掌握附着式升降脚手架的安装、使用及拆除方法。
3. 熟悉高处作业吊篮的安装。
4. 掌握外挂防护架的安装、提升和拆除。

技能目标

通过对本单元的学习能够对各类工具式脚手架进行搭设和拆除。

基础知识

一、附着式升降脚手架

附着升降脚手架比挑、挂脚手架的反复搭设、吊升更加简便，其架面操作环境明显好于吊篮；而当建筑高度较大（如大于80m），附着升降脚手架的施工成本都低于其他脚手架。所以，附着升降脚手架发展很快，呈现在高层建筑施工中全面普及的态势，成为高层建筑施工的主要脚手架形式。

附着升降脚手架的支承形式已有悬挑式、吊拉式、套框式、导轨式、导座式、挑轨式、套轨式、吊套式、吊轨式等，动力已有电动、手动、液压、卷扬等，架体主框架已有片式、格构柱式、导轨组合式等，防坠装置已有摆针式、自锁楔块式、楔压摩阻轮式、偏心轮式等，同步控制方面已有自动显示、故障反馈、自动调整等，升降方式已有整体、分段、互爬等。附着升降脚手架的支承间距由最初的3～6m扩大到10m，爬架全高由最初的10m（适应3层施工需要）加大到18m。

1. 附着式升降脚手架安装

（1）附着式升降脚手架应按专项施工方案进行安装，可采用单片式主框架的架体（见图3-4），也可采用空间桁架式主框架的架体（见图3-5）。

（2）附着式升降脚手架在首层安装前应设置安装平台，安装平台应有保障施工人员安全的防护设施，安装平台的水平精度和承载能力应满足架体安装的要求。

（3）安装时应符合下列规定。

① 相邻竖向主框架的高差不应大于20mm。

② 竖向主框架和防倾导向装置的垂直偏差不应大于5‰，且不得大于60mm。

③ 预留穿墙螺栓孔和预埋件应垂直于建筑结构外表面，其中心误差应小于15mm。

④ 连接处所需要的建筑结构混凝土强度应由计算确定，但不应小于C10。

⑤ 升降机构连接应正确且牢固可靠。

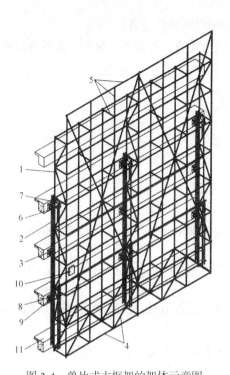

图 3-4　单片式主框架的架体示意图

1—竖向主框架（单片式）；2—导轨；3—附墙支座
（含防倾覆、防坠落装置）；4—水平支撑桁架；

5—架体构架；6—升降设备；7—升降上吊挂件；8—升降

下吊点（含荷载传感器）；9—定位装置；

10—同步控制装置；11—工程结构

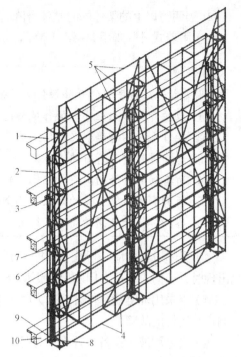

图 3-5　空间桁架式主框架的架体示意图

1—竖向主框架（空间桁架式）；2—导轨；

3—悬臂梁（含防倾覆装置）；4—水平支撑桁架；

5—架体构架；6—升降设备；7—悬吊梁；

8—下提升点；9—防坠落装置；10—工程结构

⑥ 安全控制系统的设置和试运行效果应符合设计要求。

⑦ 升降动力设备工作正常。

（4）附着支承结构的安装应符合设计规定，不得少装和使用不合格螺栓及连接件。

（5）安全保险装置应全部合格，安全防护设施应齐备，且应符合设计要求，并应设置必要的消防设施。

（6）电源、电缆及控制柜等的设置应符合现行行业标准《施工现场临时用电安全技术规范》（JGJ 46—2005）的有关规定。

（7）采用扣件式脚手架搭设的架体构架，其构造应符合现行行业标准《建筑施工扣件式钢管脚手架安全技术规范》（JGJ 130—2011）的要求。

（8）升降设备、同步控制系统及防坠落装置等专项设备，均应采用同一厂家的产品。

（9）升降设备、控制系统、防坠落装置等应采取防雨、防砸、防尘等措施。

2. 附着式升降脚手架升降

（1）附着式升降脚手架可采用手动、电动和液压三种升降形式，并应符合下列规定。

① 单跨架体升降时，可采用手动、电动和液压三种升降形式。

② 当两跨以上的架体同时整体升降时，应采用电动或液压设备。

（2）附着式升降脚手架每次升降前，应按规定进行检查，经检查合格后，方可进行升降。

小 提 示

附着式升降脚手架的升降操作应符合下列规定。

① 应按升降作业程序和操作规程进行作业。

② 操作人员不得停留在架体上。

③ 升降过程中不得有施工荷载。

④ 所有妨碍升降的障碍物应已全部拆除。

⑤ 所有影响升降作业的约束应已全部解除。

⑥ 各相邻提升点间的高差不得大于30mm，整体架最大升降差不得大于80mm。

（3）升降过程中应实行统一指挥、统一指令。升降指令应由总指挥一人下达；当有异常情况出现时，任何人均可立即发出停止指令。

（4）当采用环链葫芦作升降动力时，应严密监视其运行情况，及时排除翻链、铰链和其他影响正常运行的故障。

（5）当采用液压设备作升降动力时，应排除液压系统的泄漏、失压、颤动、油缸爬行和不同步等问题和故障，确保正常工作。

（6）架体升降到位后，应及时按使用状况要求进行附着固定；在没有完成架体固定工作前，施工人员不得擅自离岗或下班。

（7）附着式升降脚手架架体升降到位固定后，应按规定进行检查，合格后方可使用；遇5级及以上大风和大雨、大雪、浓雾和雷雨等恶劣天气时，不得进行升降作业。

3. 附着式升降脚手架使用

（1）附着式升降脚手架应按设计性能指标使用，不得随意扩大使用范围；架体上的施工荷载应符合设计规定，不得超载，不得放置影响局部杆件安全的集中荷载。

（2）架体内的建筑垃圾和杂物应及时清理干净。

（3）附着式升降脚手架在使用过程中不得进行下列作业。

① 利用架体吊运物料。

② 在架体上拉结吊装缆绳（或缆索）。

③ 在架体上推车。

④ 任意拆除结构件或松动连接件。

⑤ 拆除或移动架体上的安全防护设施。

⑥ 利用架体支撑模板或卸料平台。

⑦ 其他影响架体安全的作业。

（4）当附着式升降脚手架停用超过3个月时，应提前采取加固措施。

（5）当附着式升降脚手架停用超过1个月或遇6级及以上大风后复工时，应进行检查，确认合格后方可使用。

（6）螺栓连接件、升降设备、防倾覆装置、防坠落装置、电控设备、同步控制装置等应每月进行维护保养。

4. 附着式升降脚手架拆除

（1）附着式升降脚手架的拆除工作应按专项施工方案及安全操作规程的有关要求进行。

（2）应对拆除作业人员进行安全技术交底。

（3）拆除时应有可靠的防止人员或物料坠落的措施，拆除的材料及设备不得抛掷。

（4）拆除作业应在白天进行。遇5级及以上大风和大雨、大雪、浓雾和雷雨等恶劣天气时，不得进行拆除作业。

二、高处作业吊篮

1. 高处作业吊篮安装

（1）高处作业吊篮安装时应按专项施工方案，在专业人员的指导下实施。

（2）安装作业前，应划定安全区域，并应排除作业障碍。

（3）高处作业吊篮组装前应确认结构件、紧固件已配套且完好，其规格型号和质量应符合设计要求。

（4）高处作业吊篮所用的构配件应是同一厂家的产品。

（5）在建筑物屋面上进行悬挂机构的组装时，作业人员应与屋面边缘保持2m以上的距离。组装场地狭小时应采取防坠落措施。

（6）悬挂机构宜采用刚性联结方式进行拉结固定。

（7）悬挂机构前支架严禁支撑在女儿墙上、女儿墙外或建筑物挑檐边缘。

（8）前梁外伸长度应符合高处作业吊篮使用说明书的规定。

（9）悬挑横梁应前高后低，前后水平高差不应大于横梁长度的2%。

（10）配重件应稳定可靠地安放在配重架上，并应有防止其随意移动的措施。严禁使用破损的配重件或其他替代物。

（11）安装时钢丝绳应沿建筑物立面缓慢下放至地面，不得抛掷。

（12）当使用两个以上的悬挂机构时，悬挂机构吊点水平间距与吊篮平台的吊点间距应相等，其误差不应大于50mm。

（13）悬挂机构前支架应与支撑面保持垂直，脚轮不得受力。

（14）安装任何形式的悬挑结构，其施加于建筑物或构筑物支撑处的作用力，均应符合建筑结构的承载能力，不得对建筑物和其他设施造成破坏和不良影响。

（15）高处作业吊篮安装和使用时，在10m范围内如有高压输电线路，应按照现行行业标准《施工现场临时用电安全技术规范》（JGJ 46—2005）的规定，采取隔离措施。

2. 高处作业吊篮使用

（1）高处作业吊篮应设置作业人员专用的挂设安全带的安全绳及安全锁扣。安全绳应固定在建筑物可靠位置上，不得与吊篮上任何部位有连接，并应符合下列规定。

① 安全绳应符合现行国家标准《安全带》（GB 6095—2009）的要求，其直径应与安全锁扣的规格相一致。

② 安全绳不得有松散、断股、打结现象。

③ 安全锁扣的配件应完好、齐全，规格和方向标志应清晰可辨。

（2）吊篮宜安装防护棚，防止高处坠物造成作业人员伤害。

（3）吊篮应安装上限位装置，宜安装下限位装置。

（4）使用吊篮作业时，应排除影响吊篮正常运行的障碍。在吊篮下方可能造成坠落物伤害的范围，应设置安全隔离区和警告标志，人员或车辆不得停留、通行。

（5）在吊篮内从事安装、维修等作业时，操作人员应佩带工具袋。

（6）使用境外吊篮设备时应有中文使用说明书；产品的安全性能应符合我国的行业标准。

（7）不得将吊篮作为垂直运输设备，不得采用吊篮运送物料。

（8）吊篮内的作业人员不应超过2个。

（9）吊篮正常工作时，人员应从地面进入吊篮内，不得从建筑物顶部、窗口或其他孔洞处出入吊篮。

（10）在吊篮内的作业人员应佩戴安全帽，系安全带，并应将安全锁扣正确挂置在独立设置的安全绳上。

（11）吊篮平台内应保持荷载均衡，不得超载运行。

（12）吊篮做升降运行时，工作平台两端高差不得超过150mm。

（13）使用离心触发式安全锁的吊篮在空中停留作业时，应将安全锁锁定在安全绳上；空中启动吊篮时，应先将吊篮提升，使安全绳松弛后再开启安全锁。不得在安全绳受力时强行扳动安全锁开启手柄；不得将安全锁开启手柄固定于开启位置。

（14）吊篮悬挂高度在60m及其以下的，宜选用长边不大于7.5m的吊篮平台；悬挂高度在100m及其以下的，宜选用长边不大于5.5m的吊篮平台；悬挂高度在100m以上的，宜选用长边不大于2.5m的吊篮平台。

（15）进行喷涂作业或使用腐蚀性液体进行清洗作业时，应对吊篮的提升机、安全锁、电气控制柜采取防污染保护措施。

（16）悬挑结构平行移动时，应将吊篮平台降落至地面，并应使其钢丝绳处于松弛状态。

（17）在吊篮内进行电焊作业时，应对吊篮设备、钢丝绳、电缆采取保护措施。不得将电焊机放置在吊篮内；电焊缆线不得与吊篮任何部位接触；电焊钳不得搭挂在吊篮上。

（18）在高温、高湿等不良气候和环境条件下使用吊篮时，应采取相应的安全技术措施。

（19）当吊篮施工遇有雨雪、大雾、风沙及5级以上大风等恶劣天气时，应停止作业，并应将吊篮平台停放至地面，应对钢丝绳、电缆进行绑扎固定。

（20）当施工中发现吊篮设备故障和安全隐患时，应及时排除，当可能危及人身安全时，应停止作业，并应由专业人员进行维修。维修后的吊篮应重新进行检查验收，合格后方可使用。

（21）下班后不得将吊篮停留在半空中，应将吊篮放至地面。人员离开吊篮、进行吊篮维修或每日收工后应将主电源切断，并应将电气柜中各开关置于断开位置并加锁。

3. 高处作业吊篮拆除

（1）高处作业吊篮拆除时应按照专项施工方案，并应在专业人员的指挥下实施。

（2）拆除前应将吊篮平台下落至地面，并应将钢丝绳从提升机、安全锁中退出，切断总电源。

（3）拆除支撑悬挂机构时，应对作业人员和设备采取相应的安全措施。

（4）拆卸分解后的构配件不得放置在建筑物边缘，应采取防止坠落的措施。零散物品应放置在容器中。不得将吊篮任何部件从屋顶处抛下。

三、外挂防护架

1. 外挂防护架安装

（1）应根据专项施工方案的要求，在建筑结构上设置预埋件。预埋件应经验收合格后方可浇筑混凝土，并应做好隐蔽工程记录。

（2）安装防护架时，应先搭设操作平台。

（3）防护架应配合施工进度搭设，一次搭设的高度不应超过相邻连墙件以上两个步距。

（4）每搭完一步架后，应校正步距、纵距、横距及立杆的垂直度，确认合格后方可进行下道工序。

（5）竖向桁架安装宜在起重机械辅助下进行。

（6）同一片防护架的相邻立杆的对接扣件应交错布置，在高度方向错开的距离不宜小于500mm；各接头中心至主节点的距离不宜大于步距的1/3。

（7）纵向水平杆应通长设置，不得搭接。

（8）当安装防护架的作业层高出辅助架两步时，应搭设临时连墙杆，待防护架提升时方可拆除。临时连墙杆可采用 2.5～3.5m 长钢管，一端与防护架第三步相连，另一端与建筑结构相连。每片架体与建筑结构连接的临时连墙杆不得少于两处。

（9）防护架应将设置在桁架底部的三角臂和上部的刚性连墙件及柔性连墙件分别与建筑物上的预埋件相连接。根据不同的建筑结构形式，防护架的固定位置可分为在建筑结构边梁处、檐板处和剪力墙处，如图 3-6 所示。

2. 外挂防护架提升

（1）防护架的提升索具应使用现行国家标准《重要用途钢丝绳》（GB 8918—2006）规定的钢丝绳。钢丝绳直径不应小于 12.5mm。

（2）提升防护架的起重设备能力应满足要求，公称起重力矩值不得小于 400kN·m，其额定起升重量的 90%应大于架体重量。

（3）钢丝绳与防护架的连接点应在竖向桁架的顶部，连接处不得有尖锐凸角等。

（4）提升钢丝绳的长度应能保证提升平稳。

（5）提升速度不得大于 3.5m/min。

（6）在防护架从准备提升到提升到位交付使用前，除操作人员以外的其他人员不得从事临边防护等作业。操作人员应系安全带。

（7）当防护架提升、下降时，操作人员必须站在建筑物内或相邻的架体上，严禁站在防护架上操作；架体安装完毕前，严禁上人。

（8）每片架体均应分别与建筑物直接连接；不得在提升钢丝绳受力前拆除连墙件，不得在施工过程中拆除连墙件。

（9）当采用辅助架时，第一次提升前应在钢丝绳收紧受力后，才能拆除连墙杆件及与辅助架相连接的扣件。指挥人员应持证上岗，信号工、操作工应服从指挥、协调一致，不得缺岗。

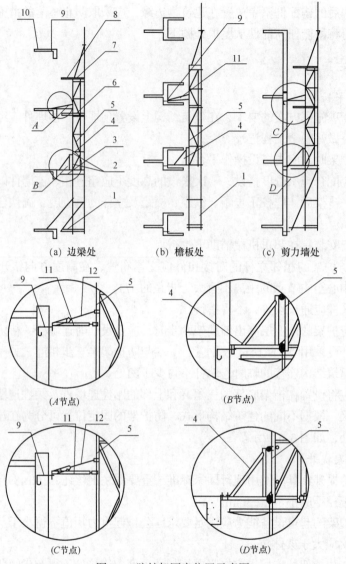

(a) 边梁处　　　　　(b) 檐板处　　　　　(c) 剪力墙处

(A节点)　　　　　　　　(B节点)

(C节点)　　　　　　　　(D节点)

图 3-6　防护架固定位置示意图

1—架体；2—连接在桁架底部的双钢管；3—水平软防护；4—三角臂；5—竖向桁架；

6—水平硬防护；7—相邻桁架之间连接钢管；8—施工层水平防护；9—预埋件；10—建筑物；

11—刚性连墙件；12—柔性连墙件

（10）防护架在提升时，必须按照"提升一片、固定一片、封闭一片"的原则进行，严禁提前拆除两片以上的架体、分片处的连接杆、立面及底部封闭设施。

（11）在每次防护架提升后，必须逐一检查扣件紧固程度；所有连接扣件拧紧力矩必须为 40～65N·m。

3. 外挂防护架拆除

拆除防护架的准备工作应符合下列规定。

（1）对防护架的连接扣件、连墙件、竖向桁架、三角臂应进行全面检查，确保符合构造要求。

（2）应根据检查结果补充完善专项施工方案中的拆除顺序和措施，并应经总包单位和监理单位批准后方可实施。

（3）应对操作人员进行拆除安全技术交底。

（4）应清除防护架上的杂物及地面障碍物。

小 提 示

拆除防护架时，应符合下列规定。

① 应采用起重机械把防护架吊运到地面进行拆除。

② 拆除的构配件应按品种、规格随时码堆存放，不得抛掷。

学习案例

双排脚手架是由内外两排立杆和纵、横水平杆构成的脚手架。双排脚手架在砌筑工程、砌筑需要承重、丢放水泥砖等方面有着广泛应用。

想一想：

1. 双排脚手架施工时的施工准备有哪些？

2. 简述双排脚手架的搭设。

3. 脚手架的拆除有哪些规定？

案例分析：

1. 施工设备

（1）材料要求。根据工程的特点以及国家有关标准，合理选择各种原材料，其中钢管选用 48×3.5 的普通钢管，用作立杆和斜杆时长度以 4~6m 为宜，用作小横杆以 1.3m 左右为宜，且钢管上严禁打孔。连接扣件要符合材质要求，脚手板选用木脚手板厚度 50mm 每块重量不大于 30kg，基础混凝土选用商品砼，强度等级为 C25。

（2）作业条件。搭设方案要经批准并向作业人员进行详细交底，对各种原材料进行验收，不合格的不准使用，合格的配件要按品种、规格堆放整齐，平稳且场地不得积水，搭设位置的场地要清理、平整。

2. 脚手架的搭设

（1）工艺流程：场地平整夯实浇注砼→准备工作检查→定位、放线→纵向扫地杆→立杆→横向扫地杆→大横杆→小横杆→连墙杆→剪力杆→铺脚手板→垫底托→扎防护栏杆→扎平网→扎立网。

（2）搭设要求。

① 基础：基础采用 20cm 砼板带，浇筑基础前，首先将基础处的冻土挖出，并进行夯实，方可进行浇筑。浇筑完成后在板带上铺设木板，其中靠近挑檐部分的外排架体需铺设两层木板。

② 从室外地坪起，设置三排脚手架，最里排搭至挑檐底部，中间排搭设屋顶檐口下 50cm，最外排搭至挑檐上第三步架体。

③ 靠近挑檐部分的架体，中间排架距离建筑物 1m，在挑檐的首层部分加设十字斜拉杆，以减少挑檐部分的承重，斜拉杆共设置三步，自挑檐下反两步。首层部分的固定连接杆，需设夹杠与建筑物紧固连接，以防止由于沉降造成挑檐受力超负荷（具体办法根据现场实际情况确

定）。外排架体从±0.00往上35m均设双立杆。

④ 挑檐层加设的夹杠，应紧贴外墙内侧，且沿建筑四周布置。夹杠应与建筑物紧固连接，遇墙锁墙、遇柱锁住。夹杠的搭接部位应最少出墙、柱500～1 000mm。

⑤ 为防止架体压迫挑檐，在搭设内排架体时，首先在挑檐上铺设木板，然后在立管下加设底托和3cm～5cm的木楔，待脚手架验收完成后去除木楔。

⑥ 靠近平台部分的双排架体架设在平台上，首先将平台清扫干净，并且通铺木板，方可进行搭设。

⑦ 应先立里排立杆，后立外排立杆，内外排两立杆的连线要与墙面垂直。

⑧ 搭设高度：内立杆要低于檐口50cm，外立杆高出檐口1.5m。

⑨ 靠近立杆的小横向扫地杆，应紧固拉杆上。

⑩ 剪刀撑沿高度和宽度方向连续布置与地面夹角为60°，剪刀撑交叉部分需相交1m，两端伸出10cm。

⑪ 连墙杆的设置为5m×5m，梅花型设置，在顶部与转角处加密设置，增加30%，且拉接要牢固、稳定、上下错开。

⑫ 要满铺一层脚手板用18#钻丝同周围大横杆扎牢，脚手板交接处平整、牢固、无探头板。

⑬ 设一个出入口，在出入口及开口两侧用双根钢管，用扣件紧固。并在出入口外侧上部搭设安全遮棚，棚宽要大于出入口的宽度，棚顶满铺间距不大于3cm的木脚手板并封密。

⑭ 立网要求自±0.00开始至顶层通铺，平网每三层铺设一道。

⑮ 在脚手架外围的适应位置设置宽度为1.2m的斜道（坡度为1：3），转弯平台面积不小于3.2m，斜道上要设置防滑条。在平台的两个外侧及平台同斜道连接的一面，设剪刀撑到顶。

3. 脚手架的拆除

（1）拆除前应召集有关人员对工程进行全面的检查，确立不需要脚手架时，方可进行拆除。

（2）拆除脚手架前，应将脚手架上的遗留材料，杂物等清理干净，按照先装者后拆，后装者先拆的顺序进行。

（3）不准分立面拆架或上下两步同时进行拆除。剪刀撑应先拆除中间后，再拆除两头扣件，所有连墙杆等必须随脚手架同步拆除。所有杆件和扣件在拆除时应分离，不准在杆件上附着扣件或两杆连着送到地面。

（4）拆下的杆件与另配件运到地面后，应随时整理，检查，按品种，分规格，堆放整齐，妥善保管。

（5）拆下脚手架时，要加强对成品保护，每天拆架下班时，不应留下安全隐患。

 知识拓展

高处作业安全防护技术

1. 一般规定

现行国家标准《高处作业分级》（GB/T 3608—2008）规定："凡在坠落高度基准面2m以上（含2m）有可能坠落的高处进行的作业，均称为高处作业。"在建筑施工中，常常出现高于2m的临边、洞口、攀登和悬空等作业，高处坠落的事故也屡见不鲜，因此应严格按照安全技术规范要求施工。

（1）高处作业的安全技术措施及其所需料具，必须列入工程的施工组织设计。

（2）施工前应逐级进行安全技术教育及交底，落实所有安全技术措施和人身防护用品，未经落实不得进行施工。

（3）高处作业中的安全标志、工具、仪表、电气设施和各种设备，必须在施工前加以检查，确认其完好，方能投入使用。

（4）攀登和悬空高处作业人员以及搭设高处作业安全设施的人员，必须经过专业技术培训及专业考试合格，持证上岗，并必须定期进行体格检查。

（5）遇恶劣天气不得进行露天攀登与悬空高处作业。

（6）用于高处作业的防护设施，不得擅自拆除，确因作业需要临时拆除，必须经项目经理部施工负责人同意，并采取相应的可靠措施，作业后应立即恢复。

（7）高处作业的防护门设施在搭拆过程中应相应设置警戒区，并派人监护，严禁上、下同时拆除。

（8）高处作业安全设施的主要受力杆件，力学计算按一般结构力学公式，强度及刚度计算不考虑塑性影响，构造上应符合现行相应规范的要求。

2. 洞口作业

（1）楼板、屋面和平台等面上短边尺寸为 2.5~25cm 的洞口，必须设坚实盖板并能防止挪动移位。

（2）25cm×25cm~50cm×50cm 的洞口，必须设置固定盖板，保持四周搁置均衡，并有固定其位置的措施。

（3）50cm×50cm~150cm×150cm 的洞口，必须预埋通长钢筋网片，纵横钢筋间距不得大于 15cm；或满铺脚手板，脚手板应绑扎固定，任何人未经许可不得随意移动。

（4）150cm×150cm 以上洞口，四周必须搭设围护架，并设双道防护栏杆，洞口中间支挂水平安全网，网的四周要拴挂牢固、严密。

（5）位于车辆行驶道路旁的洞口、深沟、管道、坑、槽等，所加盖板应能承受不小于当地额定卡车后轮有效承载力两倍的荷载。

（6）墙面等处的竖向洞口，凡落地的洞口应设置防护门或绑防护栏杆，下设挡脚板。低于 80cm 的竖向洞口，应加设 1.2m 高的临时护栏。

（7）电梯井必须设不低于 1.2m 的金属防护门，井内首层和首层以上每隔 10m 设一道水平安全网，安全网应封闭。未经上级主管技术部门批准，电梯井不得作垂直运输通道和垃圾通道。

（8）洞口必须按规定设置照明装置和安全标志。

3. 临边作业

（1）尚未安装栏杆或挡脚板的阳台周边、无外架防护的屋面周边、框架结构楼层周边、雨篷与挑檐边、水箱与水塔周边、斜道两侧边、卸料平台外侧边，必须设置 1.2m 高的两道护身栏杆并设置固定高度不低于 18cm 的挡脚板或搭设固定的立网防护。

（2）护栏除经设计计算，横杆长度大于 2m 时，必须加设栏杆柱。栏杆柱的固定及其与横杆的连接应与建筑物结构可靠连接，使其整体构造在上杆任何处都能经受任何方向的 1 000N 的外力。

（3）当临边的外侧面临街道时，除防护栏杆外，敞口立面必须采取满挂小眼安全网或其他可靠措施做全封闭处理。

（4）分层施工的楼梯口、梯段边及休息平台处必须安装临时护栏，顶层楼梯口应随工程结构进度安装正式防护栏杆。回转式楼梯间应支设首层水平安全网，每隔4层设一道水平安全网。

（5）阳台栏板应随工程结构进度及时进行安装。

4. 高险作业

（1）攀登作业。

① 攀登用具，结构构造上必须牢固可靠。移动式梯子等均应按现行的国家标准验收其质量。

② 梯脚底部应坚实，不得垫高使用，梯子的上端应有固定措施。

③ 立梯工作角度以 75°±5° 为宜，踏板上下间距以 30cm 为宜，并不得有缺档。折梯使用时上部夹角以 35°～45° 为宜，铰链必须牢固，并有可靠的拉撑措施。

④ 使用直爬梯进行攀登作业时，攀登高度以 5m 为宜，超出 2m 宜加设护笼，若超过 8m，必须设置梯间平台。

⑤ 作业人员应从规定的通道上下，不得在阳台之间等非规定通道进行攀登；上下梯子时，必须面向梯子，且不得手持器物。

⑥ 供人上下的踏板的使用荷载不应大于 1 100N/m^2。当梯面上有特殊作业，重量超过上述荷载时，应按实际情况加以验算。

（2）悬空作业。

① 悬空作业处应有牢靠的立足处，并必须视具体情况配置防护栏网、栏杆或其他安全设施。

② 悬空作业所用的索具、脚手板、吊篮、吊笼、平台等设备，均需经过技术鉴定或验证后方可使用。

③ 高空吊装预应力钢筋混凝土屋架、桁架等大型构件前，应搭设悬空作业中所需的安全设施。

④ 吊装中的大模板、预制构件以及石棉水泥板等屋面板上，严禁站人和行走。

⑤ 支设模板应按规定的工艺进行，严禁在连接件和支撑件上攀登，严禁在同一垂直面上装、拆模板。支设高度在 3m 以上的柱模板四周应设斜撑，并应设立操作平台。

⑥ 绑扎钢筋和安装钢筋骨架时，必须搭设脚手架和马凳。绑扎立柱和墙体钢筋时，不得站在钢筋骨架上或攀登骨架上下，绑扎 3m 以上的柱钢筋，必须搭设操作平台。

⑦ 浇筑离地 2m 以上的框架、过梁、雨篷和小平台时，应有操作平台，不得直接站在模板或支撑件上操作。

⑧ 悬空进行门窗作业时，严禁操作人员站在樘子、阳台栏板上操作，操作人员的重心应位于室内，不得在窗台上站立。

⑨ 特殊情况下如无可靠的安全设施，必须系好安全带并扣好保险钩。

⑩ 预应力张拉区域应有明显的安全标志，禁止非操作人员进入。张拉钢筋的两端必须设置挡板。挡板应距所张拉钢筋的端部 1.5～2m，且应高出最上一组张拉钢筋 0.5m，其宽度应距张拉钢筋两外侧各不小于 1m。

5. 交叉作业

（1）支模、粉刷、砌墙等各工种进行上下立体交叉作业时，不得在同一垂直方向上操作。下层操作必须在上层高度确定的可能坠落半径范围以外，不能满足要求时，应设置硬隔离防护层。

（2）钢模板、脚手架等拆除时，下方不得有其他人员操作，并应设专人监护。

（3）钢模板拆除后，其临时堆放处离楼层边沿不应小于1m，且堆放高度不得超过1m。楼层边口、通道口、脚手架边缘处，严禁堆放任何拆下的物件。

（4）结构施工自二层起，凡人员进出的通道口（包括井架、施工用电梯的进出通道口），均应搭设安全防护棚。高度超过24m的层次上的交叉作业，应设双层防护。

学习情境小结

本学习情境对液压升降整体脚手架、碗扣式钢管脚手架、门式钢管脚手架、工具式脚手架进行阐述。通过本学习情境的学习，读者应了解高层建筑施工用脚手架的构造，掌握高层建筑施工用脚手架的搭设与拆除，并能根据现场条件正确选择脚手架。在正确使用脚手架的同时，还应了解高处作业的一般规定，掌握洞口、临边、高险、交叉作业的安全防护技术。

学习检测

一、填空题

1. 高层建筑施工中的脚手架种类很多，常用的有_____、_____、_____、_____等，可根据建筑物的_____、_____、_____以及技术经济效果等加以选用。

2. 液压升降整体脚手架_____、_____、_____过程中，应统一指挥，在操作区域应设置_____。

3. 双排脚手架的搭设应与_____的施工同步上升，并应高于作业面_____。

4. 门式脚手架的内侧立杆离墙面净距不宜大于_____；当大于_____时，应采取内设挑架板或其他隔离防护的安全措施。

5. 对外挂防护架的_____、_____、_____、_____应进行全面检查，确保符合构造要求。

二、选择题

1. 架体底部应铺设脚手板，脚手板与墙体间隙不应大于50mm，操作层脚手板应满铺、铺牢，孔洞直径宜小于（　　）。

    A. 20mm   B. 25mm   C. 30mm   D. 35mm

2. 在竖向主框架位置应设置（　　　）防倾覆装置，才能安装竖向主框架。

    A. 上边一个　　　　　　B. 左右两个　　　　　　C. 下边一个　　　　　　D. 上下两个

3. 双排脚手架搭设应按（　　　）的顺序逐层搭设，底层水平框架的纵向直线度偏差应小于 1/200 架体长度；横杆间水平度偏差应小于 1/400 架体长度。

    A. 立杆、横杆、斜杆、连墙件　　　　　　　B. 横杆、立杆、斜杆、连墙件

    C. 斜杆、横杆、立杆、连墙件　　　　　　　D. 连墙件、立杆、横杆、斜杆

4. 液压升降整体脚手架防坠落装置应设置在（　　　）主框架处，防坠吊杆应附着在建筑结构上，且必须与建筑结构可靠连接。

    A. 竖向　　　　　　　　B. 横向　　　　　　　　C. 横竖向都可以　　　　D. 以上都不对

5. 搭设门式脚手架的地面标高宜高于自然地坪标高（　　　）。

    A. 10mm　　　　　　　B. 10～50mm　　　　　　C. 50mm　　　　　　　D. 50～100mm

三、简答题

1. 高层建筑脚手架有哪些特点？

2. 液压升降整体脚手架的升降检查应符合哪些要求？

3. 碗扣式钢管脚手架地基与基础处理应符合哪些要求？

4. 试述门式钢管脚手架的拆除要求。

5. 附着式升降脚手架在使用过程中不得进行哪些作业？

6. 试述吊篮悬挂高度与吊篮平台的关系。

学习情境四
基础工程施工

人工挖孔灌注桩是一种通过人工开挖而形成井筒的灌注桩成孔工艺，适用于旱地或少水且较密实的土质或岩石地层，因其占施工用场地少、成本较低、工艺简单、易于控制质量且施工时不易产生污染等优点，某建筑公司决定在某桥梁桩基工程的施工中采用该技术。

案例导航

在高层建筑和重型构筑物中，因荷载集中、基底压力大，对单桩承载力要求很高，故常采用大直径的挖孔灌注桩。这种桩是以硬土层作持力层、以端承力为主的一种基础形式，其直径可达 1～3.5m，桩深 60～80m，每根桩的承载力高达 6 000～10 000kN。大直径挖孔灌注桩，可以采用人工或机械成孔。

如何进行人工挖孔灌注桩的施工？如何注意人工挖孔灌注桩施工过程中的问题？需要掌握下列相关知识。

1. 预制桩基础施工。
2. 支护结构施工。
3. 灌注桩基础施工。

学习单元一 基坑工程内容、支护结构安全等级及基坑工程施工

知识目标

1. 了解基坑工程内容、基坑工程监测仪器及内容。
2. 熟悉基坑工程的施工工艺。

3. 掌握基坑的开挖施工技能。

 技能目标

1. 能够进行基坑工程的一般开挖与深基坑土方开挖。
2. 明确掌握基坑土方开挖施工技能。

基础知识

一、基坑工程施工工艺与支护结构的安全等级

1. 基坑工程施工工艺

基坑土方开挖的施工工艺一般有两种，即放坡开挖（无支护开挖）和在支护结构保护下开挖（有支护开挖）。放坡开挖既简单又经济，在基坑周围环境允许且能保证土方开挖边坡稳定的条件下应优先选用。但在城市建筑物稠密地区，因周围环境的限制（有邻近的建筑物、地下设施、地下管线和运输道路等），往往不具备放坡开挖的条件，此时就需要增设支护结构，在支护结构保护下垂直开挖基坑土方。

2. 基坑支护的极限状态

基础支护结构设计时应采用下列极限状态。

（1）承载能力极限状态。

① 支护结构构件或连接因超过材料强度而破坏，或因过度变形而不适于继续承受荷载，或出现压屈、局部失稳。

② 支护结构及土体整体滑动。

③ 坑底土体因隆起而丧失稳定。

④ 对支挡式结构，坑底土体丧失嵌固能力而使支护结构推移或倾覆。

⑤ 对锚拉式支挡结构或土钉墙，土体丧失对锚杆或土钉的锚固能力。

⑥ 重力式水泥土墙整体倾覆或滑移。

⑦ 重力式水泥土墙、支挡式结构因其持力土层丧失承载能力而破坏。

⑧ 地下水渗流引起的土体渗透破坏。

（2）正常使用极限状态。

① 造成基坑周边建（构）筑物、地下管线、道路等损坏或影响其正常使用的支护结构位移。

② 因地下水位下降、地下水渗流或施工因素而造成基坑周边建（构）筑物、地下管线、道路等损坏或影响其正常使用的土体变形。

③ 影响主体地下结构正常施工的支护结构位移。

④ 影响主体地下结构正常施工的地下水渗流。

3. 基坑支护结构的安全等级

基坑支护设计时，应综合考虑基坑周边环境和地质条件的复杂程度、基坑深度等因素，按表 4-1 所示采用支护结构的安全等级。对同一基坑的不同部位，可采用不同的安全等级。

表4-1	基坑支护结构的安全等级
安全等级	破坏结果
一级	支护结构失效、土体过大变形对基坑周边环境或主体结构施工安全的影响很严重
二级	支护结构失效、土体过大变形对基坑周边环境或主体结构施工安全的影响严重
三级	支护结构失效、土体过大变形对基坑周边环境或主体结构施工安全的影响不严重

二、基坑工程勘察

为了正确进行支护结构设计和合理组织施工，在进行支护结构设计之前，需要对有关的资料进行收集，主要应收集以下三方面的资料：工程地质和水文地质资料；基坑周围环境及地下管线等状况资料；施工工程的地下结构设计资料。

（1）工程地质和水文资料收集。基坑工程的岩土勘察一般不单独进行，应与主体结构的地基勘探同时进行。在制订地基勘察方案时，除满足主体建筑设计要求外，也应同时满足基坑工程设计和施工要求，因此，宜统一规定勘察要求。已经有了勘察资料，但其不能满足基坑工程设计和施工要求时，宜再进行补充勘察。

① 工程地质资料。基坑工程的岩土勘察一般应提供下列资料。

● 场地土层的成因类型、结构特点、土层性质及夹砂情况。

● 基坑及围护墙边界附近，场地填土、暗浜、古河道及地下障碍物等不良地质现象的分布范围与深度，并表明其对基坑的影响。

● 场地浅层潜水和坑底深部承压水的埋藏情况，土层的渗流特性及产生管涌、流砂的可能性。

● 支护结构设计和施工所需的土、水等参数。

小 提 示

岩土勘察测试的土工参数，应根据基坑等级、支护结构类型、基坑工程的设计和施工要求而定。一般基坑工程设计和施工要求提供的勘察资料和土工参数见表4-2。

表4-2	基坑工程设计和施工所需的勘察资料和土工参数
标高/m	压缩指数 C_c
深度/m	固结系数 C_v
厚度/m	回弹系数 C_s
土的名称	超固结比 OCR
土天然重度 γ_d/（kN·m^{-3}）	内摩擦角 φ（°）
天然含水率 ω/%	黏聚力 c/kPa
液限 ω_L/%	总应力抗剪强度

续表

塑限 ω_P/%	有效抗剪强度	
塑性指数 I_P	无侧限抗压强度 q_U/kPa	
孔隙比 e	十字板抗剪强度 c_U/kPa	
不均匀系数（d_{60}/d_{10}）	渗透系数/（cm·s^{-1}）	水平 k_h
压缩模量 E_s/MPa		垂直 k_v

小 提 示

对特殊的不良土层，尚需查明其膨胀性、湿陷性、触变性、冻胀性、液化势等参数。

在基坑范围内土层夹砂变化较复杂时，宜采用现场抽水试验方法测定土层的渗透系数。

内摩擦角和黏聚力宜采用直剪固结快剪试验取得，需提供峰值和平均值。

总应力抗剪强度（φ_{cu}、c_{cu}）有效抗剪强度（φ'、c'）宜采用三轴固结不排水剪试验、直剪慢剪试验取得。

当支护结构设计需要时，还可采用专门原位测试方法测定设计所需的基床系数等参数。

② 水文地质资料。基坑范围及附近的地下水位情况对基坑工程设计和施工有直接影响，尤其在软土地区和附近有水体时影响更大。为此在进行岩土勘察时，应提供下列数据和情况。

- 地下各含水层的视见水位和静止水位。
- 地下各土层中，水的补给情况和动态变化情况，以及与附近水体的连通情况。
- 基坑坑底以下承压水的水头高度和含水层的界面。
- 当地下水对支护结构有腐蚀性影响时，应查明污染源及地下水流向。

③ 地下障碍物勘察重点。地下障碍物的勘察，对基坑工程的顺利进行十分重要。在基坑开挖之前，要弄清基坑范围内和围护墙附近地下障碍物的性质、规模、埋深等，以便采用适当措施加以处理。勘察重点内容如下。

- 是否存在旧建（构）筑物的基础和桩。
- 是否存在废弃的地下室、水池、设备基础、人防工程、废井、驳岸等。
- 是否存在厚度较大的工业垃圾和建筑垃圾。

（2）基础周围环境及地下管线等状况勘察。基坑开挖带来的水平位移和地层沉降会影响周围邻近建（构）筑物、道路和地下管线，该影响如果超过一定范围，则会影响其正常使用或带来较严重的后果。所以基坑工程设计和施工中一定要采取措施，保护周围环境，使该影响控制在允许范围内。

小 提 示

为减少基坑施工带来的不利影响，在施工前要对周围环境进行调查，做到心中有数，以便采取有针对性的有效措施。

① 基坑周围邻近建（构）筑物状况调查。在大中城市建筑物稠密地区进行基坑工程施工，宜对下述内容进行调查。

- 周围建（构）筑物的分布及其与基坑边线的距离。
- 周围建（构）筑物的上部结构形式、基础结构及埋深、有无桩基和对沉降差异的敏感程度，需要时要收集和参阅有关的设计图纸。
- 周围建筑物是否属于历史文物或近代优秀建筑，或对使用有特殊、严格的要求。
- 如果周围建（构）筑物在基坑开挖之前已经存在倾斜、裂缝、使用不正常等情况，需通过拍片、绘图等手段收集有关资料，必要时要请有资质的单位事先进行分析鉴定。

② 基坑周围地下管线状况调查。在大中城市进行基坑工程施工，基坑周围的主要管线为煤气、上水、下水和电缆管道。

- 煤气管道。应调查掌握下述内容：与基坑的相对位置、埋深、管径、管内压力、接头构造、管材、每个管节长度、埋设年代等。

> **小提示**
>
> 煤气管的管材一般为钢管或铸铁管，管节长度为 4~6m，管径一般为 100mm、150mm、200mm、250mm、300mm、400mm、500mm。铸铁管接头构造为承插连接、法兰连接和机械连接；钢管多为焊接或法兰连接。

- 上水管道。应调查掌握下述内容：与基坑的相对位置、埋深、管径、管材、管节长度、接头构造、管内水压、埋设年代等。

上水管常用的管材有铸铁管、钢筋混凝土管或钢管，管节长度为 3~5m，管径为 100~2 000mm。铸铁管接头多为承插式接头和法兰接头；钢筋混凝土管多为承插式接头；钢管多用焊接。

- 下水管道。应调查掌握下述内容：与基坑的相对位置、管径、埋深、管材、管内水压、管节长度、基础形式、接头构造、窨井间距等。
- 电缆管道。电缆种类很多，有高压电缆、通信电缆、照明电缆、防御设备电缆等。有的放在电缆沟内；有的架空；有的用共同沟，多种电缆放在一起。

对电缆应通过调查掌握下述内容：与基坑的相对位置、埋深（或架空高度）、规格型号、使用要求、保护装置等。

③ 基坑周围邻近地下构筑物及设施调查。如基坑周围邻近有地铁隧道、地铁车站、地下车库、地下商场、地下通道、人防、管线共同沟等，亦应调查其与基坑的相对位置、埋设深度、基础形式与结构形式、对变形与沉降的敏感程度等。这些地下构筑物及设施往往有较高的要求，进行邻近深基坑施工时要采取有效措施。

④ 周围道路状况调查。在城市繁华地区进行基坑工程施工，邻近常有道路。这些道路的重要性不相同，有些是次要道路，而有些则属城市干道，一旦因为变形过大而破坏，则会产生严重后果。为此，在进行深基坑施工之前应调查下述内容。

- 周围道路的性质、类型、与基坑的相对位置。
- 交通状况与重要程度。
- 交通通行规则（单行道、双行道、禁止停车等）。

● 道路的路基与路面结构。

⑤ 周围施工条件调查。基坑现场周围的施工条件对基坑工程设计和施工有直接影响，事先必须加以调查了解。

● 了解施工现场周围的交通运输、商业规模等特殊情况，了解在基坑工程施工期间对土方和材料、混凝土等运输有无限制，必要时是否允许阶段性封闭施工等，这些对选择施工方案有影响。

● 了解施工现场附近对施工产生的噪声和振动的限制。如对施工噪声和振动有严格的限制，则影响桩型选择和支护结构的爆破拆除。

● 了解施工场地条件，明确是否有足够场地供运输车辆运行、堆放材料、停放施工机械、加工钢筋等，以便确定是全面施工、分区施工还是用逆筑法施工。

（3）施工工程的地下结构设计资料调查。主体工程地下结构设计资料是基坑工程设计的重要依据之一，应进行收集和了解。

> **小 提 示**
>
> 　　基坑工程设计多在主体工程设计结束施工图完成之后，基坑工程施工之前进行，但为了使基坑工程设计与主体工程之间协调，使基坑工程的实施更加经济，对大型深基坑工程，应在主体结构设计阶段就着手进行，以便协调基坑工程与主体工程结构之间的关系。如地下结构用逆筑法施工，则围护墙和中间支承柱（中柱桩）的布置就需与主体工程地下结构设计密切结合；如大型深基坑工程支护结构的设计，其立柱的布置、多层支撑的布置和换撑等，皆与主体结构工程桩的布置、地下结构底板和楼盖标高等密切相关。

进行基坑工程设计之前，应对下述地下结构设计资料进行了解。

① 主体工程地下室的平面布置和形状，以及与建筑红线的相对位置。这是选择支护结构形式、进行支撑布置等必须参考的资料。如基坑边线贴近建筑红线，则需选择厚度较小的支护结构的围护墙；如平面尺寸大、形状复杂，则在布置支撑时需加以特殊处理。

② 主体工程基础的桩位布置图。在进行围护墙布置和确定立柱位置时，必须了解桩位布置。尽量利用工程桩作为支护结构的立柱桩，以降低支护结构费用，实在无法利用工程桩时才另设立柱桩。

③ 主体结构地下室的层数、各层楼板和底板的布置与标高，以及地面标高。根据天然地面标高和地下室底板底标高，可确定基坑开挖深度，这是选择支护结构形式、确定降水和挖土方案的重要依据。

了解各层楼盖和底板的布置，可便于支撑的竖向布置和确定支撑的换撑方案。楼盖局部缺少时，还需考虑水平支撑换撑时如何传力等。

④ 对电梯井落深的深坑，要了解其位置及落深深度，因为它影响支护结构计算深度的确定及深坑的支护或加固措施。

三、基坑工程监测

虽然在基坑支护结构设计和基坑开挖过程中，人们采取了一系列技术措施来保证基坑的安全，但实际工程中仍有很多基坑发生事故，主要表现为：支护体系崩溃，基坑大面积失稳；支护结构过分倾斜，水平位移过大；支护结构和被支护土体达到破坏状态；基坑周边土体变形过大；邻近建（构）筑物倾斜、开裂，甚至倒塌；基底回弹、隆起过大。

因此，对基坑工程的监测既是检验基坑设计理论正确性和发展设计理论的重要手段，同时又是指导施工顺利进行、避免基坑工程事故的必要措施。

1. 支护结构监测常用仪器

（1）变形监测仪器。

① 水准仪和经纬仪：水准仪用于测量地面、地层内各点及构筑物施工前后的标高变化。经纬仪用于测量地面及构筑物施工控制点的水平位移。

② 测斜仪：测斜仪量测仪器轴线与铅垂线之间夹角的变化量，进而计算土层各点的水平位移。常见的测斜仪有电阻应变片式、滑线电阻式、差动变压器式、伺服式及伺服加速度计式等。

③ 深层沉降标：为精确地直接在地表测得不同深度土层的压缩量或膨胀量，须在这些地层埋设深层沉降观测标（简称深标），并引出地面。深标由电标杆、保护管、扶正器、标头、标底等组成。其测定原理：被观测地层的压缩或膨胀引起标底的上下运动，从而推动标杆在保护管内自由滑动，通过观测标头的上下位移量可知被观测层的竖向位移量。

④ 水位计：量测地下水位变化情况，以检验降水效果。

（2）应力监测仪器。

① 土压力计：量测作用于围护墙上的土压力状态（主动、被动和静止）大小及变化情况，以便了解其与设计取值的差异。目前使用较多的是钢弦式双膜土压力计。土压力计又称土压力盒。钢弦式双膜土压力计的工作原理：当表面刚性板受到土压力作用后，通过传力轴将作用力传至弹性薄板，使之产生挠曲变形，同时也使嵌固在弹性薄板上的两根钢弦柱偏转，使钢弦应力发生变化，钢弦的自振频率也相应变化，利用钢弦频率仪中的激励装置使钢弦起振并接收其振荡频率，使用预先标定的压力—频率曲线，即可换算出土压力值。

② 孔隙水压力计：测量孔隙水压力用的孔隙水压力计，其形式、工作原理与土压力计相似，只是前者多了一块透水石，使用较多的亦为钢弦式孔隙水压力计。

③ 钢筋应力计：量测支撑结构的轴力、弯矩等，以判断支撑结构是否可靠。

④ 温度计：和钢筋应力计一起埋设在钢筋混凝土支撑中，用来计算由于温度变化引起的应力。

⑤ 混凝土应力计：测定支撑混凝土结构的应变，从而计算相应支撑断面内的轴力。

⑥ 应力、应变传感器：用于量测混凝土支撑系统中的内力。

⑦ 低应变动测仪和超声波无损检测仪：用来检测支护结构的完整性和强度。

2. 支护结构监测内容

基坑支护设计应根据支护结构类型和地下水控制方法，按表 4-3 所示选择基坑监测项目，并应根据支护结构构件、基坑周边环境的重要性及地质条件的复杂性确定监测点部位及数量。选用的监测项目及其监测部位应能够反映支护结构的安全状态和基坑周边环境受影响的程度。

表4-3 基坑监测项目选择

监测项目	支护结构的安全等级		
	一级	二级	三级
支护结构顶部水平位移	应测	应测	应测
基坑周边建（构）筑物、地下管线、道路沉降	应测	应测	应测
坑边地面沉降	应测	应测	宜测
支护结构深部水平位移	应测	应测	选测
锚杆拉力	应测	应测	选测
支撑轴力	应测	宜测	选测
挡土构件内力	应测	宜测	选测
支撑立柱沉降	应测	宜测	选测
支护结构沉降	应测	宜测	选测
地下水位	应测	应测	选测
土压力	宜测	选测	选测
孔隙水压力	宜测	选测	选测

注：表内各监测项目中，仅选择实际基坑支护形式所含有的内容。

3. 支护结构监测点布置与监测

支护结构监测点布置与监测要求有以下几个。

（1）安全等级为一级、二级的支护结构，在基坑开挖过程与支护结构使用期内，必须进行支护结构的水平位移监测和基坑开挖影响范围内建（构）筑物、地面的沉降监测。

（2）支挡式结构顶部水平位移监测点的间距不宜大于20m，土钉墙、重力式挡墙顶部水平位移监测点的间距不宜大于15m，且基坑各边的监测点不应少于3个。基坑周边有建筑物的部位、基坑各边中部及地质条件较差的部位应设置监测点。

（3）基坑周边建筑物沉降监测点应设置在建筑物的结构墙、柱上，并应分别沿平行、垂直于坑边的方向上布设。在建筑物临基坑一侧，平行于坑边方向上的监测点间距不宜大于15m。垂直于坑边方向上的监测点，宜设置在柱、隔墙与结构缝部位。垂直于坑边方向上的布点范围应能反映建筑物基础的沉降差。必要时，可在建筑物内部布设监测点。

（4）地下管线沉降监测，当采用测量地面沉降的间接方法时，其测点应布设在管线正上方。当管线上方为刚性路面时，宜将监测点设置于刚性路面下。对直埋的刚性管线，应在管线节点、竖井及其两侧等易破裂处设置监测点。监测点水平间距不宜大于20m。

（5）道路沉降监测点的间距不宜大于30m，且每条道路的监测点不应少于3个。必要时，沿道路方向可布设多排监测点。

（6）对坑边地面沉降、支护结构深部水平位移、锚杆拉力、支撑轴力、立柱沉降、支护结构沉降、挡土构件内力、地下水位、土压力、孔隙水压力进行监测时，监测点应布设在邻近建筑物、基坑各边中部及地质条件较差的部位，监测点或监测面不宜少于3个。

（7）坑边地面沉降监测点应设置在支护结构外侧的土层表面或柔性地面上。与支护结构的水平距离宜在基坑深度的0.2倍范围以内。有条件时，宜沿坑边垂直方向在基坑深度的1～2倍范围内设置多测点的监测面，每个监测面的测点不宜少于 5 个。

（8）采用测斜管监测支护结构深部水平位移时，对现浇混凝土挡土构件，测斜管应设置在挡土构件内，测斜管深度不应小于挡土构件的深度；对土钉墙、重力式挡墙，测斜管应设置在紧邻支护结构的土体内，测斜管深度不宜小于基坑深度的 1.5 倍；测斜管顶部尚应设置用做基准值的水平位移监测点。

（9）锚杆拉力监测宜采用测量锚头处的锚杆杆体总拉力的方式。对多层锚杆支护结构，宜在同一竖向平面内的每层锚杆上设置测点。

（10）支撑轴力监测点宜设置在主要支撑构件、受力复杂和影响支撑结构整体稳定性的支撑构件上。对多层支撑支护结构，宜在同一竖向平面的每层支撑上设置测点。

（11）挡土构件内力监测点应设置在最大弯矩截面处的纵向受拉钢筋上。当挡土构件采用沿竖向分段配置钢筋时，应在钢筋截面面积减小且弯矩较大部位的纵向受拉钢筋上设置监测点。

（12）支撑立柱沉降监测点宜设置在基坑中部、支撑交汇处及地质条件较差的立柱上。

（13）当挡土构件下部为软弱持力土层或采用大倾角锚杆时，宜在挡土构件顶部设置沉降监测点。

（14）基坑内地下水位的监测点可设置在基坑内或相邻降水井之间。当监测地下水位下降对基坑周边建筑物、道路、地面等沉降造成影响时，地下水位监测点应设置在降水井或截水帷幕外侧且宜尽量靠近被保护对象。当有回灌井时，地下水位监测点应设置在回灌井外侧。水位观测管的滤管应设置在所测含水层内。

（15）各类水平位移观测、沉降观测的基准点应设置在变形影响范围外，且基准点数量不应少于两个。

（16）基坑各监测项目采用的监测仪器的精度、分辨率及测量精度应能反映监测对象的实际状况，并应满足基坑监控的要求。

（17）各监测项目应在基坑开挖前或测点安装后测得稳定的初始值，且次数不应少于两次。

小 提 示

支护结构顶部水平位移的监测频次应符合下列要求。

① 基坑向下开挖期间，监测不应少于每天一次，直至开挖停止后连续 3d 的监测数值稳定。

② 当地面、支护结构或周边建筑物出现裂缝、沉降，遇到降雨、降雪、气温骤变，基坑出现异常的渗水或漏水，坑外地面荷载增加等各种环境条件变化或异常情况时，应立即进行连续监测，直至连续 3d 的监测数值稳定。

③ 当位移速率大于或等于前次监测的位移速率时，应进行连续监测。

④ 在监测数值稳定期间，尚应根据水平位移稳定值的大小及工程实际情况定期进行监测。

（18）支护结构顶部水平位移之外的其他监测项目，除应根据支护结构施工和基坑开挖情况进行定期监测外，尚应在出现下列情况时进行监测。

① 支护结构水平位移增长时。

② 出现上述小提示中第①、②款的情况时。

③ 锚杆、土钉或挡土构件施工时，或降水井抽水等引起地下水位下降时，应进行相邻建筑物、地下管线、道路的沉降观测。当监测数值比前次数值增长时，应进行连续监测，直至数值稳定。

（19）对基坑监测有特殊要求时，各监测项目的监测点布置、量测精度、监测频度等应根据实际情况确定。

（20）在支护结构施工、基坑开挖期间以及支护结构使用期内，应对支护结构和周边环境的状况随时进行巡查，现场巡查时应检查有无下列现象及其发展情况。

① 基坑外地面和道路开裂、沉陷。

② 基坑周边建筑物开裂、倾斜。

③ 基坑周边水管漏水、破裂，燃气管漏气。

④ 挡土构件表面开裂。

⑤ 锚杆锚头松动，锚杆杆体滑动，腰梁和锚杆支座变形，连接破损等。

⑥ 支撑构件变形、开裂。

⑦ 土钉墙土钉滑脱，土钉墙面层开裂和错动。

⑧ 基坑侧壁和截水帷幕渗水、漏水、流砂等。

四、基坑土方开挖

土方开挖是深基坑工程施工的重要工序，高层建筑基础占地面积和体积较大，埋置较深，相应的土方开挖量大，例如，一个地下2层，地上20层建筑的基坑土方量常达3.05万～4.0万 m³。同时施工场地周围一般都有建筑物，场地狭窄，给土方挖运带来极大困难。

── 小 提 示 ──

做好土方开挖施工准备，合理选择基坑开挖方案，对保证工程顺利进行，加快工程进度，都具有极为重要的意义。施工中必须严格按照围护结构设计的要求及施工组织设计内容进行精心准备，精心组织施工。

1. 基坑土方开挖施工准备

（1）选择开挖机械。除很小的基坑外，一般基坑开挖均应优先采用机械开挖方案。目前基坑工程中常用的挖土机械较多，有推土机、铲运机、正铲挖土机、反铲挖土机、拉铲挖土机、抓铲挖土机等，前三种机械适用于土的含水量较小且较浅的基坑，后三种机械则适用于土质松软、地下水位较高或不进行降水的较深大基坑，或者是在施工方案比较复杂时采用，如逆作法挖土等。总之，挖土机械的选择应考虑到地基土的性质、工程量的大小、挖土机和运输设备的行驶条件等。

（2）确定开挖程序。较浅基坑可以一次开挖到底，较深、较大的基坑则一般采用分层开挖方案，每次开挖深度可结合支撑位置来确定，挖土进度应根据预估位移速率及天气情况来确定，并在实际开挖后进行调整。为保持基坑底土体的原状结构，应根据土体情况和挖土机械类型，在坑底以上保留5～30cm土层由人工挖除。进行两层或多层开挖时，挖土机和运土汽车需下至基坑内施工，故在适当部位需留设坡道，以便运土汽车上下，且坡道两侧有时需加固处理。

（3）布置施工现场平面。基坑工程往往面临施工现场狭窄而基坑周边堆载又需要严格控制的难题，因此必须根据现有场地对装土、运土及材料进场的交通路线、施工机械放置、材料堆场、工地办公及食宿生产场所等进行全面规划。

（4）拟定降、排水措施及冬期、雨期、汛期施工措施。当地下水位较高且土体的渗透系数较大时应进行井点降水。井点降水可采用轻型井点、喷射井点、电渗井点、深井井点等，可根据降水深度要求、土体渗透系数及邻近建（构）筑物和管线情况选用。排水措施在基坑开挖中的作用也比较重要，设置得当可有效地防止雨水浸透土层而造成土体强度降低。

（5）拟定合理施工监测计划。施工监测计划是基坑开挖施工组织计划的重要组成部分，从工程实践来看，凡是在基坑施工过程中进行了详细监测的工程，其失事率远小于未进行监测的基坑工程。

（6）拟定合理应急措施。为预防在基坑开挖过程中出现意外，应事先对工程进展情况预估，并制定可行的应急措施，做到防患于未然。

2. 基坑土方开挖施工应注意的问题

深基坑工程有着与其他工程不同的特点，是一项系统工程。基坑土方开挖施工是这一系统工程中的一个重要环节，它对工程的成败起着相当大的作用，因此在施工中必须注意以下几方面的问题。

（1）做好施工管理工作，在施工前制订好施工组织计划，并在施工期间根据工程进展及时做必要调整。

（2）对基坑开挖的环境效应做出事先评估，开挖前对周围环境做深入的了解，并与相关单位协调好关系，确定施工期间的重点保护对象，制订周密的监测计划，实行信息化施工。

（3）当采用挤土和半挤土桩时，应重视其挤土效应对环境的影响。

（4）重视支护结构的施工质量，包括支护桩（墙）、挡水帷幕、支撑以及坑底加固处理等。

（5）重视坑内及地面的排水措施，以确保开挖后土体不受雨水冲刷，并减少雨水渗入在开挖期间若发现基坑外围土体出现裂缝，应及时用水泥砂浆灌堵，以防雨水渗入，导致土体强度降低。

（6）当支护体系采用钢筋混凝土或水泥土时，基坑土方开挖应注意其养护龄期，以保证其达到设计强度。

（7）挖出的土方以及钢筋、水泥等建筑材料和大型施工机械不宜堆放在坑边，应尽量减少坑边的地面堆载。

（8）当采用机械开挖时，严禁野蛮施工和超挖，挖土机的挖斗严禁碰撞支撑，并注意组织好挖土机械及运输车辆的工作场地和行走路线，尽量减少它们对支护结构的影响。

（9）基坑开挖前应了解工程的薄弱环节，严格按施工组织规定的挖土程序、挖土速度进行挖土，并备好应急措施，做到防患于未然。

（10）注意各部门的密切协作，尤其要注意保护好监测单位设置的监测点，为监测单位提供方便。

3. 深基坑土方开挖方案

高层建筑基础埋深较大，在城市建设中场地狭窄，施工现场附近有建筑物、道路和地下管线纵横交错，很多情况下不允许采用较经济的放坡开挖，而需要在人工支护条件下进行基坑开挖。

有支护结构的土方开挖，多为垂直开挖（采用土钉墙时有陡坡）。其挖土方案主要有分段开挖、分层开挖、中心岛式挖土、盆式挖土、逆作法挖土，具体方案见表4-4。

表4-4　　　　　　　　　　　　　　　深基坑土方开挖方案

序号	开挖方案	具体措施
1	分段开挖	分段开挖即开挖一段，施工一段混凝土垫层或基础，必要时可在已封底的基底与围护结构之间加斜撑。这种开挖方式是基坑开挖中常见的开挖方式，在施工环境复杂、土质不理想或基坑开挖深浅不一致，或基坑平面几何不规则时均可应用。分段开挖位置、分段大小和开挖顺序要依据地下空间平面、施工工作面条件和工期等因素要求来决定
2	分层开挖	分层开挖适用于开挖较深或土质较软弱的基坑。分层开挖时，分层厚度要视土质情况进行稳定性计算，以确保在开挖过程中土体不滑移，基桩不位移倾斜。软土地基控制分层厚度一般在2m以内，硬质土可控制在5m以内。开挖顺序也要依据施工现场工作面和土质条件的情况，从基坑的一侧开挖，也可从基坑的两个相对的方向对称开挖，或从基坑中间向两边平行对称开挖，或从分层交替开挖方向开挖
3	中心岛式挖土	中心岛式挖土采用预留基坑中间部位土体，先开挖周边支撑下的土方，最后挖去中心的土体。该方法不仅土方开挖方便，而且可利用中间的土墩作为支点搭设栈桥，有利于挖土机和运输车辆进入基坑，或多机接力转驳运土。该方法宜用于大型基坑，如图4-1所示
4	盆式挖土	盆式挖土是先开挖基坑中间部分的土，周围四边留土坡，土坡最后挖除，如图4-2所示。这种挖土方式的优点是周边的土坡对围护墙有支撑作用，有利于减少围护墙的变形。其缺点是大量的土方不能直接外运，需集中提升后装车外运
5	逆作法挖土	逆作法挖土是高层建筑多层地下室和其他多层地下结构的有效施工方法，它的工艺原理是：先沿建筑物地下室轴线施工地下连续墙或其他支护结构，同时在建筑物内部的有关位置（柱子或隔墙相交处等，根据需要计算确定）浇筑或打下中间支撑柱，作为施工期间于底板封底之前承受上部结构自重和施工荷载的支撑。然后施工地面一层的梁板楼面结构，作为地下连续墙刚度很大的支撑，随后逐层向下开挖土方和浇筑各层地下结构，直至底板封底

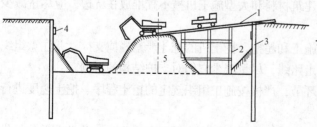
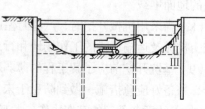

图4-1　中心岛式挖土　　　　　　　　　　　图4-2　盆式挖土

1—栈桥；2—支架或工程桩；3—围护墙；4—腰梁；5—土墩

学习单元二　高层建筑深基坑地下水控制

 知识目标

1. 了解地下水的基本特性。
2. 掌握降低地下水方法。
3. 熟悉降水井的类型。

技能目标

1. 明确地下水的特性及降低地下水的方法。
2. 能够熟练掌握降水井的类型，能进行基坑涌水量的计算。

基础知识

一、地下水基本特性

高层建筑一般都有地下室，基础埋置较深，面积大，基坑开挖和基础施工经常会遇到地表和地下水大量侵入，造成地基浸泡，使地基承载力降低；或出现管涌、流砂、坑底隆起、坑外地层过度变形等现象，导致破坏边坡稳定，影响邻近建（构）筑物使用安全和工程的顺利进行。因此，为了进行降低地下水位的计算和保证土方工程施工顺利进行，需要对地下水流的基本性质有所了解。

1. 动水压力和流砂

地下水分潜水和层间水两种。潜水即从地表算起，第一层不透水层以上的含水层中所含的水，这种水无压力，属于重力水。层间水即夹于两不透水层之间含水层所含的水。如果水未充满此含水层，水没有压力，称无压层间水；如果水充满此含水层，水则带有压力，称承压层间水，如图 4-3 所示。

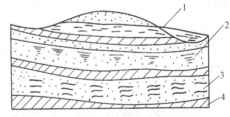

图 4-3　地下水

1—潜水；2—无压层间水；

3—承压层间水；4—不透水层

从水的流动方向取一柱状土体 A_1A_2 作为脱离体（见图 4-4）其横截面面积为 F，Z_1、Z_2 为 A_1、A_2 在基准面以上的高程。

由于 $h_1>h_2$，存在压力差，水从 A_1 流向 A_2。作用于脱离体 A_1A_2 上的力有：

$\gamma_w \cdot h_1 \cdot F$——$A_1$ 处的总水压力，其方向与水流方向一致；

$\gamma_w \cdot h_2 \cdot F$——$A_2$ 处的总水压力，其方向与水流方向相反；

$n \cdot \gamma_w \cdot L \cdot F \cdot \cos\alpha$——水柱质量在水流方向的分力（$n$ 为土的孔隙率），α 为脱离体与基准面之间的夹角；

$(1-n) \cdot \gamma_w \cdot L \cdot F \cdot \cos\alpha$——土骨架重力在水流方向的分力；

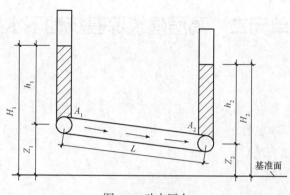

图 4-4　动水压力

$L \cdot F \cdot T$——土骨架对水流的阻力（T 为单位阻力）。

由静力平衡条件得

$$\gamma_w h_1 F - \gamma_w h_2 F + n\gamma_w LF\cos\alpha + (1-n)\gamma_w LF\cos\alpha - LFT = 0 \tag{4.1}$$

即

$$\gamma_w h_1 - \gamma_w h_2 + n\gamma_w L\cos\alpha + (1-n)\gamma_w L\cos\alpha - LT = 0 \tag{4.2}$$

由图 4-4 知：

$$\cos\alpha = \frac{Z_1 - Z_2}{L} \tag{4.3}$$

代入上式得：

$$\gamma_w[(h_1+Z_1)-(h_2+Z_2)]-LT=0 \tag{4.4}$$

$$\gamma_w(H_1-H_2)=LT \tag{4.5}$$

$$T=\gamma_w\frac{H_1-H_2}{L} \tag{4.6}$$

式中，$\dfrac{H_1-H_2}{L}$——水头差与渗透路程式长度之比，称为水力坡度，以 I 表示。因而上式可写成

$$T=\gamma_w I \tag{4.7}$$

设水在土中渗流时，对单位土体的压力为 G_D，由作用力等于反作用力、但方向相反的原理，可知

$$G_D=-T=-\gamma_w I \tag{4.8}$$

我们称 G_D 为动水压力，其单位为 kN/m^3。动水压力 G_D 与水力坡度成正比，即水位差（H_1-H_2）越大，G_D 亦越大；而渗透路线 L 越长，则 G_D 越小。动水压力的作用方向与水流方向相同。当水流在水位差作用下对土颗粒产生向上的压力时，动水压力不但使土颗粒受到水的浮力，而且还使土颗粒受到向上的压力，当动水压力等于或大于土的浸水重度 γ'_w 时，即 $G_D \geqslant \gamma'_w$，则土颗粒失去自重，处于悬浮状态，土的抗剪强度等于零，此时土颗粒能随着渗流的水一起流动，这种现象称"流砂"。

在一定的动水压力作用下，细颗粒、颗粒均匀、松散而饱和的砂性土容易产生流砂现象。降低地下水位，消除动力压力，是防止产生流砂现象的重要措施之一。

2. 渗透系数

渗透系数是计算水井涌水量的重要参数之一。水在土中的流动称为渗流。水点运动的轨迹称为"流线"。水在流动时如果流线互不相交，则这种流动称为"层流"；如果水在流动时流线相交，水中发生局部旋涡，则这种流动就称为"紊流"。水在土中运动的速度一般不大，因此，其流动属于层流。从达西定律 $Q=KFH/L$ 可以看出渗透系数的物理意义：水力坡度 I 等于 1 时的

渗透速度即渗透系数 K。渗透系数具有速度的单位，常用 m/d/、m/s 等表示。

　　土的渗透性取决于土的形成条件、颗粒级配、胶体颗粒含量和土的结构等因素。一般常用稳定流的裘布依公式计算渗透系数。土的渗透性在水平和垂直方向不同，故有 K_h 和 K_v 之分。

渗透系数 K 值取得是否正确，将影响井点系统涌水量计算结果的准确性，最好用扬水试验确定。

3. 等压流线与流网

水在土中渗流，地下水水头值相等的点连成的面，称为"等水头面"，它在平面上或剖面上则表现为"等水头线"，等水头线即等压流线。由等压流线和流线所组成的网称为"流网"。流网有一个特性，即流线与等压流线正交。

二、降低地下水方法

基坑工程控制地下水位的方法有降低地下水位、隔离地下水两种；降低地下水位的方法有集水沟明排水及降水井降水。降水井包括：轻型井点、喷射井点、电渗井点、管井井点、深井井点、渗井等。隔离地下水的方法包括地下连续墙、连续排列的排桩、隔水帷幕坑底水平封底隔水等。

对于弱透水地层中的较浅基坑，当基坑环境简单，含水层较薄时，可考虑采用集水沟明排水；在其他情况下宜采用降水井降水、隔水措施或隔水、降水综合措施。竖向止水帷幕穿过透水层进入不透水层或弱透水层 1～2m。当坑底土体中存在承压水时，可在坑底设置水平止水帷幕；但一般可在承压水层中设置减压井以降低承压水头（当承压水头高、水量大时可设置水平止水帷幕、设置减压井组合）。

基坑工程中降水方案的选择与设计应满足下列要求。
① 基坑开挖及地下结构施工期间，地下水位保持在基底以下 0.5～1.5m。
② 深部承压水不引起坑底隆起。
③ 降水期间邻近建筑物及地下管线、道路能正常使用。
④ 基坑边坡稳定。

1. 常用降水方法适用范围和条件

深基坑大面积降水方法的类型较多，常用降水方法的适用范围和条件见表 4-5。可根据基坑规模、深度、场地及周边工程、水文、地质条件、需降水深度、周围环境状况、支护结构种类、工期要求以及技术经济效益等进行全面综合考虑、分析、比较后合理选用降水井类型，可以选用其中一种，也可以一、二种相结合使用。

表4-5 常用降水方法的适用范围和条件

方法＼适用条件	适用土层类别、水文、地质特征	渗透系数/（m·d⁻¹）	降低水位深度/m
集水沟明排水	填土、粉土、砂土、黏性土；上层滞水，水量不大的潜水	7～20	<5
轻型井点	填土、粉土、砂土、粉质黏土、黏性土；上层滞水，水量不大的潜水	0.1～50	3～6
二级轻型井点	填土、粉土、砂土、粉质黏土、黏性土；上层滞水，水量不大的潜水	0.1～50	6～12
喷射井点	填土、粉土、砂土、粉质黏土、黏性土、淤泥质粉质黏土；上层滞水，水量不大的潜水	0.1～20	8～20
电渗井点	淤泥质粉质黏土、淤泥质黏土；上层滞水，水量不大的潜水	<0.1	根据选定的井点确定
管井井点	粉土、砂土、碎石土、可溶岩、破碎带；含水丰富的潜水、承压水、裂隙水	20～200	3～5
深井井点	砂土、砂砾石、粉质黏土、砂质粉土；水量不大的潜水，深部有承压水	10～250	>10
砂（砾）渗井	含薄层粉砂的粉质黏土、黏质粉土、砂质粉土、粉土、粉细砂；水量不大的潜水，深部有导水层	>0.1	根据下伏导水层的性质及埋深确定
回灌井点	填土、粉土、砂土、碎石土	0.1～200	不限

注：深井井点中的无砂混凝土管井点适用于土层渗透系数为10～250m/d，降水深度为5～10m。

一般来讲，当土质情况良好，土的降水深度不大，可采用单层轻型井点；当降水深度超过6m，且土层垂直渗透系数较小时，宜用二级轻型井点或多层轻型井点，或在坑中另布井点，以分别降低上层、下层土的水位。当土的渗透系数小于0.1时，可在一侧增加钢筋电极，改用电渗井点降水；如土质较差，降水深度较大，多层轻型井点设备增多，土方量增大，经济上不合算时，采用喷射井点降水较为适宜；如果降水深度不大，土的渗透系数大，涌水量大，降水时间长，可选用管井井点降水；如果降水很深，涌水量大，土层复杂多变，降水时间很长，宜选用深井井点或简易的钢筋笼深井井点降水，既有效又经济。当各种井点降水方法影响邻近建筑物产生不均匀沉降和使用安全时，应采用回灌井点或在基坑有建筑物一侧采用旋喷桩加固土壤和防渗的方法对侧壁和坑底进行加固处理。

2. 常用降水方法及使用特点

（1）集水井降水。集水井降水是在开挖基坑时沿坑底周围开挖排水沟，再于坑底设集水井，使基坑内的水经排水沟流向集水井，然后用水泵抽出坑外，如图 4-5 所示。但是，在深基坑中，采用该方法容易引起流砂、管涌和边坡失稳。

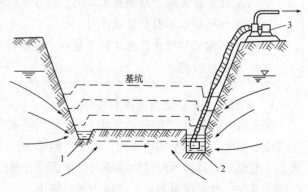

图 4-5 集水井降水
1—排水沟；2—集水井；3—水泵

为了防止基底土的细颗粒随水流失，使土结构受到破坏，排水沟及集水井应设置在基础范围之外，距基础边线距离不小于 0.4m，地下水走向的上游。根据基坑涌水量大小、基坑平面形状及尺寸，以及水泵的抽水能力，确定集水井的数量和间距。一般每隔 30～40m 设置一个。集水井的直径或宽度一般为 0.6～0.8m。集水井的深度随挖土加深而加深，要始终低于挖土面 0.8～1.0m。井壁用竹、木等材料加固。排水沟深度为 0.3～0.4m，底宽不小于 0.2～0.3m，边坡坡度为 1∶1～1∶1.5，沟底设有 1‰～2‰的纵坡。

当挖至设计标高后，集水井底应低于坑底 1～2m，并铺设 0.3m 碎石滤水层，以免在抽水时将泥砂抽出，并防止坑底土被搅动。集水井降水常用的水泵主要有离心泵、潜水泵和泥浆泵。确定水泵类型时，一般取水泵的排水量为基坑涌水量的 1.5～2.0 倍。当基坑涌水量 $Q<20m^3/h$ 时，可用隔膜式泵或潜水电泵；当 $Q=20～60m^3/h$，可用隔膜式或离心式水泵或潜水电泵；当 $Q>m^3/h$，多用离心式水泵。

（2）井点降水。井点降水就是在基坑开挖前，预先在基坑四周埋设一定数量的滤水管（井），在基坑开挖前和开挖过程中，利用真空原理，不断抽出地下水，使地下水位降低到坑底以下，从而从根本上解决地下水涌入坑内的问题，如图 4-6 所示。

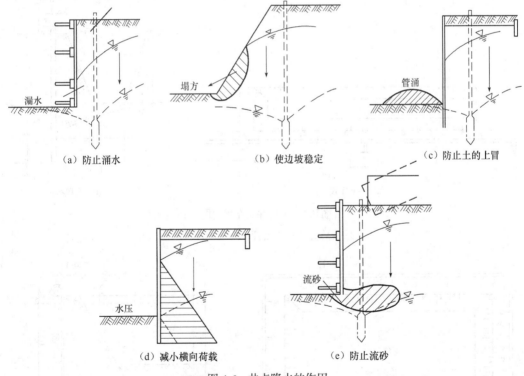

（a）防止涌水　　　　　（b）使边坡稳定　　　　　（c）防止土的上冒

（d）减小横向荷载　　　　　（e）防止流砂

图 4-6　井点降水的作用

① 轻型井点。轻型井点降低地下水位，是沿基坑周围以一定的间距埋入井管（下端为滤管），在地面上用水平铺设的集水总管将各井管连接起来，再于一定位置设置真空泵和离心泵，开动真空泵和离心泵后，地下水在真空吸力作用下，经滤管进入井管，然后经集水总管排出，这样就降低了地下水位。

① 轻型井点设备由井点管、弯联管、集水总管、滤管和抽水设备组成。

② 轻型井点的布置应根据基坑的形状与大小、地质和水文情况、工程性质、降水深度等确定。

（a）平面布置。当基坑（槽）宽小于 6m 且降水深度不超过 6m 时，可采用单排井点，布置在地下水上游一侧，两端延伸长度以不小于槽宽为宜，如图 4-7（a）所示。如宽度大于 6m 或土质不良、渗透系数较大时，宜采用双排井点，布置在基坑（槽）的两侧。当基坑面积较大时宜采用环形井点，如图 4-8（a）所示；考虑运输设备入道，一般在地下水下游方向布置成不封闭形式。井点管距离基坑壁一般可取 0.7～1.0m，以防局部发生漏气。井点管间距为 0.8m 和 1.2m、1.6m，由计算或经验确定。井点管在总管四角部分应适当加密。

（b）高程布置。轻型井点的降水深度，从理论上讲可达 10.3m，但由于管路系统的水头损失，其实际的降水深度一般不宜超过 6m。井点管的埋置深度 H 可按下式计算，如图 4-8（b）所示。

102

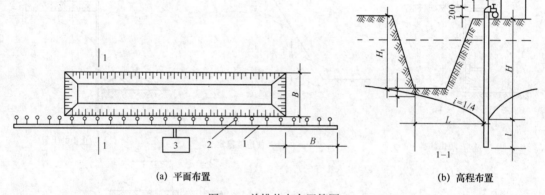

(a) 平面布置　　　　　　　　　　　　(b) 高程布置

图 4-7　单排井点布置简图

1—总管；2—井点管；3—抽水设备

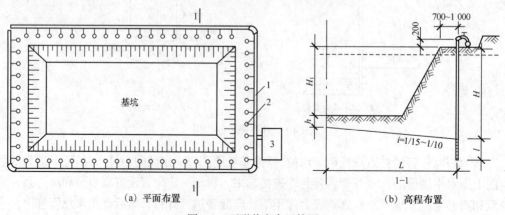

(a) 平面布置　　　　　　　　　　　　(b) 高程布置

图 4-8　环形井点布置简图

1—总管；2—井点管；3—抽水设备

$$H \geqslant H_1 + h + iL \qquad (4.9)$$

式中，H_1——井点管埋设面至基坑底面的距离，m；

　　　h——降低后的地下水位至基坑中心底面的距离，一般为 0.5～1.0m，人工开挖取下限，机械开挖取上限；

　　　i——降水曲线坡度（对环状或双排井点取 1/15～1/10，对单排井点取 1/4）；

　　　L——井点管中心至基坑中心的短边距离，m。

H 值小于降水深度 6m 时，可用一级井点；H 值稍大于 6m 且地下水位离地面较深时，可采用降低总管埋设面的方法，仍可采用一级井点；当一级井点达不到降水深度要求时，可采用二级井点或喷射井点，如图 4-9 所示。

（c）井点管埋设。井点管的埋设一般采用水冲法进行，借助于高压水冲刷土体，用冲管扰动土体助冲，将土层冲成圆孔后埋设井点管。整个过程可分冲孔与埋管两个施工过程如图 4-10 所示。冲孔的直径一般为 300mm，以保证井管四周有一定厚度的砂滤层；冲孔深度宜比滤管底深 0.5m 左右，以防冲管拔出时部分土颗粒沉于底部而触及滤管底部。

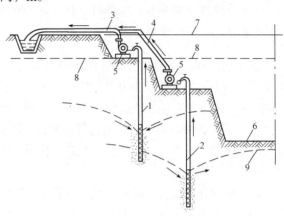

图 4-9　二级轻型井点降水示意图

1—第一级轻型井点；2—第二级轻型井点；3—集水总管；
4—连接管；5—水泵；6—基坑；7—原地面线；
8—原地下水位线；9—降低后地下水位线

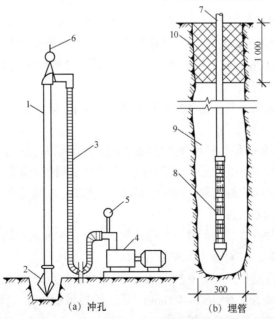

（a）冲孔　　　　（b）埋管

图 4-10　井点管的埋设

1—冲管；2—冲嘴；3—胶皮管；4—高压水泵；5—压力表；
6—起重机吊钩；7—井点管；8—滤管；9—填砂；10—黏土封口

井孔冲成后，立即拔出冲管，插入井点管，并在井点管与孔壁之间迅速填灌砂滤层，以防孔壁塌土。砂滤层的填灌质量是保证轻型井点顺利抽水的关键。一般宜选用干净粗砂，填灌要均匀，并填至滤管顶上 1~1.5m，以保证水流畅通。井点填砂后，须用黏土封口，以防漏气。

小技巧

井点管埋设完毕后，需进行试抽，以检查有无漏气、淤塞现象，出水是否正常。如果有异常情况，应检修好后方可使用。

② 喷射井点。当基坑开挖较深或降水深度大于 6m 时，必须使用多级轻型井点才可收到预期效果，但需要增大基坑土方开挖量，延长工期并增加设备数量，因此不够经济。此时宜采用喷射井点降水，它在渗透系数 3~50m/d 的砂土中应用最为有效，在渗透系数为 0.1~2m/d 的亚砂土、粉砂、淤泥质土中效果也较显著，其降水深度可达 8~20m。喷射井点有喷水井点和喷气井点之分，其工作原理相同，只是工作流体不同，前者以压力水作为工作流体，后者以压缩空气作为工作流体。

（a）喷射井点设备。喷射井点根据其工作时使用液体或气体的不同，分为喷水井点和喷气井点两种。其设备主要由喷射井管、高压水泵（或空气压缩机）和管路系统组成。

（b）喷射井点布置与使用。喷射井点的管路布置、井管埋设方法及要求与轻型井点相同。喷射井管间距一般为 2~3m，冲孔直径为 400~600mm，深度应比滤管深 1m 以上。采用喷射井点时，当基坑宽度小于 10m 时可单排布置；大于 10m 则双排布置。当基坑面积较大时，宜环形布置。井点间距一般为 2~3m。埋设时冲孔直径为 400~600mm，深度应高于滤管底 1m 以上。使用时，为防止喷射器损坏，需先对喷射井管逐根冲洗，开泵时压力要小一些（小于 0.3MPa），以后再逐渐开足，如发现井管周围有翻砂、冒水现象，应立即关闭井管并进行检修。工作水应保持清洁，试抽 2d 后应更换清水，此后视水质污浊程度定期更换清水，以减轻工作水对喷射嘴及水泵叶轮等的磨损。

喷射井点用作深层降水，其一层井点可把地下水位降低 8~20m，甚至 20m 以下，其工作原理如图 4-11 和图 4-12 所示。

③ 电渗井点。电渗井点是在降水井点管的内侧打入金属棒（钢筋、钢管等），连以导线，以井点管为阴极，金属棒为阳极，通入直流电后，土颗粒自阴极向阳极移动（称电泳现象），使土体固结；地下水自阳极向阴极移动（称电渗现象），使软土地基易于排水如图 4-13 所示。它用于渗透系数小于 0.1m/d 的土层。

电渗井点是以轻型井点管或喷射井点管作阴极，$\phi20$~$\phi25$ 的钢筋或 $\phi50$~$\phi75$ 的钢管为阳极，埋设在井点管内侧，与阴极并列或交错排列。

两者的距离，当用轻型井点时为 0.8~1.0m；当用喷射井点时为 1.2~1.5m。阳极入土深度应比井点管深 500mm，露出地面 200~400mm。阴、阳极数量相等，分别用电线联成通路，接到直流发电机或直流电焊机的相应电极上。

电渗井点降水的工作电压不宜大于 60V。土中通电的电流密度宜为 0.5~1.0A/m²，为避免大部分电流从土的表面通过，降低电渗效果，通电前应清除阴阳极间地面上的导电物，使地面

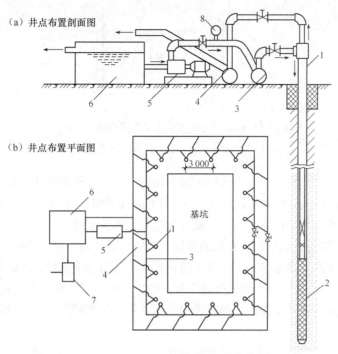

（a）井点布置剖面图

（b）井点布置平面图

3 000

基坑

图 4-11　喷射井点布置图

1—喷射井管；2—滤管；3—供水总管；4—排水总管；5—高压离心水泵；6—水池；7—排水泵；8—压力表

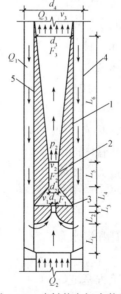

图 4-12　喷射井点扬水装置

1—扩散室；2—混合室；3—喷嘴；4—喷射井点外管；5—喷射井点内管；L_1—喷射井点内管底端两侧进水孔高度；L_2—喷嘴颈缩部分长度；L_3—喷嘴圆柱部分长度；L_4—喷嘴口至混合室距离；L_5—混合室长度；L_6—扩散室长度；d_1—喷嘴直径；d_2—混合室直径；d_3—喷射井点内管直径；d_4—喷射井点外管直径；Q_1—工作水流量；Q_2—单井排水量（吸入水流量）；Q_3—工作水加吸入水的流量（$Q_3=Q_1+Q_2$）；P_2—混合室末端扬升压力（MPa）；F_1—喷嘴断面面积；F_2—混合室断面面积；F_3—喷射井点内管断面面积；v_1—工作水从喷嘴喷出时的流速；v_2—工作水与吸入水在混合室的流速；v_3—工作水与吸入水在排出时的流速

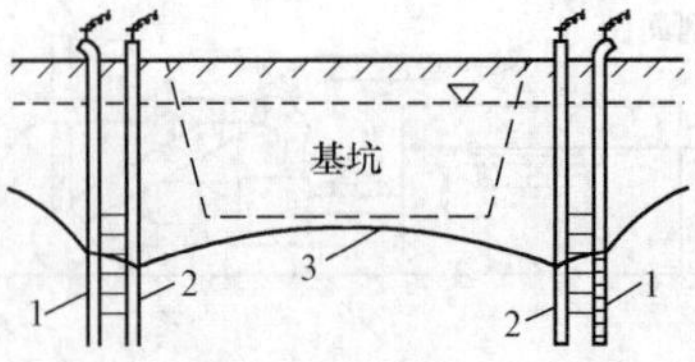

图 4-13　电渗井点工作原理图

1—井点管；2—金属棒；3—地下水降落曲线

保持干燥，如涂一层沥青则绝缘效果更好。通电时，为消除由于电解作用产生的气体积聚在电极附近，使土体电阻增大，加大电能消耗，宜采用间隔通电法，即每通电 24h，停电 2～3h。在降水过程中，应量测和记录电压、电流密度、耗电量及水位变化。

④ 管井井点。管井井点就是沿开挖的基坑，每隔一定距离（20～50m）设置一个管井，每个管井单独用一台水泵（潜水泵、离心泵）进行抽水，降低地下水位。用此法可降低地下水位 5～10m，适用于渗透系数较大（土的渗透系数 $K=20～200m/d$）、地下水量大的土层中。

（a）管井井点系统主要设备。主要设备由滤水井管、吸水管和抽水机械等组成，如图 4-14 所示。

（b）管井布置。沿基坑外圈四周呈环形或沿基坑（或沟槽）两侧或单侧呈直线布置。井中心距基坑（或沟槽）边缘的距离，根据所用钻机的钻孔方法而定，当用冲击式钻机并用泥浆护壁时为 0.5～1.5m；当用套管法时不小于 3m。管井的埋设深度和间距根据所需降水面积和深度以及含水层的渗透系数与因素而定，埋深为 5～10m，间距为 10～50m，降水深度为 3～5m。

⑤ 深井井点。深井井点降水是在深基坑的周围埋置深于基底的井管，通过设置在井管内的潜水泵将地下水抽出。该方法具有排水量大，降水深，井距大，对平面布置干扰小，不受土层限制等特点。

（a）井点系统设备。其由深井井管和潜水泵等组成，如图 4-15 所示。

（b）深井布置。深井井点一般沿工程基坑周围距边坡上缘 0.5～1.5m 呈环形布置；当基坑宽度较窄时，也可在一侧呈直线布置；当为面积不大的独立的深基坑时，也可采取点式布置。井点宜深入到透水层 6～9m，通常还应比所需降水的深度深 6～8m，间距一般相当于埋深，为 10～30m。

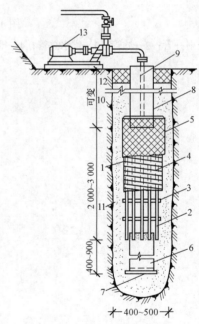

图 4-14　管井井点系统主要设备

1—滤水井管；2—ϕ14 钢筋焊接骨架；

3—6×30 铁环@250；4—10 号铁丝垫筋

@25 焊于管架上；5—孔眼为 1～2mm

铁丝网点焊于垫筋上；6—沉砂管；

7—木塞；8—150～250 钢管；9—吸水管；

10—钻孔；11—填充砂砾；12—黏土；13—水泵

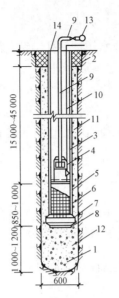
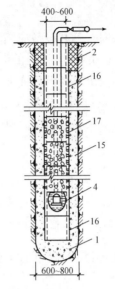

(a) 钢管深井井点   (b) 无砂混凝土管深井井点

图 4-15 深井井点构造

1—井孔；2—井口（黏土封口）；3—ϕ300～ϕ375 井管；4—潜水电泵；5—过滤段（内填碎石）；

6—滤网；7—导向段；8—开孔底板（下铺滤网）；9—ϕ50 出水管；10—电缆；11—小砾石或中粗砂；

12、15—中粗砂；13—ϕ50～ϕ75 出水总管；14—20mm 厚钢板井盖；16—沉砂管；17—滤水管

（c）深井施工。成孔方法可采用冲击钻孔、回转钻孔、潜水钻或水冲成孔。孔径应比井管直径大 300mm，成孔后立即安装井管。井管安放前应清孔，井管应垂直，过滤部分放在含水层范围内。井管与土壁间填充粒径大于滤网孔径的砂滤料。井口下 1m 左右用黏土封口。

小技巧

在深井内安放水泵前应清洗滤井，冲洗沉渣。安放潜水泵时，电缆等应绝缘可靠，并设保护开关控制。抽水系统安装后应进行试抽。

（d）真空深井井点布置。真空深井泵是近年来在上海等地区应用较多的一种深层降水设备（见图 4-16）。每一个深井泵由井管和滤管组成，单独配备一台电动机和一台真空泵，开动后达到一定的真空度，则可达到深层降水的目的，在渗透系数较小的淤泥质黏土中也能降水。

这种真空深井泵的吸水口真空度可达 0.05～0.095MPa；最大吸水作用半径在 15m 左右；降水深度可达-18～-8m（井管长度可变）；钻孔直径 ϕ850～ϕ1 000；电动机功率 7.5kW；

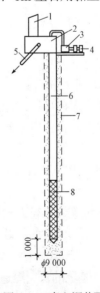

图 4-16 真空深井泵

1—电气控制箱；2—溢水箱；3—真空泵；

4—电动机；5—出水管；6—井管；7—砂；8—滤管

最大出水量 30L/min。

安装这种真空深井泵时，钻孔设备应用清水作水源冲钻孔，钻孔深度比埋管深度大 1m。成孔后应在 2h 内及时清孔和沉管，清孔的标准是使泥浆达到 1∶1.1～1∶1.15。

沉管时应使溢水箱的溢出口高于基坑排水沟系统入水口 200mm 以上，以便排水。滤水介质用中粗砂与 $\phi10\sim\phi15$ 的细石，先灌入 2m 高（一般孔深 1m 用量 1t）的细石，然后灌入粗砂。砂灌入后立即安装真空泵和电动机，随即通电预抽水，直至抽出清水为止。这种深井泵应由专用电箱供电。

> ─ 小 提 示 ─
>
> 深井泵由于井管较长，挖土至一定深度后，自由端较长，井管应用附近的支护结构支撑或立柱等连接，予以固定。在挖土过程中，要注意保护深井泵，避免挖土机撞击。

这种真空深井泵在软土中，每台泵的降水服务范围约 200m²。

三、基坑涌水量计算

根据水井理论，水井分为潜水（无压）完整井、潜水（无压）非完整井、承压水完整井、承压水非完整井和承压水—潜水非完整井。这几种井的涌水量计算公式不同。

1. 均质含水层潜水（无压）完整井基坑涌水量计算

根据基坑是否邻近水源，分别按如下方法计算。

（1）基坑远离地面水源图（见图 4-17（a））。计算公式为

$$Q=1.366K\frac{(2H-S)S}{\lg(1+\dfrac{R}{r_0})}\tag{4.10}$$

式中，Q——基坑涌水量；

K——土壤的渗透系数；

H——潜水含水层厚度；

S——基坑水位沉降；

R——降水影响半径，宜通过试验或根据当地经验确定，当基坑安全等级为二、三级时，对潜水含水层按下式计算：

$$R=2S\sqrt{KH}\tag{4.11}$$

对承压含水层按下式计算：

$$R=10S\sqrt{K}\tag{4.12}$$

r_0——基坑等效半径，当基坑为圆形时，基坑等效半径取圆半径，当基坑为非圆形时，对矩形基坑的等效半径按下式计算：

$$r_0=0.29\,(a+b)\tag{4.13}$$

式中，a、b——基坑的长、短边。

对不规则形状的基坑，其等效半径按下式计算：

$$r_0=\sqrt{\frac{A}{\pi}}\tag{4.14}$$

式中，A——基坑面积。

（2）基坑近河岸（见图4-17（b））。计算公式为

$$Q = 1.366K \frac{(2H-S)S}{\lg \frac{2b}{r_0}} \quad (b < 0.5R) \quad (4.15)$$

（3）基坑位于两地表水体之间（见图4-17（c））或位于补给区与排泄区之间。计算公式为

$$Q = 1.366K \frac{(2H-S)S}{\lg[\frac{2(b_1+b_2)}{\pi r_0} \cos \frac{\pi}{2} \frac{b_1-b_2}{(b_1+b_2)}]} \quad (4.16)$$

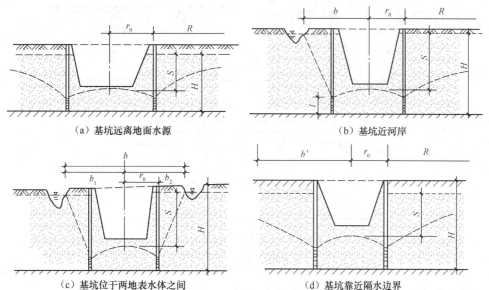

（a）基坑远离地面水源   （b）基坑近河岸

（c）基坑位于两地表水体之间   （d）基坑靠近隔水边界

图4-17　均质含水层潜水（无压）完整井基坑涌水量计算简图

（4）基坑靠近隔水边界。计算公式为

$$Q = 1.366K \frac{(2H-S)S}{2\lg(R+r_0) - \lg r_0(2b+r_0)} \quad (4.17)$$

2. 均质含水层潜水（无压）非完整井基坑涌水量计算

（1）基坑远离地面水源（见图4-18（a））计算公式为

$$Q = 1.366K \frac{H_2 - h_m^2}{\lg(1+\frac{R}{r_0}) + \frac{h_m - l}{l}\lg(1+0.2\frac{h_m}{r_0})} \quad (h_m = \frac{H+h}{2}) \quad (4.18)$$

（2）基坑近河岸，含水层厚度不大（见图4-18（b））。计算公式为

$$Q = 1.366KS \left[\frac{l+S}{\lg \frac{2b}{r_0}} + \frac{l}{\lg \frac{0.66l}{r_0} + 0.25\frac{l}{M}\lg \frac{b^2}{M^2 - 0.14l^2}} \right] \quad (b > \frac{M}{2}) \quad (4.19)$$

式中，M——由含水层底板到滤头有效工作部分中点的长度。

（3）基坑近河岸，含水层厚度很大（见图4-18（c））。计算公式为

$$Q=1.366KS\left[\frac{l+S}{\lg\dfrac{2b}{r_0}}+\frac{l}{\lg\dfrac{0.66l}{r_0}-0.22\text{arsh}\dfrac{0.44l}{b}}\right]\quad(b>1)\qquad(4.20)$$

$$Q=1.366KS\left[\frac{l+S}{\lg\dfrac{2b}{r_0}}+\frac{l}{\lg\dfrac{0.66l}{r_0}-0.11\dfrac{l}{b}}\right]\quad(b<1)\qquad(4.21)$$

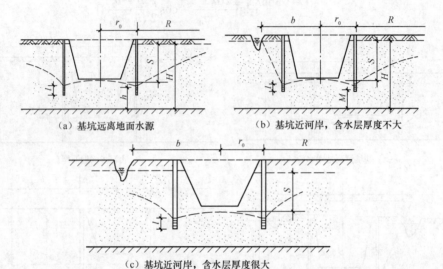

(a) 基坑远离地面水源   (b) 基坑近河岸，含水层厚度不大

(c) 基坑近河岸，含水层厚度很大

图 4-18 均质含水层潜水（无压）非完整井涌水量计算简图

3. 均质含水层承压水完整井基坑涌水量计算

（1）基坑远离地面水源（见图 4-19（a））。计算公式为

$$Q=2.73K\frac{MS}{\lg\left(1+\dfrac{R}{r_0}\right)}\qquad(4.22)$$

式中，M——承压含水厚度。

（2）基坑近河岸（见图 4-19（b））。计算公式为

$$Q=2.73K\frac{MS}{\lg\left(\dfrac{2b}{r_0}\right)}\quad(b<0.5r_0)\qquad(4.23)$$

（3）基坑位于两地表水体之间（见图 4-19（c））或位于补给区与排泄区之间。计算公式为

$$Q=2.73K\frac{(2H-S)S}{\lg\left[\dfrac{2(b_1+b_2)}{\pi r_0}\cos\dfrac{\pi(b_1+b_2)}{2(b_1+b_2)}\right]}\qquad(4.24)$$

4. 均质含水层承压水非完整井基坑涌水量计算（见图 4-20）
其计算公式为

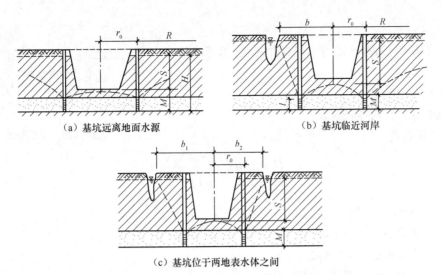

（a）基坑远离地面水源　　　　　（b）基坑临近河岸

（c）基坑位于两地表水体之间

图 4-19　均质含水层承压水完整井涌水量计算简图

$$Q=2.73K\frac{MS}{\lg(1+\frac{R}{r_0})+\frac{M-l}{l}\lg(1+0.2\frac{M}{r_0})} \qquad (4.25)$$

5. 均质含水层承压水—潜水非完整井基坑涌水量计算（见图 4-21）

其计算公式为

$$Q=1.366K\frac{(2H-M)M-h^2}{\lg(1+\frac{R}{r_0})} \qquad (4.26)$$

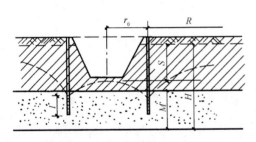

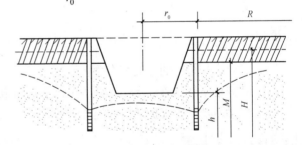

图 4-20　均质含水层承压水非完整
井涌水量计算简图

图 4-21　均质含水层承压水—潜水非完整
井基坑涌水量计算简图

📝 课堂案例

　　家园 A 组团工程；属于框架结构；地上 18 层；地下 1 层；建筑高度：53.88m；标准层层高：3.00m；总建筑面积：102 000.00m²；总工期：549d。

　　问题：

　　1. 该工程属于什么基坑类型？

　　2. 画出基坑简图。

　　3. 基坑涌水量计算公式是什么？计算结果是多少？

分析：

1. 基坑属于均质含水层潜水完整井基坑，且基坑远离边界。

2. 基坑简图如图 4-22 所示。

3. 该部分包含两部分内容：

（1）计算公式

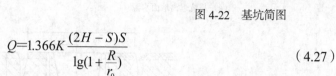

图 4-22　基坑简图

$$Q = 1.366K \frac{(2H-S)S}{\lg(1+\dfrac{R}{r_0})} \tag{4.27}$$

式中，Q——基坑涌水量；

　　　K——渗透系数，$K=5.00$；

　　　S——基坑水位降深，$S=2.30\text{m}$；

　　　H——潜水含水层厚度，$H=6.70\text{m}$；

　　　R——降水影响半径，$R=26.62\text{m}$；

　　　r_0——基坑等效半径，$r_0=4.00\text{m}$。

（2）计算结果

基坑涌水量 $Q=197.26\text{m}^3/\text{d}$

学习单元三　支护结构施工

 **知识目标**

1. 了解支护结构的分类和类型。
2. 掌握地下连续墙、土层锚杆、土钉支护的施工要点。
3. 熟悉基坑挡土支护结构的施工。

技能目标

1. 能够具备地下连续墙、土层锚杆、土钉支护施工的能力。
2. 能够熟练地进行基坑支护结构类型的分类与计算分析。

 基础知识

一、基坑支护结构的类型与计算分析

1. 支护结构的分类与类型

（1）支护结构的分类。支护结构的体系很多，工程上常用的典型的支护体系按其工作机理和围护墙的形式分为如图 4-23 所示几类。

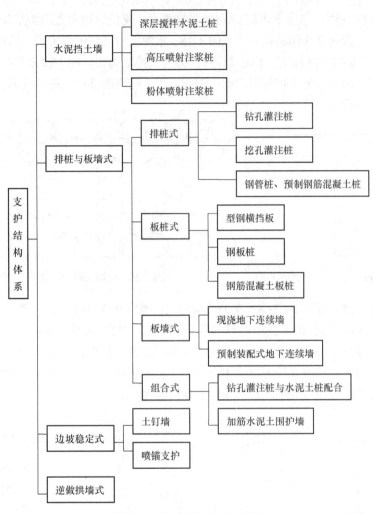

图 4-23　支护结构体系的分类

（2）支护结构的类型。

① 悬臂式支护结构。悬臂式支护结构示意图如图 4-24 所示，悬臂式支护结构常采用钢筋混凝土排桩墙、木板桩、钢板桩、钢筋混凝土板桩、地下连续墙等形式。此类支护结构应用广泛，适用性强，易于控制支护结构的变形，尤其适用于开挖深度较大的深基坑，并能适应各种复杂的地质条件，设计计算理论较为成熟，各地区的工程经验也较多，是基坑工程中经常采用的主要形式。

图 4-24　悬臂式支护结构示意图

> **小 提 示**
>
> 　　悬臂式支护结构依靠足够的入土深度和支护墙体的抗弯能力来维护整体稳定和结构的安全，它对开挖深度很敏感，容易产生较大的变形，而对周围环境产生不利影响，因而适用于土质较好、开挖深度较浅的基坑工程。

② 水泥搅拌桩重力式支护结构。水泥搅拌桩重力式支护结构示意图如图 4-25 所示水泥搅拌桩在进行平面布置时常采用格构式（见图 4-26）水泥土与其包围的天然土形成重力式挡墙支挡周围土体，保证基坑边坡稳定。水泥搅拌桩重力式支护结构常应用于软黏土地区开挖深度 6m 左右的基坑工程。由于水泥土抗拉强度低，因此适用于较浅的基坑工程其变形也较大。其优点是挖土方便、成本低。

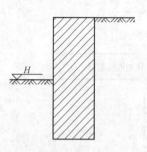 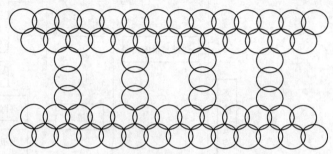

图 4-25　水泥搅拌桩重力式支护结构示意图　　　图 4-26　格构式重力式挡墙平面图

③ 内支撑式支护结构。内支撑式支护结构由支护墙体和内支撑体系两部分组成。支护墙体可采用钢筋混凝土排桩墙、地下连续墙或钢板桩等形式。内支撑体系可采用水平支撑和斜支撑。根据不同开挖深度可采用单层支撑、双层支撑和多层支撑，分别如图 4-27（a）、（b）、（d）所示。当基坑面积较大而基坑开挖深度又不太大时，可采用单层斜支撑形式，如图 4-27（c）所示。内支撑式支护结构适用范围广，可适用于各种基坑和基坑深度。

114

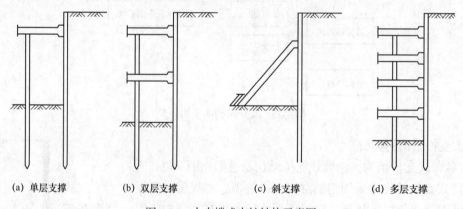

(a) 单层支撑　　　　(b) 双层支撑　　　　(c) 斜支撑　　　　(d) 多层支撑

图 4-27　内支撑式支护结构示意图

④ 拉锚式支护结构。拉锚式支护结构由支护墙体和锚固体系两部分组成。支护墙体同内支撑式支护结构。锚固体系可分为土层锚杆和拉锚式。两种土层锚杆式需要地基土能提供较大的锚固力，较适用于砂土地基或黏土地基。由于软黏土地基不能提供锚杆较大的锚固力，所以很少使用。

⑤ 土钉墙支护结构。土钉墙一般由土钉、面层、泄排水系统三部分组成。常用的土钉有钻孔注浆土钉、击入式土钉。前者先钻孔，然后置入变形钢筋，最后沿全长注浆；后者多用角钢、圆钢或钢管，击入方式一般有振动冲击、液压锤击、高压喷射和气动射击。面层由喷射混凝土、纵横主筋、网筋构成。喷射混凝土面层的厚度一般大于 80mm，网筋直径一般为 6～10mm，间

距多为 150~300mm，坡面上下的网筋搭接，纵横主筋一般采用 16mm 螺纹钢，间距与土钉间距相同。钢筋网可为单层或双层。土钉墙顶应作砂浆或混凝土抹面护顶。土钉通过与承压板或加强钢筋螺栓连接或焊接连接把压力传到面层。施工时边开挖基坑，边在土坡中设置土钉，在坡面上铺设钢筋网，并通过喷射混凝土形成混凝土面板，形成土钉墙支护结构，如图 4-28 所示。

> **小 提 示**
>
> 　　土钉墙支护适用于地下水位以上或人工降水后的黏性土、粉土、杂填土及非松散砂土、卵石土等，不适用于淤泥质土及未经降水处理地下水位以下的土层地基中基坑支护。

　　⑥ 门架式支护结构。门架式支护结构如图 4-29 所示。目前在工程中常用钢筋混凝土灌注桩、冠梁及连系梁形成门架式支护结构体系。其支护深度比悬臂式支护结构深，适用于基坑开挖深度已超过悬臂式支护结构的合理支护深度的基坑工程。其合理支护深度可通过计算确定。

图 4-28　土钉墙支护结构示意图

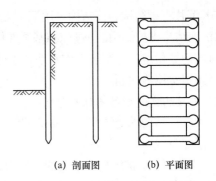

(a) 剖面图　　　　(b) 平面图

图 4-29　门架式支护结构示意图

　　⑦ 拱式组合型支护结构。图 4-30 所示为钢筋混凝土灌注桩与深层水泥搅拌桩拱组合形成的支护结构示意图。水泥土抗拉强度小，抗压强度大，形成的水泥土拱可有效利用材料性能。拱脚采用钢筋混凝土桩，承受水泥土传来的土压力，通过内支撑平衡土压力。合理采用拱式组合型支护结构可取得较好的经济效益。

　　⑧ 喷锚网支护结构。喷锚网支护结构是由锚杆（锚索），钢筋网喷射混凝土面层与边坡土体组成，如图 4-31 所示。其结构形式与土钉墙支护结构类似，受力机理类同土层锚杆常用于土坡稳定加固，也有人将它归属于放坡开挖。

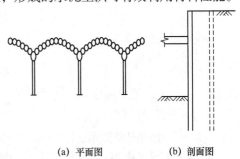

(a) 平面图　　　　(b) 剖面图

图 4-30　拱式组合型支护结构示意图

> **小 提 示**
>
> 　　喷锚网支护是靠锚杆、钢筋网和混凝土层共同工作来提高边坡土的结构强度和抗变形刚度，减小土体侧向变形，增强边坡的整体稳定性。
>
> 　　因此，其分析计算主要考虑土坡稳定，不适用于含淤泥土和流砂的土层。

⑨ 加筋水泥土挡墙支护结构。由于水泥土抗拉强度低，水泥土重力式挡墙支护深度小，为克服这一缺点，在水泥土中插入型钢，形成加筋水泥土挡墙支护结构，如图 4-32 所示。在重力式支护结构中，为了提高深层搅拌桩水泥土墙的抗拉强度，人们常在水泥土挡墙中插入毛竹或钢筋。

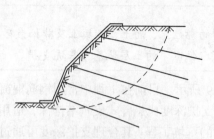

图 4-31　喷锚网支护结构示意图

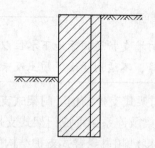

图 4-32　加筋水泥土挡墙支护结构示意图

⑩ 沉井支护结构。该结构采用沉井支护结构形成支护体系。

⑪ 冻结法支护结构。通过冻结基坑四周土体，利用冻结土抗剪强度高，挡水性能好的特性，保持基坑边坡稳定。冻结法支护对地基土适用范围广，但应考虑其冻融过程对周围的影响、电源以及工程费用等问题。

2. 非重力式支护结构计算分析

（1）支护结构承受的荷载。支护结构承受的荷载一般包括土压力、水压力和墙后地面荷载引起的附加荷载。

① 土压力。支护结构所承受的土压力，要精确地加以确定是有一定困难的。这是因为土的性质比较复杂，而且土压力的计算还与支护结构的刚度和施工方法等有关。目前对土压力的计算，仍然是简化后按库仑公式或朗肯公式进行，即假定土为砂砾，黏聚力 $c=0$ 此时：

主动土压力

$$p_a = \gamma H \tan^2 \left(45° - \frac{\varphi}{2} \right) \tag{4.28}$$

被动土压力

$$p_a = \gamma H \tan^2 \left(45° + \frac{\varphi}{2} \right) \tag{4.29}$$

式中，γ——土的重力密度，kN/m^3；

　　　H——基坑的深度，m；

　　　φ——土的内摩擦角，（°）。

如果土不是纯砂砾，黏聚力 $c \neq 0$，则此时的主动土压力和被动土压力为

$$p_a = \gamma H \tan^2 \left(45° - \frac{\varphi}{2} \right) - 2c \tan \left(45° - \frac{\varphi}{2} \right) \tag{4.30}$$

$$p_a = \gamma H \tan^2 \left(45° + \frac{\varphi}{2} \right) + 2c \tan \left(45° + \frac{\varphi}{2} \right) \tag{4.31}$$

式中，c——土的黏聚力，Pa；

　　　其余符号意义同前。

　　对于支点（或拉锚）为两个或多于两个的多支点（拉锚）挡土结构，由于其施工条件和引起的变形不完全符合库仑土压力产生的条件，所以其土压力不同于库仑理论的土压力。实际上，侧向土压力的分布是一个较复杂的问题，它与支护结构的刚度、变形、支撑的加设及顶紧力大小、土质、附近的环境条件等都有关系。

　　② 水压力。作用于支护结构上的水压力，一般按静水压力考虑，水的重力密度 $\gamma_w = 10 \text{kN/m}^3$，有稳态渗流时则按图 4-33（a）所示的三角形分布计算。在有残余水压力时，按图 4-33（b）所示的梯形分布计算。

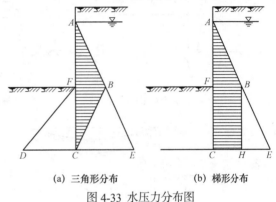

(a) 三角形分布　　　　(b) 梯形分布

图 4-33　水压力分布图

　　至于水压力与土压力是分算还是合算，目前两种情况均有采用。一般情况下，由于在黏性土中的水主要是结晶水和结合水，宜合算；在砂性土中，土颗粒之间的空隙中充满的是自由水，其运动受重力作用，能起静水压力作用，宜分算。合算时，地下水位以下土的重力密度采用饱和重力密度；分算时，地下水位以下土的重力密度采用浮重力密度，另外单独计算静水压力，按三角形分布考虑。

　　③ 墙后地面荷载引起的附加荷载。墙后地面荷载引起的附加荷载，有下述三种情况：

　　（a）墙后有均布荷载 q（如墙后堆有土方、材料等），如图 4-34（a）所示。地面均布荷载 q 对支护结构引起的附加荷载按下式计算。

$$e_2 = q \tan^2\left(45° - \frac{\varphi}{2}\right) \tag{4.32}$$

(a) 墙后有均布荷载 q　　　(b) 距离支护结构一定距离有均布荷载 q　　　(c) 距离支护结构一定距离有集中荷载 p

图 4-34　墙后地面荷载引起的附加荷载

　　（b）距离支护结构一定距离有均布荷载 q。如图 4-34（b）所示，距离支护结构 l_1 处有均布荷载 q，此时压应力传到支护结构上有一空白距离 h_1，在 h_1 之下产生了均布的附加应力。相关计算公式为

$$h_1 = l_1 \tan\left(45° + \frac{\varphi}{2}\right) \tag{4.33}$$

$$e_2 = q \tan(45° - \frac{\varphi}{2}) \tag{4.34}$$

（c）距离支护结构一定距离有集中荷载 p。如图4-34（c）所示，如布置有塔式起重机、混凝土泵车等。由 p 引起的附加荷载分布在支护结构的一定范围 h_2 上。计算比较烦琐，有时可近似地折成平面均布荷载。

（2）单锚（支撑）式板桩常见破坏方式。单锚（支撑）式板桩常见破坏方式如图4-35所示。

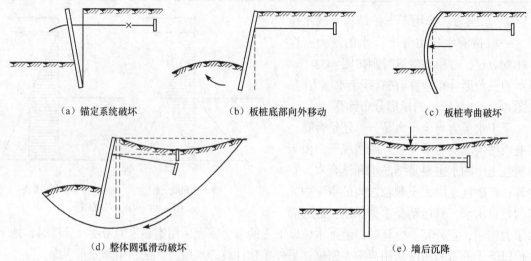

（a）锚定系统破坏　　　　　　（b）板桩底部向外移动　　　　　　（c）板桩弯曲破坏

（d）整体圆弧滑动破坏　　　　　　　　　　（e）墙后沉降

图4-35　单锚（支撑）式板桩常见破坏方式

① 锚定系统破坏。可能是拉杆断裂、锚碇失效、横梁破坏，也可能是拉杆端部配件和连接横梁与板桩的螺栓失效等。此外，无意地过多增加了附加荷载，锚下面存在水平的软黏土层亦有可能引起锚定系统破坏。

② 板桩底部向外移动。当板桩的入土深度不够，或由于挖土超深，水流的冲刷等原因都可能发生这种破坏。

③ 板桩弯曲破坏。对土压力的估算不准确，所用的填土材料不适当，墙后无意地增加了大量附加荷载，挖土超深和水流冲刷而降低了挖土线等都可能产生这种破坏。

④ 整体圆弧滑动破坏。可能因为软黏土发生圆弧滑动而引起整个板桩墙的破坏。

⑤ 墙后沉降。由于桩后填土本身发生固结，或原有的软黏土层在新加的填土质量作用下产生沉降，都会引起桩后填土产生过多沉降。这种沉降可能会把拉杆往下拉，从而在拉杆内产生过大的应力而使拉杆断裂或失效，从而引起板桩墙发生破坏。

（3）验算的相关内容。

① 支护结构的强度计算。计算的方法有很多，如等值梁法、弹性曲线法、竖向弹性地基梁法、有限元法等。对刚度较小的钢板桩、钢筋混凝土板桩常用弹性曲线法或竖向弹性地基梁法；对刚度较大的灌注桩、地下连续墙，常用竖向弹性地基梁法等。

② 支护结构的稳定验算。

（a）整体滑动失稳验算。单锚式支护结构，如有足够强度的拉锚，且锚碇在滑动土体以外，可以认为不会发生整体滑动失稳。多层支撑（拉锚）式支护结构，如果支撑不发生压曲，或拉锚长度在滑动面之外，一般亦不会产生整体滑动失稳，为慎重起见，仍需采用通过墙底下土层的圆弧滑动后进行验算。对于悬臂式支护结构，按边坡稳定进行整体滑动失稳验算。

（b）坑底隆起验算。开挖较深的软黏土基坑时，如果桩背后的土层质量超过基坑底面以下地基的承载力，地基中的平衡状态受到破坏，就会出现坑底隆起现象。坑底隆起程度与支护结构挡墙的入土深度有关。

> **小提示**
>
> 入土深度减小虽可降低造价，但过小的入土深度会造成基底土体不稳定，存在产生坑底隆起的危险。为此，对于较深的基坑，须验算坑底抗隆起的能力。

（c）管涌验算。基坑开挖后，地下水形成水头差 h'，使地下水由高处向低处渗流。因此，坑底下的土浸在水中时，其有效质量为浮重力密度 γ'。

基坑管涌的计算简图如图 4-36 所示。当地下水的向上渗流力（动水压力）$j \geq \gamma'$ 时，土粒则处于浮动状态，于坑底产生管涌现象。要避免管涌现象的产生，则要求：

$$\gamma' \geq Kj \qquad (4.35)$$

式中，K——抗管涌安全系数，在 $1.5 \sim 2.0$ 之间取值。

试验证明，管涌首先发生在离坑壁大约等于挡墙入土深度一半的范围内。为简化计算，近似地按紧贴挡墙的最短路线来计算最大渗流力。

$$j = i\gamma_{\mathrm{w}} = \frac{h'}{h' + 2t}\gamma_{\mathrm{w}} \qquad (4.36)$$

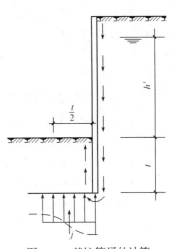

图 4-36 基坑管涌的计算

式中，i——水头梯度；

t——挡墙的入土深度；

h'——地下水位至坑底的距离；

γ_{w}——地下水的重力密度。

不发生管涌的条件应为

$$\gamma' \geq K\frac{h'}{h' + 2t}\gamma_{\mathrm{w}} \qquad (4.37)$$

或

$$t \geq \frac{Kh'\gamma_{\mathrm{w}} - \gamma'h'}{2\gamma'} \qquad (4.38)$$

即挡墙入土深度如满足上述条件，则不会发生管涌。

> **小提示**
>
> 如坑底以上的土层为松散填土层、多裂隙土层等透水性好的土层，则地下水流经此层的水头损失很小，可略去不计，此时不发生管涌的条件为
>
> $$t \geq \frac{Kh'\gamma_{\mathrm{w}}}{2\gamma'} \qquad (4.39)$$

$$\frac{2\gamma' t}{h\gamma_w} \leq K \tag{4.40}$$

在确定挡墙入土深度时，也应符合上述条件。

③ 基坑周围土体变形的计算。在大、中城市内建筑物密集地区开挖深基坑，周围土体变形是不容忽视的问题。如周围土体变形（沉降）过大，必然引起附近的地下管线、道路和建筑物产生过大的或不均匀的沉降，从而带来危害，这在我国及其他国家已屡有发生。

基坑周围土体变形与支护结构横向变形、施工降低水位都有关。

3. 重力式支护结构计算分析

重力式支护结构主要是深层搅拌水泥土桩挡墙和旋喷桩帷幕墙，可按重力式挡土墙的设计方法进行计算（见图4-37）。

（1）滑动稳定性验算。

$$K_h = \frac{W\mu + E_p}{E_A} \tag{4.41}$$

式中，K_h——抗滑动稳定安全系数，$K_h \geq 1.2$，当基坑边长小于20m时，可取 $K_h \geq 1.0$；

W——墙体自重，kN/m；

μ——基底墙体与土的摩擦系数；

E_p——被动土压力合力，kN/m；

E_A——主动土压力合力，kN/m。

（2）倾覆稳定性验算。

$$K_q = \frac{Wb + E_p h_p}{E_A h_A} \tag{4.42}$$

式中，K_q——抗倾覆稳定安全系数，$K_q \geq 1.3$，当基坑边长小于20m时，可取 $K_q \geq 1.0$；

b、h_p、h_A——W、E_p、E_A 对墙址点 A 的力臂，m；

其他符号意义同前。

（3）墙身应力验算。

$$\sigma = \frac{W}{2b} < \frac{q_u}{2k} \tag{4.43}$$

$$\tau = \frac{E_A - W_1\mu}{2b} < \frac{\sigma\tan\varphi + c}{k} \tag{4.44}$$

式中，σ、τ——所验算截面处的法向应力、剪应力，N/mm²；

W_1——验算截面以上部分的墙重，N；

q_u、φ、c——水泥土的抗压强度，N/mm²、内摩擦角，（°）、黏聚力，N/mm²。

（4）土体整体滑动验算。水泥土桩挡墙由于水泥掺入量较少（通常为土重的12%～14%），因此，需把它看作是提高了强度的一部分土体，进行土体整体滑动验算，如图4-38所示。

二、地下连续墙施工

地下连续墙施工工艺，即在工程开挖土方之前，用特制的挖槽机械在泥浆（又称触变泥浆、安定液、稳定液等）护壁的情况下每次开挖一定长度（一个单元槽段）的沟槽，待开挖至设计

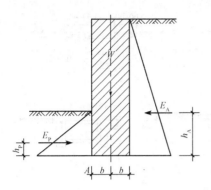

图 4-37　重力式支护结构计算简图

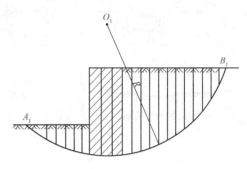

图 4-38　土体整体滑动验算

深度并清除沉淀下来的泥渣后，将在地面上加工好的钢筋骨架（一般称为钢筋笼）用起重机械吊放入充满泥浆的沟槽内，用导管向沟槽内浇筑混凝土，待混凝土浇至设计标高后，一个单元槽段即施工完毕。各个单元槽段之间由特制的接头连接，形成连续的地下钢筋混凝土墙。地下连续墙施工在我国各地高层建筑基础施工中得到了广泛应用，主要适用于地下水位高的软土地区，当基坑深度大且与邻近的建（构）筑物、道路和地下管线相距很近时也适用。

1. 修筑导墙

导墙一般为现浇的钢筋混凝土结构，但亦有钢制的或预制钢筋混凝土的装配式结构，可多次重复使用。不论采用哪种结构，都应具有必要的强度、刚度和精度，且一定要满足挖槽机械的施工要求。图 4-39（a）所示为最简单的导墙断面形状，适用于地表层土较好、具有足够地基强度、作用在导墙上的荷载较小的情况；图 4-39（b）适用于表层地基土差，特别是坍塌性大的砂土或回填杂土，需将导墙筑成 L 形或上下两端都向外伸的匚形；图 4-39（c）适用于导墙上荷载大的情况；图 4-39（f）适用于有相邻建筑物的情况。

> ┤小提示├
>
> 　　导墙是地下连续墙挖槽之前修筑的临时结构，起挡土墙作用，防止地表土体不稳定而坍塌；起基准作用，明确挖槽位置与单元槽段的划分；对重物起支撑作用，用于支撑挖槽机、混凝土导管、钢筋笼等施工设备所产生的荷载；防止泥浆漏失；保持泥浆稳定；防止雨水等地面水流入槽内；对相邻结构物起补强作用。因此，修筑导墙对挖槽起重要作用。

　　（1）确定导墙形式。导墙的形式可参照图 4-39 所示确定。在确定导墙形式时，应考虑下列因素。

　　① 表层土的特性。表层土体是否密实和松散，是否回填土，土体的物理力学性能如何，有无地下埋设物等。

　　② 荷载情况。钢筋的质量，挖槽机的质量与组装方法，挖槽与浇筑混凝土时附近存在的静载与动载情况。

　　③ 地下水的状况。地下水位的高低及其水位变化情况。

　　④ 地下连续墙施工时对邻近建（构）筑物可能产生的影响。

　　⑤ 当施工作业面在地面以下时（如在路面以下施工），对先施工的临时支护结构的影响。

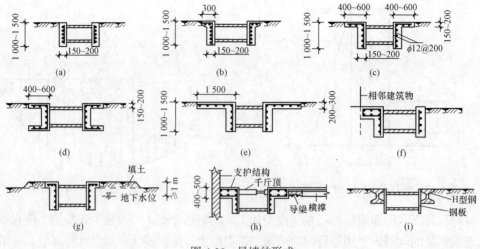

图 4-39 导墙的形式

（2）确定导墙施工程序。导墙的施工程序为：平整场地→测量定位→挖槽→绑钢筋→支模板（按设计图，外侧可利用土模，内侧用模板）→浇混凝土→拆模并设置横撑→回填外侧空隙并碾压。

导墙施工时应注意以下事项。

① 导墙施工精度直接关系到地下连续墙的精度，要特别注意导墙内侧净空尺寸、垂直精度、水平精度和平面位置等。导墙水平钢筋须连接起来，使导墙成为一个整体，要防止因强度不足或施工不良而发生事故。

② 导墙的厚度宜为 150～200mm，墙趾不宜小于 0.20m，深度多为 1.0～2.0m。导墙的配筋多为 $\phi12@200$。导墙施工接头位置应与地下连续施工接头位置错开。

③ 导墙面应高出地面约 200mm，防止地面水流入槽内污染泥浆，如图 4-40 所示。导墙的内墙面应平行于地下连续墙轴线，对轴线距离的最大允许偏差为 ±10mm；内外导墙面的净距应为地下连续墙名义厚度加 40mm，允许误差为 ±5mm，墙面应垂直；导墙顶面应水平，全长范围内的高差应小于 ±10mm，局部高差应小于 5mm。导墙的基底应和土面密贴，以防泥浆渗入导墙后面。

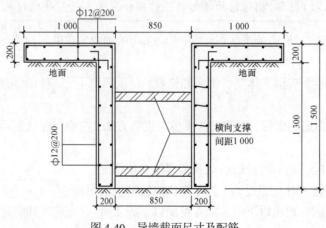

图 4-40 导墙截面尺寸及配筋

④ 现浇钢筋混凝土导墙拆模后，应沿纵向每隔 1m 左右加设上下两道木支撑，将两片导墙支撑起来，在导墙的混凝土达到设计强度之前，禁止任何重型机械和运输设备在旁边行驶，以防导墙受压变形。

2. 做泥浆护壁

地下连续墙的深槽是在泥浆护壁下进行挖掘的。泥浆具有一定的相对密度，可以防止槽壁倒坍和剥落，并防止地下水渗入；泥浆还具有一定的黏度，它能将钻头式挖槽机挖下来的土渣悬浮起来，既便于土渣随同泥浆一同排出槽外，又可避免土渣沉积在工作面上影响挖槽机的挖槽效率；挖槽过程中，泥浆既可降低钻具的温度，又可起润滑作用而减轻钻具的磨损，有利于延长钻具的使用寿命和提高深槽挖掘的效率。所以，泥浆的费用占工程费用的一定比例，泥浆材料的选用既要考虑护壁效果，又要考虑其经济性，应尽可能地利用当地材料。

泥浆通常使用膨润土，还添加掺和物和水，其控制指标应符合下列要求。

（1）泥浆相对密度。新制备的泥浆相对密度应小于 1.05，成槽后相对密度上升，但此时槽内泥浆相对密度不大于 1.15，槽底泥浆相对密度不大于 1.20。

（2）泥浆黏度。黏度是液体内部阻止相对流动的一种特性，一般用漏斗法测量，其方法是将泥浆经过过滤网注入容积为 700mL 漏斗内，然后使其从漏斗口流出，泥浆漏满 500mL 量杯所需的时间（s）即为泥浆黏度指标。

（3）泥浆失水量和泥皮厚度。泥浆在槽壁受压力差作用，部分水会渗入土层，其水量称失水量。可用失水量仪测定，其单位为 mL/30min。在泥浆失水时，于槽壁上形成一层固体颗粒的胶结物（称泥皮）。泥浆失水量为 20～30mL/30min，泥皮薄（1～3mm）而致密，有利于槽壁稳定，泥皮亦可利用失水量仪进行测定。

（4）泥浆 pH 值。泥浆宜呈弱碱性，pH 值为 7 时，泥浆为中性，小于 7 时为酸性，大于 7时为碱性。pH 值大于 11 时，泥浆会产生分层现象，失去护壁作用。

（5）泥浆的稳定性和胶体率。泥浆的稳定性用稳定计测定，即将泥浆注满量筒，静置 24h，分别量测上下部泥浆相对密度，以其相对密度差值来衡量稳定性。

学习情境四

123

小 提 示

胶体率测定：将 100mL 泥浆注入 100mL 量筒中，用玻璃片盖上，静置 24h，然后观察上部澄清液的体积，如澄清液为 5mL，则该泥浆的胶体率为 95%。

归纳上述情况，泥浆的控制指标见表 4-6。

表4-6　　　　　　　　　　　　　不同土层护壁泥浆性质的控制指标

性质 土层	黏度/s	相对密度	含砂率/%	失水率/%	胶体率/%	稳定性	泥皮厚度/mm	静切力/kPa	pH 值
黏土层	18～20	1.15～1.25	<4	<30	>96	<0.003	<4	3～10	>7
砂砾石层	20～25	1.20～1.25	<4	<30	>96	<0.003	<3	4～12	7～9
漂卵石层	25～30	1.10～1.20	<4	<30	>96	<0.004	<4	6～12	7～9
碾压土层	20～22	1.15～1.20	<6	<30	>96	<0.003	<4	—	7～8
漏失土层	25～40	1.10～1.25	<15	<30	>97	—	—	—	—

3. 挖槽

挖槽是地下连续墙施工中的关键工序。挖槽所用时间占地下连续墙工期的 1/2，故提高挖槽的效率是缩短工期的关键。同时槽壁形状基本上决定了墙体外形，所以挖槽的精度又是保证地下连续墙质量的关键之一。

地下连续墙挖槽的主要工作为：单元槽段划分；挖槽机械的选择与正确使用；制订防止槽壁坍塌的措施和特殊情况的处理措施等。

（1）单元槽段划分。地下连续墙施工时，预先沿墙体长度方向把地下墙划分为许多某种长度的施工单元，这种施工单元称"单元槽段"。划分单元槽段就是将各种单元槽段的形状和长度注明在墙体平面图上，它是地下连续墙施工组织设计中的一个重要内容。

小 提 示

单元槽段的长度不得小于一个挖槽段（挖土机械的挖土工作装置的一次挖土长度）。从理论上讲，单元槽段愈长愈好，这样可以减少槽段的接头数量，增加地下连续墙的整体性和提高防水性能及施工效率。但是单元槽段长度受许多因素限制，在确定其长度时除考虑设计要求和结构特点外，还应考虑下述各因素：地质条件；地面荷载；起重机的起重能力；单位时间内混凝土的供应能力；工地上具备的泥浆池的容积。

此外，划分单元槽段时尚应考虑单元槽段之间的接头位置，一般情况下接头避免设在转角及地下连续墙与内部结构的连接处，以保证地下连续墙有较好的整体性。单元槽段划分与接头形式有关。单元槽段的长度多取 5~8m，但也可取 10m 甚至更长。

（2）挖槽机械的选择与正确使用。地下连续墙施工用的挖槽机械，是在地面上操作，穿过水泥浆向地下深处开挖一条预定断面深槽（孔）的工程施工机械。

由于地质条件十分复杂，地下连续墙的深度、宽度和技术要求也不同，需根据不同的地质条件和工程要求，选用合适的挖槽机械。目前，国内外在地下连续墙施工中常用的挖槽机械，按其工作机理分为挖斗式、冲击式和回转钻头式三大类，每一类中又可划分为多种，如图 4-41 所示。

我国在地下连续墙施工中，目前应用最多的是吊索式蛙式抓斗、导杆式蛙式抓斗、多头钻和冲击式挖槽机，尤其以前三种最多。

吊索式蛙式抓斗的施工过程如图 4-42（a）所示。施工时以导墙为基准。挖地下墙的第一单元槽段，首先挖掉Ⓐ和Ⓑ两个部分，然后挖去中间Ⓒ部分，于是一个单元槽段的挖掘完成。以后的挖槽段工作如图 4-42（b）所示，先挖掉Ⓓ部

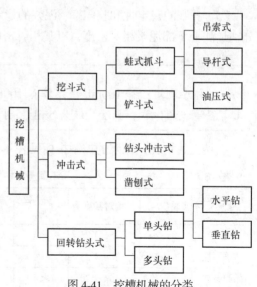

图 4-41 挖槽机械的分类

分，再挖Ⓔ部分，从而完成又一个单元槽段的挖掘。这种挖槽法适合于单元槽段长度为 2~7m 的基槽。

　　槽段挖至设计标高后，用钻机的钻头或超声波方法测量槽段断面，如误差超过规定的精度，则需修槽，修槽可用冲击钻或锁口管并联冲击。对于槽段接头处亦需清理，可用刷子清刷或用压缩空气压吹，然后进行清底（有的在吊放钢筋笼后，浇混凝土前再进行一次清底）。

4. 清底

　　沉渣在槽底很难被浇灌的混凝土置换出地面，沉渣留在槽底使地下墙承受力降低，将造成墙体沉降；沉渣多会影响钢筋笼插入位置；沉渣混入混凝土后，降低混凝土强度，严重影响质量；沉渣集中到单元槽的接头处会严重影响防渗性能；沉渣会降低混凝土流动性、降低混凝土浇筑速度，有时还会造成钢筋笼上浮。因此，在挖槽结束后，应将沉淀在槽底的颗粒、在挖槽过程中被排出而残留在槽内的土渣，以及吊放钢筋笼时从槽壁上刮落的泥皮清除干净。

　　清底方法一般有沉淀法和置换法两种。目前我国多用后者，但是不论哪种方法，都有从槽底清除沉淀土渣的工作。

　　沉淀法是在土渣基本都沉到槽底之后再进行清底；置换法是在挖槽结束之后，对槽底进行认真清理，然后在土渣还没沉淀之前就用新泥浆把槽内的泥浆置换出来，使槽内泥浆的相对密度在 1.15 以下。

　　清除槽底沉渣的方法有：砂石吸力泵排泥法；压缩空气升液排泥法；潜水泥浆泵排泥法；水枪冲射排泥法；抓斗直接排泥法。常用的是前三种清渣方法（见图 4-43）。

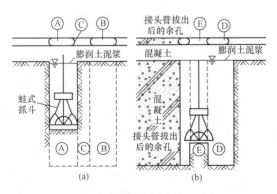

图 4-42　吊索式蛙式抓斗施工过程

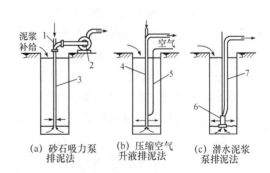

图 4-43　清渣方法

1—接合器；2—砂石吸力泵；3—导管；4—导管或排泥管；5—压缩空气管；6—潜水泥浆泵；7—软管

　　需要说明的是，运用不同的方法清底的时间亦不同。置换法应在挖槽之后立即进行；对于以泥浆反循环进行挖槽的施工，可在挖槽后紧接着进行清底工作。沉淀法一般在插入钢筋笼之前进行清底，如插入钢筋笼的时间较长，亦可在浇筑混凝土之前进行清底。

5. 做接头

地下连续墙是由许多单元槽段连接而成的，因此槽段间的接头必须满足受力和防渗要求，并使施工简便。下面介绍常用的施工接头方法。

（1）接头管接头。接头管接头是当前地下连续墙施工应用最多的一种施工接头方法，其优点是用钢量少、造价低，能满足一般抗渗要求。接头管多用钢管，每节长度为 15m 左右，采用内钢水连接，既便于运输，又可使外壁平整光滑，易于拔管，如图 4-44 所示。

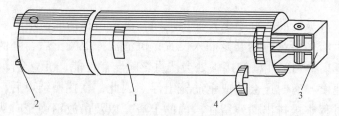

图 4-44 钢管式接头管

1—管体；2—下内销；3—上外销；4—月牙垫块

施工时，待一个单元槽段土方挖好后，将槽段端部用吊车放入接头管，然后吊放钢筋笼并浇筑混凝土，浇筑的混凝土强度达到 0.05~0.20MPa 时（混凝土浇筑后 3~5h，视气温而定），先将接头管旋转，然后拔出，拔速应与混凝土浇筑速度、混凝土强度增长速度相适应，一般为 2~4m/h，应在混凝土浇筑结束后 8h 内将接头管全部拔出，具体施工过程如图 4-45 所示。

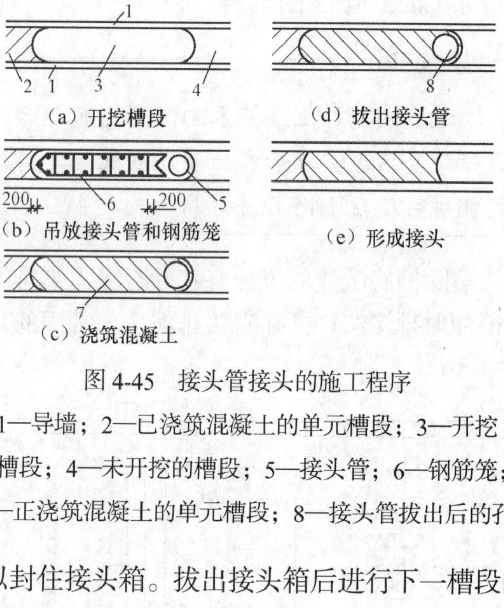

（a）开挖槽段 （d）拔出接头管

（b）吊放接头管和钢筋笼 （e）形成接头

（c）浇筑混凝土

图 4-45 接头管接头的施工程序

1—导墙；2—已浇筑混凝土的单元槽段；3—开挖的槽段；4—未开挖的槽段；5—接头管；6—钢筋笼；7—正浇筑混凝土的单元槽段；8—接头管拔出后的孔

（2）接头箱接头。接头箱接头能够加强接头处的抗剪能力，并提高抗渗性能，该法也称为刚性接头。接头箱一端是敞口的，以便放置钢筋笼时水平钢筋可插入接头箱内，而钢筋笼端部焊有一块竖向放置的封口钢板，用以封住接头箱。拔出接头箱后进行下一槽段的施工，此时，两相邻槽段水平钢筋交错搭接，形成刚性接头，如图 4-46 所示。

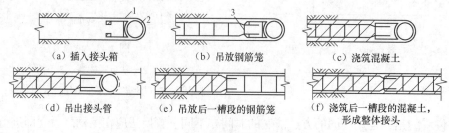

（a）插入接头箱 （b）吊放钢筋笼 （c）浇筑混凝土

（d）吊出接头管 （e）吊放后一槽段的钢筋笼 （f）浇筑后一槽段的混凝土，形成整体接头

图 4-46 接头箱接头的施工过程

1—接头箱；2—接头管；3—焊在钢筋笼上的钢板

另一种接头箱是采用滑板式，其为 U 形接头管。在相邻槽段间插入接头钢板，并与其垂直焊一封口钢板，用以封密滑板式接头箱的敞口。接头钢板上开有大量方孔，以增加钢板与混凝土之间的黏结力（见图4-47）。这种接头箱与 U 形接头管的长度均为定值，不能任意对接，故挖槽时应严格控制槽底标高。当槽段浇筑混凝土后，先拔出滑板式接头箱，再拔出 U 形接头管，完成一槽段施工后，便形成钢板接头。

（3）结构接头。地下连续墙与内部结构的楼板、柱、梁、底板等连接的结构接头方法，常用的有以下几种。

① 预埋连接钢筋法。预埋连接钢筋法是应用最多的一种方法，它是在浇筑墙体混凝土之前，将设计连接钢筋加热后弯折，预埋在地下连续墙内，待土体开挖后，凿开预埋连接筋处的墙面，将露出的预埋连接钢筋弯成设计形状，与后浇结构的受力钢筋连接。

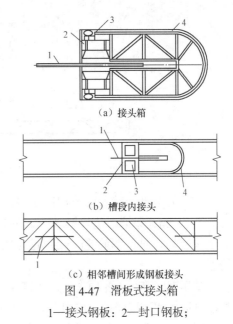

（a）接头箱

（b）槽段内接头

（c）相邻槽间形成钢板接头

图 4-47　滑板式接头箱

1—接头钢板；2—封口钢板；
3—滑板式接头箱；4—U 形接头管

> **小 提 示**
>
> 为便于施工，预埋的连接钢筋的直径不宜大于 22mm，且弯折时加热宜缓慢进行，以免连接钢筋的强度降低过多。考虑到连接处往往是结构的薄弱处，设计时一般使连接筋有20%的余地。

② 预埋连接钢板法。这种接头方法是在浇筑地下连续墙的混凝土之前，将预埋连接钢板放入并与钢筋笼固定。结构中的受力钢筋与预埋连接钢板焊接。施工时要注意保证预埋连接钢板后面的混凝土饱满。

③ 预埋剪力连接件法。剪力连接件的形式有多种，但以不妨碍浇筑混凝土，承压面大且形状简单的为好。剪力连接件先预埋在地下连续墙内，然后弯折出来与后浇结构连接。

> **小 提 示**
>
> 地下连续墙内有时还有其他的预埋件或预留孔洞等，可利用泡沫苯乙烯塑料、木箱等覆盖，但要注意不要因泥浆浮力而产生位移或损坏，而且在基坑开挖时要易于从混凝土面上取下。

6. 加工和吊放钢筋笼

（1）加工钢筋笼。钢筋笼根据地下连续墙墙体配筋图和单元槽段的划分来制作。钢筋笼最好按单元槽段做成一个整体，如图4-48所示。如果地下连续墙很深或受起重设备能力的限制，需要分段制作，吊放时再连接，接头宜用绑条焊接，纵向受力钢筋的搭接长度，如果无明确规定时可采用 60 倍的钢筋直径。

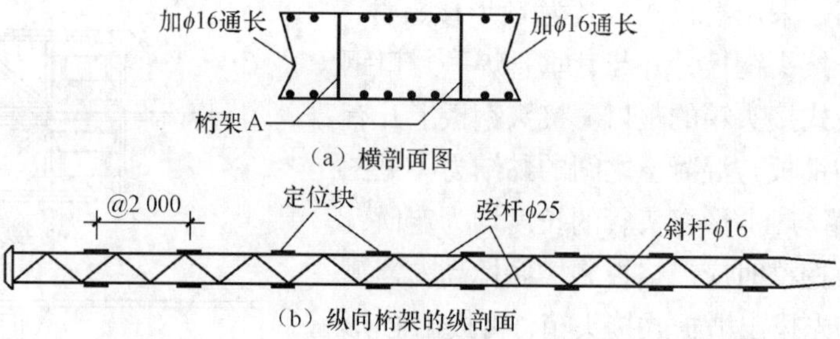

（a）横剖面图

（b）纵向桁架的纵剖面

图 4-48　钢筋笼构造示意图

　　钢筋笼端部与接头管或混凝土接头面间应留有 15～20cm 的空隙。主筋净保护层厚度通常为 7～8cm，保护层垫块厚 5cm，在垫块和墙面之间留有 2～3cm 的间隙。由于用砂浆制作的垫块容易在吊放钢筋笼时破碎且易擦伤槽壁面，近年多用塑料块或用薄钢板制作并焊于钢筋上。

　　制作钢筋笼时，要预先确定浇筑混凝土用导管的位置，由于这部分要上下贯通，因而周围需增设箍筋和连接筋进行加固。尤其在单元槽段接头附近插入导管，由于此处钢筋较密集，更需特别加以处理。横向钢筋有时会阻碍插入，所以纵向主筋应放在内侧，横向钢筋放在外侧。纵向钢筋的底端应距离槽底面 10～20mm，底端应稍向内弯折，以防止吊放钢筋时擦伤槽壁，但向内弯折的程度亦不应影响插入混凝土导管。纵向钢筋的净距不得小于 10cm。

> **小提示**
>
> 　　制作钢筋笼时，要根据配筋图确保钢筋的正确位置、间距及根数。纵向钢筋接长宜用气压焊接、搭接焊等。钢筋连接除四周两道钢筋的交点需全部点焊外，其余的可采用 50% 交错点焊。成型用的临时扎结钢丝焊后应全部拆除。

　　地下连续墙与基础底板以及内部结构的梁、柱、墙的连接如采用预留锚固钢筋的方式，锚固筋一般用光圆钢筋，直径不超过 20mm。锚固筋的布置还要确保混凝土自由流动以充满锚固筋周围的空间。

　　（2）吊放钢筋笼。钢筋笼的起吊、运输和下放过程中不允许产生不能恢复的变形。

　　钢筋笼起吊应用横吊梁或吊架，吊点布置和起吊方式要防止起吊时引起钢筋笼变形。起吊时不能使钢筋笼下端在地面上拖引，以防导致下端钢筋弯曲变形。

　　插入钢筋笼时，最重要的是使钢筋笼对准单元槽段的中心，垂直而又准确地插入槽内。

　　钢筋笼进入槽内时，吊点中心必须对准槽段中心，然后徐徐下降，此时必须注意不要因起重臂摆动而使钢筋笼产生横向摆动，造成槽壁坍塌。

　　钢筋笼插入槽内后，检查其顶端高度是否符合设计要求，然后将其搁置在导墙上。

　　如果钢筋笼是分段制作，吊放时需接长，下段钢筋笼要垂直悬挂在导墙上，然后将上段钢筋笼垂直吊起，上下两段钢筋笼呈直线连接。

　　如果钢筋笼不能顺利插入槽内，应该重新吊出，查明原因后加以解决。如果需要修槽则在修槽之后再吊放。不能强行插放，否则会引起钢筋笼变形或使槽壁坍塌，产生大量沉渣。

　　至于钢筋和混凝土间的握裹力，试验证明泥浆对握裹力的影响取决于泥浆质量、钢筋在泥浆中浸泡的时间以及钢筋接头的形式（焊接、退火铁丝绑扎或镀锌铁丝绑扎）。在一般情况下，泥浆中的钢筋与混凝土间的握裹力比正常状态下降15%左右。

　　7. 浇筑混凝土

　　（1）混凝土浇筑前的准备工作。接头管（箱）和钢筋笼就位后，应检查沉渣厚度，并在4h内浇筑混凝土，如超过时间，应重新清底。混凝土浇筑之前，有关槽段的准备工作如图4-49所示。

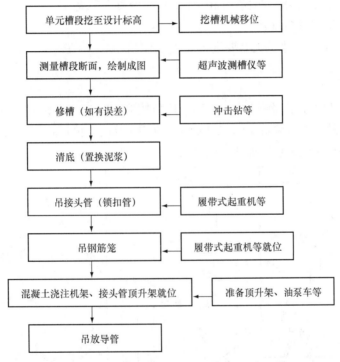

图4-49　地下连续墙混凝土浇筑前的准备工作

　　（2）混凝土配合比的确定。在确定地下连续墙工程中所用混凝土的配合比时，应考虑到混凝土采用导管法在泥浆中浇筑的特点。地下连续墙施工所用的混凝土，除满足一般水工混凝土的要求外，尚应考虑泥浆中浇筑的混凝土的强度随施工条件变化较大，同时在整个墙面上的强度分散性也大，因此混凝土应按照比结构设计规定的强度等级提高 5MPa 来进行配合比设计。

　　混凝土的原材料，为避免分层离析，要求采用粒度良好的河砂，粗集料宜用粒径5～25mm的河卵石。水泥应采用强度等级为42.5～52.5级的普通硅酸盐水泥和矿渣硅酸盐水泥，单位水泥用量，粗集料如为卵石，应在370kg/m³以上，如采用碎石并掺加优良的减水剂，应在400kg/m³以上，如采用碎石而未掺加减水剂，应在420kg/m³以上。水灰比不大于0.60。混凝土坍落度宜为18～20cm。

（3）混凝土浇筑注意事项。

① 地下连续墙混凝土用导管法进行浇筑。由于导管内混凝土和槽内泥浆的压力不同，在导管下口处存在压力差，因而混凝土可以从导管内流出。

② 为便于混凝土向料斗供料和装卸导管，可用混凝土浇筑机架进行地下连续墙的混凝土浇筑。机架跨在导墙上沿轨道行驶。

③ 在混凝土浇筑过程中，导管下口总是埋在混凝土内 1.5m 以上，使从导管下口流出的混凝土将表层混凝土向上推动而避免与泥浆直接接触。但导管插入太深会使混凝土在导管内流动不畅，有时还可能产生钢筋笼上浮，因此无论何种情况下，导管最大插入深度亦不宜超过 9m。当混凝土浇筑到地下连续墙顶附近时，导管内混凝土不易流出，一方面要降低浇筑速度，另一方面可将导管的最小埋入深度减小为 1m 左右，如果混凝土还浇筑不下去，可将导管上下抽动，但上下抽动范围不得超过 30cm。

④ 浇筑混凝土置换出来的泥浆要进行处理，勿使泥浆溢出在地面上。

三、土层锚杆施工

土层锚杆是土木建筑工程施工中的一项实用新技术，近年来国外已大量用于地下结构施工时护墙（钢板桩、地下连续墙等）的支撑，它不仅用于临时支护，而且在永久性建筑工程中亦得到广泛应用。锚杆应用示意图如图 4-50 所示。

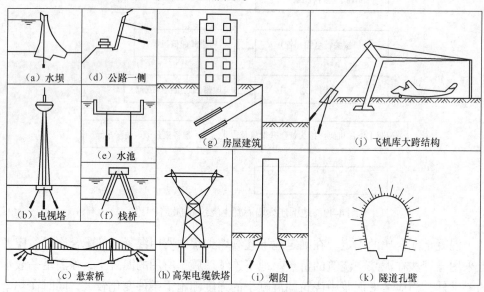

图 4-50 锚杆应用示意图

1. 土层锚杆的构造

锚固支护结构的土层锚杆，通常由锚头、锚头垫座、支护结构、钻孔、防护套管、拉杆（拉索）、锚固体、锚底板（有时无）等组成（见图 4-51）。

土层锚杆根据主动滑动面，分为自由段 l_f（非锚固段）和锚固段 l_a。土层锚杆的自由段处于不稳定土层中，要使它与土层尽量脱离，一旦土层有滑动时，它可以伸缩，其作用是将锚头所承受的荷载传递到锚固段去。

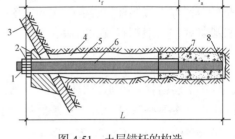

图 4-51　土层锚杆的构造
1—锚头；2—锚头垫座；3—支护结构；
4—钻孔；5—防护套管；6—拉杆（拉索）；
7—锚固体；8—锚底板

　　锚固段处于稳定土层中，要使它与周围土层结合牢固，通过与土层的紧密接触将锚杆所受荷载分布到周围土层中去。锚固段是承载力的主要来源。锚杆锚头的位移主要取决于自由段。

　　2. 土层锚杆支护结构的设计分析

　　锚杆设计内容包括以下几个方面。

　　① 调查研究，掌握设计资料，作出可行性判断。

　　② 确定锚杆设计轴向力，锚杆的抗力安全系数及极限承载力。

　　③ 确定锚杆布置和安设角度。

　　④ 确定锚杆施工工艺并进行锚固体设计（长度、直径、形状等），确定锚杆结构和杆件断面。

　　⑤ 计算自由段长度和锚固段长度。

　　⑥ 外锚头及腰梁设计，确定锚杆锁定荷载值、张拉荷载值。

　　⑦ 必要时应进行整体稳定性验算。

　　⑧ 浆体强度设计并提出施工技术要求。

　　⑨ 对试验和监测的要求。

　　（1）锚杆承载能力的影响因素。

　　① 锚杆的承载能力随土层的物理力学性能、力学强度提高而增加，单位荷载的变形量随土层的力学强度提高而减小。

　　② 在同类土层条件下，锚杆的锚固能力随埋深增加而提高。

　　③ 成孔方式对土层锚杆的承载能力也有一定影响。

　　④ 灌浆压力对土层锚杆的承载能力有影响，承载能力随着土的渗透性能的增大而增加。灌浆压力对非黏性土中土层锚杆承载能力的影响比在黏性土中要显著。

　　由于影响土层锚杆承载能力的因素众多，用公式计算得出的结果只能作为参考，必须通过现场实地试验，才能较精确地确定土层锚杆的极限承载能力。

　　（2）锚杆的稳定性。锚杆的稳定性验算包括整体稳定性验算、锚杆深部破裂稳定性验算。锚杆的稳定性分为整体稳定性和深部破裂面稳定性两种，需分别予以考虑。土层锚杆的失稳情况如图 4-52 所示。

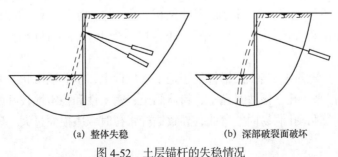

(a) 整体失稳　　　　　(b) 深部破裂面破坏

图 4-52　土层锚杆的失稳情况

（3）锚杆的徐变和沉降。徐变不但对永久性土层锚杆是一个重要问题，就是对用于基坑支护的临时性土层锚杆也是应考虑的一个问题。因为土层锚杆的徐变会降低其承载能力，而当锚杆破坏时，一般都有较大的徐变产生。

小 提 示

土层锚杆的徐变，由钢拉杆伸长、土的变形、锚固体伸长、拉杆与锚固体砂浆之间的徐变四个部分组成。对于土层锚杆，土变形和拉杆伸长占主要地位。如锚杆过于细长，则锚固体的伸长也不能忽视，而拉杆与锚固体砂浆间的徐变则是微小的。

此外，锚杆还存在沉降问题，沉降亦影响锚杆的承载能力。实践证明，对锚杆施加预应力是减小沉降值的有效方法，锚杆预加应力的数值，为其设计荷载的 70%～80%，与土的性质、开挖深度等有关。

3. 土层锚杆施工准备工作

土层锚杆施工的主要工作内容有钻孔、安放拉杆、灌浆和张拉锚固。在开工之前还需进行必要的准备工作。

在锚杆施工前，应根据设计要求、土层条件和环境条件，合理选择施工设备、器具和工艺方法。做好砂浆的配合比及强度试验、锚杆焊接的强度试验，验证能否满足设计要求。

（1）锚杆施工必须清楚施工地区的土层分布和各土层的物理力学特性（天然重度、含水量、孔隙比、渗透系数、压缩模量、凝聚力、内摩擦角等），还须了解地下水位及其随时间的变化情况，以及地下水中化学物质的成分和含量，以便研究对锚杆腐蚀的可能性和应采取的防腐措施。

（2）查明锚杆施工地区的地下管线、构筑物等的位置和情况，研究锚杆施工对邻近建筑物等的影响，同时也应研究附近的施工对锚杆施工带来的影响。

（3）编制锚杆施工组织设计，确定施工顺序；保证供水、排水和动力的需要；合理选用施工机具设备，制订机械进场、正常使用和保养维修制度；安排好劳动组织和施工进度计划；施工前应进行技术交底。

4. 钻孔

为了确保从开钻到灌浆完成全过程保持成孔形状，不发生塌孔事故，应根据地质条件、设计要求、现场情况等，选择合适的成孔方法和相应的钻孔机具。钻孔机具分为三大类：①冲击式钻机—靠气动冲凿成孔，适用于砂卵石、砾石地层；②旋转式钻机—靠钻具旋转切削钻进成孔，有地下水时可用泥浆护壁或加套管成孔，无地下水时则可用螺旋钻杆直接排土成孔，可用于各种地层，是用得较多的钻机，但钻进速度较慢；③旋转冲击式钻机—兼有旋转切削和冲击粉碎的优点，效率高，速度快，配上各种钻具套管等装置，适用于各种软硬土层。

（1）螺旋钻孔干作业法。当土层锚杆处于地下水位以上，呈非浸水状态时，宜选用不护壁的螺旋钻孔干作业法来成孔，该法对黏土、粉质黏土、密实性和稳定性较好的砂土等土层都适用。但是当孔洞较长时，孔洞易向上弯曲，导致锚杆张拉时摩擦损失过大，影响以后锚固力的正常传递。

螺旋钻孔干作业法成孔有两种施工方法：一种是钻孔与插入钢拉杆合为一道工序，即钻孔时将钢拉杆插入空心的螺旋钻杆内，随着钻孔的深入，钢拉杆与螺旋钻杆一同到达设计规定的深度，然后边灌浆边退出钻杆，而钢拉杆即锚固在钻孔内；另一种是钻孔与安放钢拉杆分为两道工序，即钻孔后，在螺旋钻杆退出孔洞后再插入钢拉杆。后一种方法设备简单，简便易行，采用较多。为加快钻孔施工，可以采用平行作业法进行钻孔和插入钢拉杆。

（2）压水钻进成孔法。压水钻进成孔法是土层锚杆施工应用较多的一种钻孔工艺。这种钻孔方法的优点是可以把钻孔过程中的钻进、出渣、固壁、清孔等工序一次完成，可以防止塌孔，不留残土，软、硬土都能适用。但用此法施工，工地如无良好的排水系统，会产生较多积水，有时会给施工带来麻烦。钻进时冲洗液（压力水）从钻杆中心流向孔底，在一定水头压力（0.15～0.30MPa）下，水流携带钻削下来的土屑从钻杆与孔壁之间的孔隙处排出孔外。钻进时要不断供水冲洗（包括接长钻杆和暂停机时），而且要始终保持孔口的水位。待钻到规定深度（一般钻孔深度要大于土层锚杆 0.5～1.5m）后，继续用压力水冲洗残留在钻孔中的土屑，直至水流不浑浊为止。

钻进中，如遇到流砂层，应适当加快钻进速度，降低冲孔水压，保持孔内水头压力。对于杂填土地层，应设置护壁套管钻进。

（3）潜钻成孔法。潜钻成孔法是利用风动冲击式潜孔冲击器成孔，这种工具原来是用来穿越地下电缆的，它长不足 1m，直径 78～135mm，由压缩空气驱动，内部装有配气阀汽缸和活塞等机械。它是利用活塞往复运动作定向冲击，使潜孔冲击器挤压土层向前钻进由于它始终潜入孔底工作，冲击功在传递过程中损失小，具有成孔效率高、噪声低等特点潜钻成孔法宜用于孔隙率大、含水量较低的土层中。

小 提 示

为了控制冲击器，使其在钻进到预定深度时能将其退出孔外，还需配备一台钻机，将钻杆连接在冲击器尾部，待达到预定深度后，由钻杆沿钻机导向架后退，将冲击器带出钻孔。导向架还能控制成孔器成孔的角度。

5. 安放拉杆

土层锚杆用的拉杆，常用的有钢管（钻杆用作拉杆）、粗钢筋、钢丝束和钢绞线，主要根据锚杆的承载能力和现有材料的情况来选择。

（1）钢筋拉杆。钢筋拉杆由一根或数根粗钢筋组合而成，其长度应按锚杆设计长度加上张拉长度。钢筋拉杆防腐蚀性能好，易于安装，当土层锚杆承载能力不很大时应优先考虑选用。

对有自由段的锚杆，钢筋拉杆的自由段要做好防腐和隔离处理。防腐层施工时，宜先清除拉杆上的铁锈，再涂一度环氧防腐漆冷底子油，待其干燥后，再涂一度环氧玻璃钢（或玻璃聚氨酯预聚体等），待其固化后，再缠绕两层聚乙烯塑料薄膜。

锚杆的长度一般都在 10m 以上，有的达 30m 甚至更长。为了将拉杆安置在钻孔的中心，在拉杆表面需设置定位器（或撑筋环）。钢筋拉杆的定位器用细钢筋制作，在钢筋拉杆轴心按120° 夹角布置（见图 4-53），间距一般为 2～2.5m。

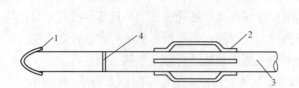

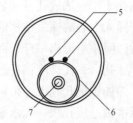

(a) 中国国际信托投资公司大厦用的定位器　　　　(b) 北京地下铁道用的定位器

图 4-53　粗钢筋拉杆用的定位器

1—挡土板；2—支承滑条；3—拉杆；4—半圆环；

5—2φ32 钢筋；6—φ65 钢管，l=60mm，间距为 1～1.2m；7—灌浆胶管

（2）钢丝束拉杆。钢丝束拉杆可以制成通长一根，它的柔性较好，往钻孔中沉放较方便。但施工时应将灌浆管与钢丝束绑扎在一起同时沉放，否则放置灌浆管有困难。

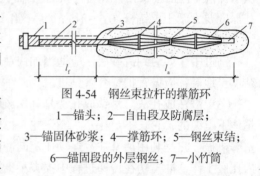

图 4-54　钢丝束拉杆的撑筋环

钢丝束拉杆的自由段需理顺扎紧，然后进行防腐处理。钢丝束拉杆的锚固段亦需要用定位器，该定位器为撑筋环，如图 4-54 所示。钢丝束拉杆的锚头要能保证各根钢丝受力均匀，常用者有镦头锚具等，可按预应力结构锚具选用。

1—锚头；2—自由段及防腐层；

3—锚固体砂浆；4—撑筋环；5—钢丝束结；

6—锚固段的外层钢丝；7—小竹筒

（3）钢绞线拉杆。钢绞线拉杆的柔性更好，向钻孔中沉放更容易。锚固段的钢绞线要仔细清除其表面的油脂，以保证与锚固体砂浆有良好的黏结。自由段的钢绞线要套以聚丙烯防护套等进行防腐处理。

钢绞线拉杆需用特制的定位架。

6. 压力灌浆

锚杆插到孔内预定位置后，即可灌浆。灌浆是使锚杆和浆液、浆液和土层紧密结合成一体，从而抗拒拉力的最重要工序。施工时，应将有关数据记录下来，以备将来查用。灌浆的作用是：形成锚段段，将锚杆锚固在土层中；防止钢筋拉杆腐蚀；填充土层中的孔隙和裂缝。浆液根据不同的土层设计选用。目前用得最多的是水泥浆和水泥砂浆。灌浆管为钢管或胶管，随拉杆入孔。灌浆方法有一次灌浆法和二次灌浆法两种。

（1）一次灌浆法只用一根灌浆管，利用泥浆泵进行灌浆，灌浆管端距孔底 20cm 左右，待浆液流出孔口时，用水泥袋纸等捣塞入孔口，并用湿黏土封堵孔口，严密捣实，再以 2～4MPa 的压力进行补灌，要稳压数分钟，灌浆才结束。

（2）二次灌浆法要用两根灌浆管（φ20 镀锌铁管），将第一次灌浆用灌浆管的管端距离锚杆末端 50cm 左右，管底出口处用黑胶布等封住，以防沉放时土进入管口。第二次灌浆用灌浆管的管端距离锚杆末端 100cm 左右，管底出口处亦用黑胶布封住，且从管端 50cm 处开始向上每隔 2m 左右做出 1m 长的花管，花管的孔眼为 φ8，花管做几段视锚固段长度而定。

小 技 巧

　　第一次灌浆是灌注水泥砂浆,利用普通的单缸活塞式压浆机,其压力为 0.3～0.5MPa,流量为 100L/min。水泥砂浆在上述压力作用下冲出封口的黑胶布流向钻孔。因钻孔后曾用清水洗孔,孔内可能残留有部分水和泥浆,但由于灌入的水泥砂浆相对密度较大,能够将残留在孔内的泥浆等置换出来。第一次灌浆量根据孔径和锚固段的长度而定。第一次灌浆后把灌浆管拔出,可以重复使用。

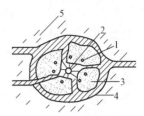

图 4-55　第二次灌浆后锚固体的截面
1—钢丝束; 2—灌浆管;
3—第一次灌浆体; 4—第二次灌浆体;
5—土体

　　待第一次灌注的浆液初凝后,进行第二次灌浆,利用 BW200-40/50 型等泥浆泵,控制压力为 2MPa 左右,要稳压 2min,浆液冲破第一次灌浆体,向锚固体与土的接触面之间扩散,锚固体直径扩大(见图 4-55),增加径向压应力。由于挤压作用,锚固体周围的土受到压缩,孔隙比减小,含水量减少,也提高了土的内摩擦角。因此,二次灌浆法可以显著提高土层锚杆的承载能力。

　　7. 张拉与锚固

　　土层锚杆灌浆后,待锚固体强度达到 80% 设计强度以上,便可对锚杆进行张拉和锚固。张拉前,应在施工现场选两根或总根数的 2% 进行抗拉拔试验,以确定对锚杆施加张力的数值,并在支护结构上安装围檩。张拉用设备与预应力结构张拉所用设备相同。

　　预加应力的锚杆,要正确估算预应力损失。由于土层锚杆与一般预应力结构不同,导致预应力损失的因素主要有:

　　(1)张拉时由摩擦造成的预应力损失。

　　(2)锚固时由锚具滑移造成的预应力损失。

　　(3)钢材松弛产生的预应力损失。

　　(4)相邻锚杆施工引起的预应力损失。

　　(5)支护结构(板桩墙等)变形引起的预应力损失。

　　(6)土体蠕变引起的预应力损失。

　　(7)温度变化造成的预应力损失。

　　上述几项预应力损失,应结合工程具体情况进行计算。

　　8. 锚杆试验

　　常用的锚杆试验有基本试验(测锚固体与岩土层黏结强度)、验收试验(检验施工是否符合设计)、蠕变试验(测量软土中锚杆随时间推移而应力下降、变形加大的量值),其他锚杆试验尚有:群锚效应试验(锚杆间距很小——小于 $10D$ 或 1m 时做,D—钻孔直径)、抗震耐力试验、常规性试验(如材料强度、锚头试验等)。锚杆试验在锚固体灌浆强度达到设计强度的 90% 后进行。拉杆的抗拉能力易于确定,锚头可用预应力混凝土构件的锚具,其传递荷载的能力亦易于确定,所以,锚杆试验的主要内容是确定锚固体的锚固能力。

　　我国对锚杆试验有以下规定。

（1）一般规定。

① 锚杆锚固段的浆体强度压到 15MPa 或达到设计强度等级的 75% 时,方可进行锚杆试验。

② 加载装置（千斤顶、油泵）的额定拉力必须大于试验拉力,且试验前应进行标定。

③ 加荷反力装置的承载力和刚度应满足最大试验荷载要求。

④ 计量仪表（测力计、位移计等）应满足测试要求的精度。

⑤ 基本试验和蠕变试验的锚杆数量不应少于 3 根,且试验锚杆的材料、尺寸及施工工艺应与工程锚杆相同。

⑥ 验收试验锚杆的数量应取锚杆总数的 5%,且不得少于 3 根。

（2）基本试验。

① 基本试验最大的试验荷载,不宜超过锚杆承载力标准值的 0.9 倍。

② 锚杆基本试验应采用循环加、卸荷载法,加荷等级与锚头位移测读间隔时间应按表 4-7 所示确定。

表4-7　　　　　　　　　　锚杆基本试验循环加、卸荷载等级与位移观测间隔时间表

循环数 ＼ 荷载标准	加荷量/预估破坏荷载 /%								
第一循环	10	—	—	—	30	—	—	—	10
第二循环	10	30	—	—	50	—	—	30	10
第三循环	10	30	50	—	70	—	50	30	10
第四循环	10	30	50	70	80	70	50	30	10
第五循环	10	30	50	80	90	80	50	30	10
第六循环	10	30	50	90	100	90	50	30	10
观测时间/min	5	5	5	5	10	5	5	5	5

小 提 示

① 在每级加荷等级观测时间内,测读锚头位移不应少于 3 次。

② 在每级加荷等级观测时间内,锚头位移小于 1.0mm 时,可施加下一级荷载,否则应延长观测时间,直至锚头位移增量在 2h 内小于 2.0mm 时,方可施加下一级荷载。

③ 锚杆破坏标准。

● 后一级荷载产生的锚头位移增量达到或超过前一级荷载产生的位移增量的 2 倍时。

● 锚头位移不稳定。

● 锚杆杆体拉断。

④ 试验结果应按循环荷载与对应的锚头位移读数列表整理,并绘制锚杆荷载—位移（Q—S）曲线、锚杆荷载—弹性位移（Q—S_e）曲线和锚杆荷载—塑性位移（Q—S_p）曲线。

⑤ 锚杆弹性变形不应小于自由段长度变形计算值的 80%,且不应大于自由段长度与 1/2 锚固段长度之和的弹性变形计算值。

⑥ 锚杆极限承载力取破坏荷载的前一级荷载,在最大试验荷载下未达到上述第③条规定的锚杆破坏标准时,锚杆极限荷载取最大荷载。

（3）验收试验。

① 最大试验荷载取锚杆轴向受拉承载力设计值 N_u。

② 锚杆验收试验加荷等级及锚头位移测读间隔时间应符合下列规定。

- 初始荷载宜取锚杆轴向拉力设计值的 0.1 倍。
- 加荷等级与观测时间宜按表 4-8 所示的规定进行。

表4-8 锚杆验收试验加荷等级及观测时间

加荷等级	$0.1N_u$	$0.2N_u$	$0.4N_u$	$0.6N_u$	$0.8N_u$	$1.0N_u$
观测时间/min	5	5	5	10	10	15

- 在每级加荷等级观测时间内，测读锚头位移不应少于 3 次。
- 达到最大试验荷载后观测时间 15min，然后卸荷至 $0.1N_u$ 并测读锚头位移。

③ 试验结果宜按每级荷载对应的锚头位移列表整理，并绘制锚杆荷载—位移（Q—S）曲线。

④ 锚杆验收标准。

- 在最大试验荷载作用下，锚头位移相对稳定。
- 应符合上述基本试验中第⑤条规定。

四、土钉支护施工

1. 土钉支护的结构和工作机理

（1）土钉支护的构造。土钉支护一般由土钉、面层和防水系统组成。土钉的特点是沿通长与周围土体接触，以群体起作用，与周围土体形成一个组合体（见图 4-56），在土体发生变形的条件下，通过与土体接触界面上的黏结力或摩擦力，使土钉被动受拉，并主要通过受拉工作给土体以约束加固或使其稳定。

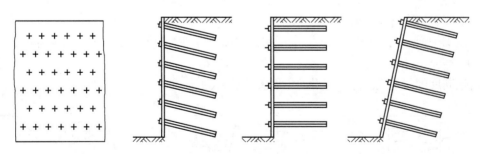

图 4-56 土钉支护的构成

（2）土钉支护的工作机理。土钉与锚杆从表面上看有类似之处，但二者有着不同的工作机理，如图 4-57 所示。

锚杆沿全长分为自由段和锚固段，在挡土结构中，锚杆作为桩、墙等挡土构件的支点，将作用于桩、墙上的侧向土压力通过自由段、锚固段传递到深部土体上。除锚固段外，锚杆在自由段长度上受到同样大小的拉力，但是土钉所受的拉力沿其整个长度都是变化的，一般是中间大，两头小，土钉支护中的喷混凝土面层不属于主要挡土部件，在土体自重作用下，它的主要作用只是稳定开挖面上的局部土体，防止其崩落和受到侵蚀。土钉支护是以土钉和它周围加固了的土体一起作为挡土结构，类似重力式挡土墙。

锚杆一般都在设置时预加拉应力，给土体以主动约束；而土钉一般是不加预应力的，土钉只有在土体发生变形以后才能使它被动受力，土钉对土体的约束需要以土本身的变形作为补偿，所以不能认为土钉那样的筋体具有主动约束机制。

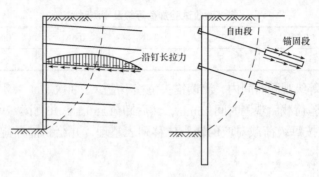

图 4-57　土钉与锚杆对比

小 提 示

锚杆的设置数量通常有限，而土钉则排列较密，在施工精度和质量要求上都没有锚杆那样严格。当然锚杆中也有不加预应力，并沿通长注浆与土体黏结的特例，在特定的布置情况下，也就过渡到土钉了。

2. 土钉支护的结构设计分析

（1）外部稳定性分析（体外破坏）。如图 4-58 所示，整个支护作为一个刚体，发生下列失稳。

① 沿支护底面滑动（见图 4-58（a））。

② 绕支护面层底端（墙趾）倾覆，或支护底面产生较大的竖向土压力，超过地基土的承载能力（见图 4-58（b））。

③ 连同周围和基底深部土体滑动（见图 4-58（c））。

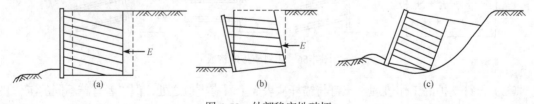

图 4-58　外部稳定性破坏

（2）内部稳定性分析（体内破坏）。这时的土体破坏面全部或部分穿过加固了的土体内部（见图 4-59（a））。有时将部分穿过加固土体的情况称为混合破坏（见图 4-59（b））。内部稳定性分析多采用边坡稳定的概念，与一般土坡稳定的极限平衡分析方法相同（见图 4-60），只不过在破坏面上需要计入土钉的作用。

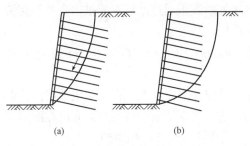

图 4-59　内部稳定性破坏（一）

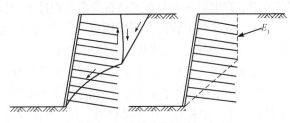

图 4-60　内部稳定性破坏（二）

当支护内有薄弱土层时，还要验算沿薄弱层面滑动的可能性（见图 4-61）。

土钉支护还必须验算施工各阶段，即开挖至各个不同深度时的稳定性。需要考虑的不利情况是开挖已到某一作业面的深度，但尚未能设置这一步的土钉（见图 4-62）。

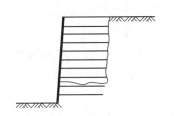

图 4-61　内部稳定性破坏（沿薄弱层面滑动）

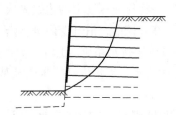

图 4-62　内部稳定性破坏（施工阶段稳定性）

3. 土钉支护的施工

（1）施工准备。在进行土钉墙施工前，要认真检查原材料、机具的型号、品种、规格、土钉各部件的质量、主要技术性能是否符合设计和规范要求。平整好场地道路，搭设好钻机平台。做好土钉所用砂浆的配合比和强度试验，以及构件焊接强度试验，验证能否满足设计要求。

> **小提示**
>
> 土钉注浆材料应符合下列规定：①注浆材料宜选用水泥浆或水泥砂浆，其中水泥浆的水灰比宜为 0.5；水泥砂浆配合比宜为 1∶1～1∶2（质量比），水灰比宜为 0.38～0.45；②水泥浆、水泥砂浆应拌和均匀，随拌随用，一次拌和的水泥浆、水泥砂浆应在初凝前用完。

（2）钻孔。根据不同的土质情况，采用不同的成孔作业法进行施工。对于一般土层，孔深 ≤15m 时，可选用洛阳铲或螺旋钻施工；孔深＞15m 时，宜选用土锚专用钻机和地质钻机施工。对饱和土易塌孔的地层，宜采用跟管钻进工艺。掌握好钻机钻进速度，保证孔内干净、圆直，孔径符合设计要求。钻孔时如发现水量较大，要预留导水孔。

锚杆钻机有许多类型，一般是向下倾斜。螺旋式钻机适用于无地下水的黏性土、较密实的砂土。拉杆可通过两种方式放入：成孔后退出钻杆，插入拉杆；拉杆随空心钻杆到达孔底，边灌浆边退钻杆，而拉杆留在孔内。

在复杂的地质条件如涌水的松散层中钻孔时，要采用回转式钻机并须用套管保护，钻机回转机构带动钻杆给孔底钻头以一定的钻速和压力，被切削的渣土通过循环水流排出孔外。套管在灌浆后拔出。如遇卵石、孤石等应采用冲击回转式钻机。

土钉成孔施工宜符合下列规定：①孔深允许偏差±50mm；②孔径允许偏差±5mm；③孔距允许偏差±100mm；④成孔倾角偏差±5%。

（3）开挖。土钉支护应按设计规定的分层开挖深度及作业顺序施工，在未完成上层作业面的土钉与喷混凝土支护以前，不得进行下一层深度的开挖。当基坑面积较大时，允许在距离四周边超过8～10m的基坑中部自由开挖，但应注意与分层作业区的开挖相协调。

为防止基坑边坡的裸露土体发生塌陷，对于易塌的土体可考虑采用以下措施

① 对修整后的边壁立即喷上一层薄的砂浆或混凝土，待凝结后再进行钻孔。

② 在作业面上先构筑钢筋网喷混凝土面层，然后进行钻孔并设置土钉。

③ 在水平方向上分小段间隔开挖。

④ 先将作业深度上的边壁做成斜坡以保持稳定，然后进行钻孔并设置土钉。

⑤ 在开挖前，沿开挖面垂直击入钢筋或钢管，或注浆加固土体。

（4）确定排水系统。土钉支护宜在排除地下水的条件下进行施工，应采用恰当的排水系统，包括地表排水、支护内部排水以及基坑排水，以避免土体处于饱和状态，并减轻作用于面层上的静水压力。

基坑四周支护范围内的地表应加以修整，构筑排水沟和水泥地面，防止地表降水向地下渗透。靠近边坡处的地面应适当垫高，以便于水流远离边坡。

一般情况下，可在支护基坑内选用人工降水，以满足基坑工程、基础工程的施工。

（5）设置注浆。土钉成孔采用的机具应符合土层的特点，满足成孔要求，在进钻和抽出过程中不引起塌孔。在易塌孔的土体中钻孔时，应采用套管成孔或挤压成孔。钻孔前，应根据设计要求定出孔位并作出标记和编号。孔位允许偏差不大于200mm，成孔的倾角误差不大于±3°。当成孔过程中遇有障碍需调整孔位时，不得损害支护原定的安全程度。成孔过程中取出的土体特征应按土钉编号逐一加以记录并及时与初步设计时所认定的加以对比，发现有较大偏差时应及时修改土钉的设计参数。钻孔后要进行清孔检查，对于孔中出现的局部渗水塌孔或掉落松土应立即处理。

土钉钢筋置入孔中前，应先装上对中用定位支架，保证钢筋处于钻孔的中心部位，支架到土钉的间距为2～3m，支架的构造应不妨碍浆液自由流动。支架可为金属或塑料件。

通过灌浆管用压浆泵或泥浆泵，压力0.3～4MPa。水泥砂浆浆体的灰砂比宜为0.8～1.5，水灰比宜为0.38～0.5。浆体强度应符合设计，并由试块检验。灌浆管为钢管或胶管，随拉杆入孔，随着灌浆拔出孔外。

对于下倾的斜孔，采用重力或低压（0.4～0.6MPa）注浆时应采用的底部注浆方式，注浆导管底端应先插入孔底，在注浆同时将导管以匀速缓慢地撤出，导管的出浆口应始终处于孔口浆体的表面以下，保证孔中气体能全部逸出。

对于水平钻孔，需用口部压力注浆或分段压力注浆，此时必须配以排气管，并与土钉钢筋绑牢，在注浆前与土钉钢筋同时送入孔中。注浆用水泥砂浆的水灰比不宜超过0.4～0.45，当用水泥净浆时，水灰比不宜超过0.45～0.5，并宜加入适宜的外加剂用以促进早凝或控制泌水。施

工时当浆体稠度不能满足要求时，可外加化学高效减水剂，不准任意加大用水量。

每次向孔内注浆时，应预先计算所需的浆体体积，并根据注浆泵的冲程数求出实际向孔内注入的浆体体积，以确认注浆的充填程度，实际注浆量必须超过孔的体积。

注浆作业应符合以下规定：①注浆前应将孔内残留或松动的杂土清除干净，注浆开始或中途停止超过30min时，应用水或稀水泥浆润滑注浆泵及其管路；②注浆时，注浆管应插至距孔底250～500mm处，孔口部位宜设置止浆塞及排气管；③土钉钢筋应设定位支架。

（6）钢筋网喷混凝土面层。在喷射混凝土前，面层内的钢筋网应牢固地固定在边壁上，并应符合规定的保护层厚度要求。钢筋网片可用插入土中的钢筋固定，在混凝土喷射下不应出现振动。喷射混凝土的射距宜在0.8～1.5m范围内，并从底部逐渐向上部喷射。射流方向一般应垂直指向喷射面，但在钢筋部位，应先喷填钢筋后方，然后再喷填钢筋前方，防止在钢筋背面出现空隙。为了保证施工时的喷射混凝土厚度达到规定值，可在边壁面上垂直打入短的钢筋段作为标志。当面层厚度超过120mm时，应分两次喷射。当继续进行下步喷射混凝土作业时，应仔细清除施工缝接合面上的浮浆层和松散碎屑，并喷水使之潮湿。

小 提 示

钢筋网在每边的搭接长度至少不小于一个网格边长。如为搭焊，则焊长不小于网筋直径的10倍。喷射混凝土完成后应至少养护7d，可根据当地环境条件，采取连续喷水、织物覆盖浇水或喷涂养护等养护方法。喷射混凝土的粗集料最大粒径不宜大于12mm，水灰比不宜大于0.45，应通过外加减水剂和速凝剂来调节所需坍落度和早强时间。当采用干法施工时，空压机风量不宜小于$9m^3/min$，以防止堵管，喷头水压不应小于0.15MPa。喷前应对操作人员进行技术考核。

喷射混凝土面层中的钢筋网铺设应符合下列规定：①钢筋网应在喷射一层混凝土后铺设，钢筋保护层厚度不宜小于20mm；②采用双层钢筋网时，第二层钢筋网应在第一层钢筋网被混凝土覆盖后铺设；③钢筋网与土钉应连接牢固。

喷射混凝土作业应符合下列规定：①喷射作业应分段进行，同一分段内喷射顺序应自下而上，一次喷射厚度不宜小于40mm；②喷射混凝土时，喷头与受喷面应保持垂直，距离宜为0.6～1.0m；③喷射混凝土终凝2h后，应喷水养护，养护时间根据气温确定，宜为3～7d。

（7）张拉与锁定土钉。张拉前应对张拉设备进行标定，土钉注浆固结体和承压面混凝土强度均大于15MPa时方可张拉。锚杆张拉应按规范要求逐级加荷，并按规定的锁定荷载进行锁定。

土钉墙应按下列规定进行质量检测：①土钉采用抗拉试验检测承载力，同一条件下，试验数量不宜少于土钉总数的1%，且不应少于3根；②墙面喷射混凝土厚度应采用钻孔检测，钻孔数宜每$100m^2$墙面积为一组，每组不应少于3个点。

学习单元四　桩基础工程施工

 知识目标

1. 了解预制桩施工的制作、运输、堆放等过程。
2. 掌握灌注桩常用施工方法。
3. 熟悉钢筋混凝土预制桩的打设方法，施工设备。

技能目标

1. 能够对预制桩施工的制作、运输及堆放有所掌握。
2. 明确灌注桩施工方法及钢筋混凝土预制桩的打设和施工准备。

基础知识

一、预制桩基础施工

预制桩主要有混凝土预制桩和钢桩两种。

混凝土预制桩可以在工厂或施工现场预制，但预制场地必须平整、坚实。它具有坚固耐久、施工速度快、能承受较大荷载等特点，在大工程中被广泛应用。目前高层建筑桩基础使用较多的是预应力混凝土空心管桩。钢桩有钢管桩、H型钢桩及其他异形钢桩，其制作一般均在工厂中进行。

　　1. 工程地质勘察

工程地质勘察是桩基础设计与施工的重要依据，其应提供的内容包括下列几方面。

（1）勘探点的平面布置图。

（2）工程地质柱状图和剖面图。

（3）土的物理力学指标和建议的单桩承载力。

（4）静力触探或标准贯入试验。

（5）地下水情况。

勘察报告中所列的地质剖面图，是根据两个孔的土层分布，人为地以直线予以连接而事实上两孔之间不可能是一个平面或斜面，而是有起伏的，而且有时起伏的幅度还不小遇到这种情况应适当加密钻孔，甚至每个基础处都应有钻孔资料，以核实土层实际的起伏也为分析沉桩的可能性提供依据。

小 提 示

仅把原位测试提供的土工指标作为设计与施工的唯一依据，有时尚显不足，还需进行静力触探或标准贯入试验，以便能够直观地反映土的变化。

2. 桩的制作、运输与堆放

（1）混凝土预制桩制作。高层建筑的桩基，通常是密集型的群桩，在桩架进场前，必须对整个作业区进行场地平整，以保证桩架作业时正直，同时还应考虑施工场地的地基承载力是否满足桩机作业时的要求。

混凝土预制桩的钢筋骨架，宜用点焊，也可绑扎。骨架的主筋宜用对焊，也可用搭接焊，但主筋的接头位置应当错开。桩尖多用钢板制作，在制备钢筋骨架时就应把钢板的桩尖焊好。

主筋的保护层厚度要均匀，主筋位置要准确，否则如主筋保护层过厚，桩在承受锤击时，钢筋骨架会形成偏心受力，有可能使桩身混凝土开裂，甚至把桩打断。主筋的顶部要求整齐，如主筋参差不齐，个别的到顶主筋在承受锤击时会先受到锤的集中应力，这时可能会由于没有桩顶保护层的缓冲作用而将桩打断。此外，还要保证桩顶部钢筋网片位置的准确性，以保证桩顶混凝土有良好的抗冲击性能。

混凝土浇筑应由桩顶向桩尖连续进行，严禁中断。桩顶和桩尖处不得有蜂窝、麻面裂缝和掉角。桩的制作偏差应符合规范的规定。

—— 小 提 示 ——

混凝土预制桩的制作，有并列法、间隔法、重叠法等。粗集料应采用5～40mm的碎石，不得以细颗粒集料代替，以保证充分发挥粗集料的骨架作用，增加混凝土的抗拉强度浇筑钢筋混凝土桩时，宜由桩顶向桩尖连续进行，不得中断，以保证桩身混凝土的均匀性和密实性。

（2）钢桩制作。我国目前采用的钢桩主要是钢管桩和H型钢桩两种。钢管桩一般采用Q235钢桩进行制作，H型钢桩常采用Q235或Q345钢制作。钢管桩的桩端常采用两种形式，即带加强箍或不带加强箍的敞口形式以及平底或锥底的闭口形式。H型钢桩则可采用带端板和不带端板的形式，其中不带端板的桩端可做成锥底或平底。钢桩的桩端形式应根据桩所穿越的土层、桩端持力层性质、桩的尺寸、挤土效应等因素综合考虑确定。

钢桩都在工厂生产完成后运至工地使用。制作钢桩的材料必须符合设计要求，并具有出厂合格证明与试验报告。制作现场应有平整的场地与挡风防雨设施，以保证加工质量。

钢桩在地面下仍会发生腐蚀，因此应做好防腐处理。钢桩防腐处理可采用外表面涂防腐层及采用阴极保护。当钢管桩内壁与外界隔绝时，可不考虑内壁防腐。

（3）预制桩运输与堆放。预制桩应在混凝土达到100%的设计强度后方可进行起吊和搬运，如提前起吊，必须经过验算。

桩在起吊和搬运时必须平稳，并且不得损坏。由于混凝土桩的主筋一般均为均匀对称配置的，而钢桩的截面通常也为等截面的，因此，吊点设置应按照起吊后桩的正、负弯矩基本相等的原则确定。桩的合理吊点如图 4-63 所示。

由于混凝土预制桩的抗弯能力低，起吊所引起的应力往往是控制纵向钢筋的因素。沿桩长各点进行起吊和堆放时，桩上引起的静力弯矩见表 4-9。

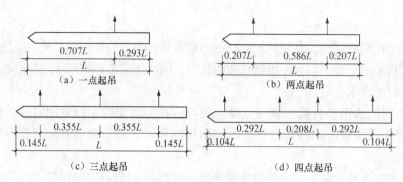

图 4-63　桩的合理吊点

表4-9　　　　　　　　　　　　　　　　　　起吊引起的弯矩值

起吊情况	最大静力弯矩	起吊情况	最大静力弯矩
距每端 $L/5$ 处的两点起吊	$qL/40$	距桩头 $L/5$ 处的一点起吊	$qL/14$
距每端 $L/4$ 处的两点起吊	$qL/32$	从桩头处的一点斜吊	$qL/8$
距桩头 $3L/10$ 处的一点斜吊	$qL/32$	从桩中心处的一点提吊	$qL/8$
距桩头 $L/3$ 处的一点斜吊	$qL/18$		

　　混凝土预制桩多在打桩现场预制，可用轻轨平板车进行运输。运输长桩时，可在桩下设活动支座。当运距不大时，可采用起重机运输；当运距较大时，可采用大平板车或轻便轨道平台车运输。应做到桩身平稳放置，无大的振动，严禁在场地上以直接拖拉桩体方式代替装车运输。

144

> **小 提 示**
>
> 　　堆放桩的场地必须平整坚实，垫木间距根据吊点来确定，垫木应在同一垂直线上。不同规格的桩，应分别堆放。对圆形的混凝土桩或钢管桩的两侧应用木楔塞紧，防止其滚动。在施工现场，桩的堆放层数不宜超过 4 层。

　　3. 桩的打设

　　预制桩的打设方法见表 4-10，其中以锤击法和静力压桩法较为常用。

表4-10　　　　　　　　　　　　　　　　　　预制桩的打设方法

方法	内容
锤击法	锤击法为基本方法。利用锤的冲击能量克服土对桩的阻力，使桩沉到预定深度或达到持力层
振动法	振动沉桩机利用大功率电力振动器的振动力减小土对桩的阻力，使桩能较快沉入土中，这个方法对钢管桩沉桩效果较好。在砂土中沉桩效率较高，对黏土地则需大功率振动器。其主要适用于砂土、黄土、软土和亚黏土
水冲法	锤击法的一种辅助方法，利用高压水流经过依附于桩侧面或空心桩内部的射水管。高压水流冲松桩尖附近土层，便于锤击。其适用于砂土或碎石土，但水冲至最低 $1\sim2m$ 时应停止水冲，用锤击至预定标高，其控制原则同锤击法，也适用于其他较坚硬土层，特别适用于打设较重的钢筋混凝土桩
静力压桩法	适用于软弱土层，压桩时借助压桩机的总质量将桩压入土中，可消除噪声和振动的公害。施工时，遇桩身有较大幅度位移倾斜或突然下沉倾斜等情况，皆应停止压桩，研究后再作处理

（1）锤击法打桩。

① 打桩机械设备。打桩机械设备主要包括桩架和桩锤。

（a）桩架。桩架主要由底盘、导向杆、斜撑、滑轮组等组成。桩架的作用是固定桩的位置，在打入过程中引导桩的方向，承载桩锤并保证桩锤沿着所要求的方向冲击桩。桩架的高度应为桩长、桩锤高度、桩帽厚度、滑轮组高度的总和，再加 1～2m 的余量用作吊桩锤。常用的桩架为履带式打桩架，它打桩效率高，移动方便。桩架应能前后左右灵活移动以便于对准桩位。桩架的选择主要根据桩锤种类、桩长、施工条件等，图 4-64 所示为三点支撑式履带打桩架，它是目前最先进的一种桩架，适用于各种导杆和各类桩锤，可施打各类桩。

（b）桩锤。桩锤是对桩施加冲击力，将桩打入土中的机具，目前应用最多的是柴油锤。柴油锤分导杆式、活塞式和管式三类，如图 4-65 所示。它的冲击部分是上下运动的汽缸或活塞。锤重质量为 0.22～15t，每分钟锤击次数为 40～70 次，每击能量为 25 000～395 000J。柴油锤的工作原理是当冲击部分落下压缩汽缸里的空气时，柴油以雾状射入汽缸，由于冲击作用点燃柴油引起的爆炸给在锤打击下已向下移动的桩以附加的冲力，同时推动冲击部分向上运动。柴油锤本身附有机架，不需配备其他动力设备。

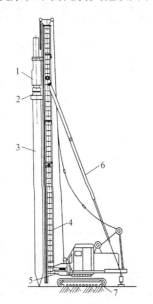

图 4-64　三点支撑式履带打桩架

1—桩锤；2—桩帽；3—桩；4—立柱；

5—立柱支撑；6—斜撑；7—车体

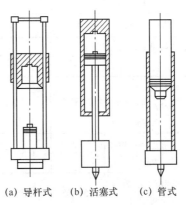

（a）导杆式　（b）活塞式　（c）管式

图 4-65　柴油锤示意图

液压锤是在人类城市环境保护意识日益增强的情况下研制出的新型低噪声、无油烟、能耗省的打桩锤。它由液压推动密闭在锤壳体内的芯锤活塞柱往返实现夯击作用，将桩沉入土中。

桩锤的选择主要取决于土质、桩类型、桩的长度、桩的质量、布桩密度和施工条件等。

（a）按桩锤冲击能选择。计算公式为

$$E \geqslant 25P \tag{4.45}$$

式中，E——锤的一次冲击动能，kN·m；

　　P——单桩的设计荷载，kN。

（b）按桩质量复核。计算公式为

$$K = \frac{M+C}{E} \tag{4.46}$$

式中，K——适用系数。双动汽锤、柴油打桩锤，$K \leqslant 5.0$；单动汽锤，$K \leqslant 3.5$；落锤，$K \leqslant 2.0$。

　　M——锤自重，kN。

　　C——桩自重，包括送桩、桩帽与桩垫，kN。

　　E——锤的一次冲击动能，kN·m。

（c）按经验选择桩锤。通常可按表4-11所示选用锤重。

表4-11　　　　　　　　　　　　　　　　　　锤重选择表

锤型		柴油锤/t					
		2.0	2.5	3.5	4.5	6.0	7.2
锤的动力性能	冲击部分质量/t	2.0	2.5	3.5	4.5	6.0	7.2
	总质量/t	4.5	6.5	7.2	9.6	15.0	18.0
	冲击力/kN	2 000	2 000～2 500	2 500～4 000	4 000～5 000	5 000～7 000	7 000～10 000
	常用冲程/m	1.8～2.3	1.8～2.3	1.8～2.3	1.8～2.3	1.8～2.3	1.8～2.3
适用的桩规格	预制方桩、预应力管桩的边长或直径/m	25～35	35～40	40～45	45～50	50～55	55～60
	钢管直径/cm	40	40	40	60	90	90～100
持力层 黏性土 粉土	一般进入深度/m	1～2	1.5～2.5	2～3	2.5～3.5	3～4	3～5
	静力触探比贯入阻力 p_s 平均值/MPa	3	4	5	>5	>5	>5
持力层 砂土	一般进入深度/m	0.5～1	0.5～1.5	1～2	1.5～2.5	2～3	2.5～3.5
	标准贯入击数 N（未修正）	15～25	20～30	30～40	40～45	45～50	50
桩的每10击控制贯入度/cm		—	2～3	—	3～5	4～8	—
设计单桩极限承载力/kN		400～1 200	800～1 600	2 500～4 000	3 000～5 000	5 000～7 000	7 000～10 000

　　注：1. 本表仅供选锤用。

　　　　2. 本表适用于20～60m长预制混凝土桩及40～60m长钢管桩，且桩尖进入硬土层一定深度。

　　采用锤击沉桩时，为防止桩受冲击时产生过大的应力，导致桩顶破碎，应本着重锤低击的原则选锤。

（d）按锤击应力选择。当桩锤锤击桩时，在桩内产生锤击应力，于桩头或桩端处最大如该锤击应力超过一定数值，则桩易击坏。

　　桩锤的优化选择，要综合考虑多种因素。在城市中心施工还需考虑打桩引起的噪声，多数国家允许的噪声为 70~90dB。如果超过上述噪声限制，则需采取技术措施以减小或消除。

　　② 打桩施工。

　　（a）打桩准备。打桩前应平整场地，清除旧基础和树根，拆迁埋于地下的管线，处理架空的高压线路，进行地质情况和设计意图交底等。

　　打桩前应在打桩地区附近设置水准点，以便进行水准测量，控制桩顶的水平标高，还应准备好垫木、桩帽和送桩设备，以备打桩使用。

　　打桩前还应确定桩位和打桩顺序。确定桩位即将桩轴线和每个桩的准确位置根据设计图纸测设到地面上。确定桩位可用小木桩或撒白灰点，如为避免因打桩挤动土层而使桩位移动，亦可用龙门板拉线定位，这样定位比较准确。

　　（b）打桩顺序。正确确定打桩顺序和流水方向，在打桩施工中是十分重要的，这样可以减小土移位。在一般情况下，打桩顺序有逐排打设、自边沿向中央打设、自中央向边沿打设和分段打设四种（见图 4-66）。在黏土类土层中，如果逐排打设，则土体向一个方向挤压使地基土挤压的程度不均，这样就可能使桩的打入深度逐渐减小，也会使建筑物产生不均匀下沉。如果自边沿向中央打设，则中间部分的土层挤压紧密，使桩不易打入，而且在打设中间部分的桩时，已打的外围各桩可能因受挤而升起。

学习情境四

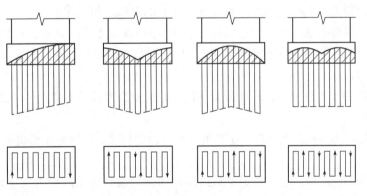

(a) 逐排打设　(b) 自中央向边沿打设　(c) 自边沿向中央打设　(d) 分段打设

图 4-66　打桩顺序与挤土情况

　　一般来说，打桩顺序以自中央向边沿打设和分段打设为好。但是，如果桩距大于四倍桩直径，则挤土的影响减小。对大的桩群一般分区用多台桩机同时打设，在确定打桩顺序时还需考虑周围的情况，以防其带来不利影响，尤其是附近存在深基坑工程施工和浇筑混凝土结构时，都要防止由于打桩振动和挤土带来的有害影响。至于打桩振动对周围建筑物的危害，国内外都进行过研究。一般认为当建筑物的自振频率在 5Hz 以下，振动速度在 10mm/s 以上时，才可能对建筑物引起轻微的局部破坏。

（c）打桩施工。开始打桩时桩锤落距一般为 0.5～0.8m，才能使桩正常沉入土中。待桩入土一定深度，桩尖不易产生偏移时，可适当增加落距，将落距逐渐提高到规定数值。一般来说，重锤低击可取得良好的效果。

打桩入土的速度应均匀，锤击间歇的时间不要过长。在打桩过程中应经常检查打桩架的垂直度，如果偏差超过 1%，则需及时纠正，以免把桩打斜。打桩时应观察桩锤的回弹情况，如果回弹较大，则说明桩锤太轻，不能使桩下沉，应及时予以更换。同时，还应随时注意贯入度的变化情况，当贯入度骤减，桩锤有较大回弹时，表明桩尖遇到障碍，此时应将锤击的落距减小，加快锤击。如果上述现象仍然存在，应停止锤击，研究遇阻的原因并进行处理。

打桩施工是一项隐蔽工程，为确保工程质量，也为分析处理打桩过程中出现的质量事故和工程验收提供依据，应在打桩过程中对每根桩的施打做好详细记录。

各种预制桩打桩完毕后，为使桩符合设计高程，应将桩头或无法打入的桩身截去。

（2）静力压桩法打桩。压桩与打桩相比，由于避免了锤击应力，桩的混凝土强度及其配筋只要满足吊装弯矩和使用期受力要求即可，因而桩的断面和配筋可以减小，同时压桩引起的桩周土体和水平挤压也小得多，因此压桩是软土地区一种较好的沉桩方法。

静力压桩是在均匀软弱土中利用压桩架（型钢制作）的自重和配重，通过卷扬机的牵引传到桩顶，将桩逐节压入土中的一种沉桩方法。这种沉桩方法无振动、无噪声，对周围环境影响小，适合在城市中施工。

① 桩机就位。静压桩机就位时，应对准桩位，将静压桩机调至水平、稳定，确保在施工中不发生倾斜和移动。

② 预制桩起吊和运输。预制桩起吊和运输时，必须满足以下条件。

● 混凝土预制桩的混凝土强度达到强度设计值的 70%方可起吊。

● 混凝土预制桩的混凝土强度达到强度设计值的 100%才能运输和压桩施工。

● 起吊就位时，将桩机吊至静压桩机夹具中夹紧并对准桩位，将桩尖放入土中，位置要准确，然后除去吊具。

③ 稳桩。桩尖插入桩位后，移动静压桩机时桩的垂直度偏差不得超过 0.5%，并使静压桩机处于稳定状态。

④ 记录压桩压力。桩在沉入时，应在桩的侧面设置标尺，根据静压桩机每一次的行程，记录压力变化情况。

当压桩到设计标高时，读取并记录最终压桩力，与设计要求压桩力相比允许偏差控制在±5%以内，如果达到-5%以下，应向设计单位提出，确定处置与否。压桩时压力不得超过桩身强度。

⑤ 压桩。压桩顺序应根据地质条件、基础的设计标高等进行，一般采取先深后浅、先大后小、先长后短的顺序。密集群桩，可自中间向两个方向或四周对称进行，当毗邻建筑物时，在毗邻建筑物向另一方向进行施工。

压桩施工应符合下列要求。

● 静压桩机应根据设计和土质情况配足额定质量。

- 桩帽、桩身和送桩的中心线应重合。
- 压同一根桩应缩短停歇时间。
- 为减小静压桩的挤土效应，可采取下列技术措施：

> **小 提 示**
>
> ① 对于预钻孔沉桩，孔径比桩径（或方桩对角线）小 50～100mm；深度视桩距和土的密实度、渗透性而定，一般宜为桩长的 1/3～1/2，应随钻随压桩。
> ② 限制压桩速度等。

⑥ 接桩。

- 桩的一般连接方法有焊接、法兰接和硫黄胶泥锚接三种，焊接和法兰接桩适用于各类土层桩的连接，硫黄胶泥锚接适用于软土层，但对一级建筑桩基或承受拔力的桩宜慎重选用。
- 应避免桩尖接近硬持力层或桩尖处于硬持力层中接桩。
- 采用焊接接桩时，应先将四周点焊固定，然后对称焊接，并确保焊缝质量和设计尺寸。焊接的材质（钢板、焊条）均应符合设计要求，焊接件应做好防腐处理。焊接接桩，其预埋件表面应清洁，上下节之间的间隙应用铁片垫实焊牢。

接桩一般在距地面 1m 左右进行，上下节桩的中心线偏差不得大于 10mm，节点弯曲矢高不得大于 1%桩长。

锚杆静压桩和混凝土预制桩电焊接桩时，上下节桩的平面合拢之后，两个平面的偏差应<10mm，用钢尺测量全部对接平面的偏差。

先张法预应力管桩或钢桩电焊接桩时，应控制上下节桩端部错口。当管桩外径≥700mm 时，错口应控制在≤3mm 内；当管桩外径<700mm 时，错口应控制在≤2mm 内。每根桩的接头全部用钢尺测量检查。焊缝咬边深度用焊缝检查仪测量，该值≤0.5mm 为合格。每条焊缝都应检查。

压桩过程中当桩尖碰到夹砂层时，压桩阻力可能突然增大，甚至超过压桩能力而使桩机上抬。这时可以让最大的压桩力作用在桩顶，采取停车再开、忽停忽开的办法，使桩有可能缓慢下沉穿过砂层。如果工程中有少量桩确实不能压至设计标高而相差不多时，可以采取截去桩顶的办法。

如果刚开始压桩时桩身发生较大移位、倾斜，压入过程中如桩身突然下沉或倾斜、桩顶混凝土破坏或压桩阻力剧变，应暂停压桩，及时研究处理。

二、灌注桩基础施工

灌注桩是直接在桩位上就地成孔，然后在孔内灌注混凝土或钢筋混凝土的一种成桩方法。与预制桩相比，由于避免了锤击应力，桩的混凝土强度及配筋只要满足使用要求即可。灌注桩的常用施工方法有：干式成孔灌注桩、湿式成孔灌注桩、泥浆护壁钻孔灌注桩、沉管灌注桩和人工挖孔灌注桩等多种。

1. 干式成孔灌注桩

（1）成孔方法。

① 螺旋钻孔法（见图 4-67）。螺旋钻孔法是利用螺旋钻头的部分刃片旋转切削土层，被切

的土块随钻头旋转，并沿整个钻杆上的螺旋叶片上升而被推出孔外的方法。在软塑土层含水量大时，可用叶片螺距较大的钻杆，这样工效可高一些；在可塑或硬塑的土层中，或含水量较小的砂土中，则应采用叶片螺距较小的钻杆，以便能均匀平稳地钻进土中。一节钻杆钻完后，可接上第二节钻杆，直到钻至要求的深度。

用螺旋钻机成孔时，钻机就位检查无误后使钻杆慢慢下移当接触地面时开动电机，先慢速钻进，以免钻杆晃动，易于保证桩位和垂直度。遇硬土层亦应慢速钻进，钻至设计标高时应在原位空转清土，停钻后提出钻杆弃土。

② 机动洛阳铲钻孔法。机动洛阳铲钻孔法是利用洛阳铲的冲击能量来开孔挖土的方法。每次冲铲后，应将土从铲具钢套中倒弃。

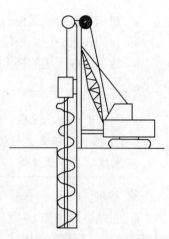

图 4-67　螺旋钻孔法示意图

（2）干式成孔施工。干式成孔施工程序：桩机就位→钻土成孔→测量孔径孔深和桩孔水平与垂直距离，并校正→挖至设计标高→成孔质量检查→安放钢筋笼→放置孔口护孔漏斗→灌注混凝土并振捣→拔出护孔漏斗。

施工时应注意以下要点。

① 钻孔时，钻杆应保持垂直稳固、位置正确，防止因钻杆晃动导致孔径扩大。

② 钻进速度应根据电流值变化，及时进行调整。

③ 钻进过程中，应随时清理孔口积土和地面散落土，遇到地下水、塌孔、缩孔等异常情况时，应及时处理。

④ 成孔达到设计深度后，孔口应予以保护，并按规定进行验收，做好记录。

⑤ 灌注混凝土前，应先放置孔口护孔漏斗，随后放置钢筋笼并再次测量孔内虚土厚度，桩顶以下 5m 范围内混凝土应随浇随振动。

2. 湿式成孔灌注桩

软土地基的深层钻进会遇到地下水问题，采用泥浆护壁湿式成孔能够解决施工中地下水带来的孔壁塌落、钻具磨损发热及沉渣问题。常用的成孔机械有冲击式钻孔机、潜水电钻、斗式钻头成孔机、全套管护壁成孔钻机（即贝诺特钻机）和回转钻机等。目前应用最多的是回转钻机。

（1）冲击式钻孔机成孔。冲击式钻孔机主要用于岩土层中，施工时将冲击钻头提升一定高度后以自由下落的冲击力来破碎岩层，然后排除碎块后成孔。冲击式钻头质量一般为 500～3 000kg，按孔径大小选用，多用钢丝绳提升。

在孔口处理设护筒，稳定孔口土壁及保持孔内水位，护筒内径比桩径大 300～400mm，护筒高 1.5～2.0m，用厚 6～8mm 钢板制作，用角钢加固。

```
小 提 示

    掏渣筒用钢板制作，用来掏取孔内渣浆。
```

（2）潜水电钻成孔。潜水电钻是近年来应用较广的一种成孔机械。它是将电机、变速机加以密封，与底部的钻头连接在一起组成钻具。其可潜入孔内作业，以正（反）循环方式将泥浆送入孔内，再将钻削下的土屑由循环的泥浆带出孔外。

潜水电钻体积小，质量轻，机动灵活，成孔速度较快，适用于地下水位高的淤泥质土、黏性土、砂质土等，换用合适的钻头亦可钻入岩层。钻孔直径为 800～1 500mm，深度可达 50m。它常用笼式钻头，如图 4-68 所示。

（3）斗式钻头成孔机成孔。国内尚无斗式钻头成孔机定型产品，多为施工单位自行加工。国外有定型产品，日本的加藤式（KATO）钻机即属此类，有 20HR、20TH、50TH 型号，钻孔直径为 500～2 000mm，钻孔深度为 60m。斗式钻头成孔机由钻机、钻杆、取土斗、传动与减速装置等组成，如图 4-69 所示。钻机利用履带式桩机，钻杆由可伸缩的空心方钢管与实心方钢芯杆组成。芯杆的下端以销轴与斗式钻头相连。提起钻杆时，内、中钻杆均收缩在外套杆内，钻孔取土时，随着钻孔深度的增加，先伸出中套杆，后伸出内芯杆。电动机通过齿轮变速箱减速后作用于方形钢钻杆上，控制工作转速为 7r/min。

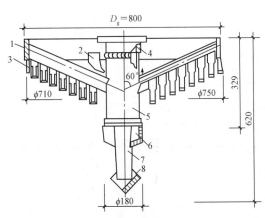

图 4-68　笼式钻头（ϕ800）

1—护圈；2—钩爪；3—腋爪；4—钻头接箍

5、7—岩芯管；6—小爪；8—钻头

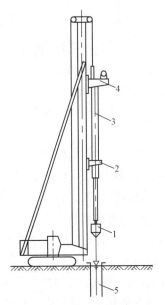

图 4-69　斗式钻头成孔机

1—斗式钻头（取土斗）；2—导向箍；

3—可伸缩的钻杆；4—传动与减速装置；5—护筒

用此法成孔的施工过程如图 4-70 所示。先开孔，斗式钻头装满土后提出钻孔卸于翻斗汽车内，然后继续挖土，待其达到一定深度后安设护筒并输入护壁泥浆，然后正式开始钻孔。达到设计深度后仔细进行清渣，接下来吊放钢筋笼和用导管浇筑混凝土。

用此法成孔的优点：机械安装简单，工程费用较低；最宜在软黏土中开挖；无噪声、无振动；挖掘速度较快。

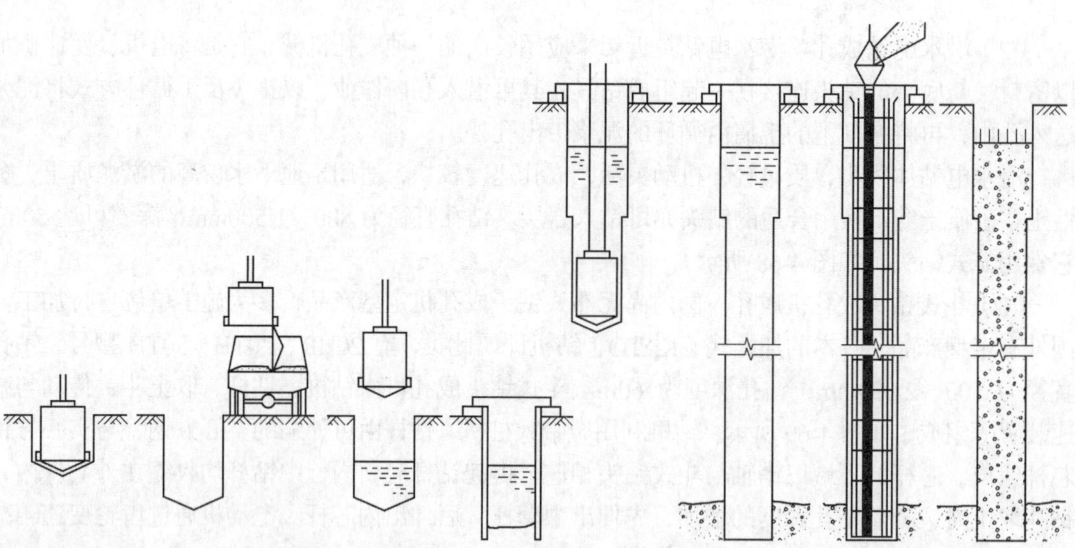

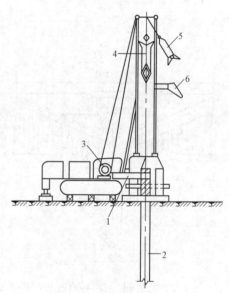

图 4-70　用斗式钻头成孔机成孔的过程

(a) 钻头开孔　(b) 钻头装满　(c) 钻头关闭　(d) 埋护筒、　(e) 钻孔　(f) 挖掘结束　(g) 吊放钢筋笼，　(h) 拔出
　　　　　　　土后卸土　重新钻孔　灌水泥浆　　　　　进行清渣　用导管浇筑混凝土　导管

其缺点：土层中有压力较高的承压水时挖掘较困难；挖掘后桩的直径可能比钻头直径大 10%～20%；如不精心施工或管理不善，会产生坍孔。

（4）全套管护壁成孔钻机成孔。全套管护壁成孔钻机又叫贝诺特钻机，首先用于法国，后来传至世界各地。其利用一种摇管装置边摇动边压进钢套管，同时用冲抓斗挖掘土层，除去岩层，几乎所有的土质都可挖掘。该法是施工大直径钻孔桩有代表性的三种方法之一，在国外应用较为广泛，我国在施工广州花园酒店的直径 1 200mm 的灌注桩以及深圳地铁等工程中都曾使用过贝诺特钻机。

贝诺特钻机的主要构造如图 4-71 所示，施工时先将套管垂直竖起并对准位置，然后用摇管装置将套管边摇动边压入。套管长度有 6m、4m、3m、2m、1m 等几种供选用，一般多选用 6m，套管之间用锁口插销进行连接。

图 4-71　贝诺特钻机构造

1—摇管装置；2—钢套管；3—卷扬机；
4—冲抓斗；5—卸土时的冲抓斗；6—砂土槽

小 提 示

用贝诺特钻机挖土时，在压入钢套管后，用卷扬机将冲抓斗（一次抓土量为 0.18～0.50m³）放下与土层接触抓土，然后将其吊起，再向前推出，此时靠钢丝绳操纵使冲抓斗的抓瓣张开，使土落至砂土槽，装于翻斗车内运出。如此反复进行挖土，直至挖到设计规定的深度为止。在钻孔达到设计深度后，清除钻渣，然后放下钢筋笼，用导管浇筑混凝土，并拔出套管。

用贝诺特钻机施工时，保证套管垂直非常重要，尤其是在埋设第一、二节套管时更应注意。

贝诺特钻机成孔的优点：

① 与其他方式相比较，无噪声、无振动。

② 除岩层外，其他任何土质均适用。

③ 在挖掘时，可确切地搞清楚持力层的土质，便于选定桩的长度。

④ 挖掘速度快，挖深大，一般可挖至 50m 左右。

⑤ 在软土地基中开挖，由于先行压入套管，因此不会引起坍孔。

⑥ 由于有套管，因此在靠近已有建筑物处亦可进行施工。

⑦ 可施工斜桩，可用搭接法施工柱列式地下连续墙。

⑧ 可使施工的灌注桩相割或相切，用于支护桩时可省去防水帷幕。

贝诺特钻机成孔的缺点：

① 贝诺特钻机是大型机械，施工时需要占用较大的施工场地。

② 在软土地层中施工，尤其是在含地下水的砂层中挖掘，套管的摇动会使周围一定范围内的地基松软。

③ 如果地下水位以下有厚细砂层（厚度 5m 以上）时，由于套管摇动使土层产生排水固结，会使挖掘困难。

④ 冲抓斗的冲击会使桩尖处持力层变得松软。

⑤ 根据地质情况的不同，已挖成的桩径会扩大 4%～10%。

（5）回转钻机成孔。回转钻机是目前灌注桩施工用得最多的施工机械，该钻机配有移动装置，设备性能可靠，噪声和振动小，效率高，质量好。该钻机配以笼式钻头，可多档调速或液压无级调速，以泵吸或气举的反循环或正循环方式进行钻进。它适用于松散土层、黏土层、砂砾层、软硬岩层等各种地质条件。其施工程序如图 4-72 所示。

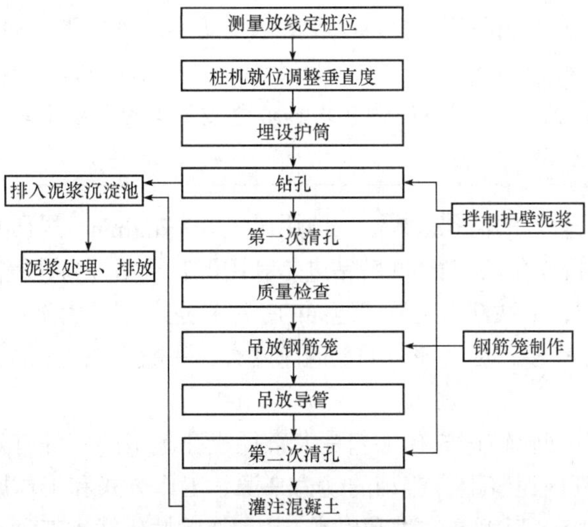

图 4-72　回转钻机成孔的施工程序

回转钻机成孔工艺应用较多，现分别详述如下：

① 正循环回转钻机成孔。正循环回转钻机成孔的工艺原理如图 4-73 所示，其设备简单、工艺成熟。

当孔不太深、孔径小于 800mm 时钻进效果较好。当桩孔径较大时，钻杆与孔壁间的环形断面较大，泥浆循环时返流速度低，排渣能力弱。如果使泥浆返流速度达到 0.20～0.35m/s，则泥浆泵的排量必须很大，有时难以达到，此时不得不提高泥浆的相对密度和黏度。但如果泥浆相对密度过大，稠度大而难以排出钻渣或者孔壁泥皮厚度大，影响成桩和清孔，这都是正循环回转钻机成孔的弊病。

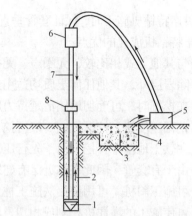

图 4-73　正循环回转钻机成孔工艺原理
1—钻头；2—泥浆循环方向；3—沉淀池；4—泥浆池；
5—泥浆泵；6—水龙头；7—钻杆；8—钻机回转装置

正循环成孔专用钻机有 GPS-10、SPC-500、G-4 等型号，很多国产钻机正反循环皆可。

正循环回转钻进由于需用相对密度大、黏度大的泥浆，加上泥浆上返速度小，排渣能力差，孔底沉渣多，孔壁泥皮厚，为了提高成孔质量，必须认真清孔。清孔的方法主要采用泥浆正循环清孔和压缩空气清孔。

> **小提示**
>
> ① 用泥浆正循环清孔时，待钻进结束后将钻头提离孔底 200～500mm，同时大量泵入性能指标符合要求的新泥浆，维持正循环 30min 以上，直到清除孔底沉渣，使泥浆含砂量小于 4% 时为止。
>
> ② 用压缩空气清孔时，用压缩空气机将压缩空气经送风管和混合器送至出水管，使出水管内的泥浆形成气液混合体，其重度小于孔内（出水管外）泥浆的重度，产生重度差。在该重度差作用下，管内的气液混合体上升流动，使孔内泥浆经出水管底进入出水管，并顺其流出桩孔将钻渣排出。同时不断向孔内补给含砂量少的泥浆（或清水），孔内泥浆流动而达到清孔目的。

调节风压即可获得较好的清孔效果。一般用风量 6～9m/min、风压 0.7MPa 的压缩空气机。

② 反循环回转钻机成孔。反循环回转钻进是利用泥浆从钻杆与孔壁间的环状间隙流入钻孔来冷却钻头并携带钻屑，由钻杆内腔返回地面的一种钻进工艺。由于钻杆内腔断面积比钻杆与孔壁间的环状断面积小得多，因此泥浆的上返速度大，一般为 2～3m/s，因而提高排渣能力，能大大提高成孔效率。

实践证明，反循环回转钻进成孔工艺是大直径成孔施工的一种有效的成孔工艺。反循环钻进成孔工艺，按钻杆内泥浆上升流动的动力来源、工作方式和工作原理的不同，分为泵吸反循环钻进、喷射（射流）反循环钻进和气举（压气）反循环钻进三种。其工艺原理如图 4-74 所示。

泵吸反循环是直接利用砂石泵的抽吸作用使钻杆内泥浆上升而形成反循环。射流反循环是利用射流泵射出的高速液流产生负压，使钻杆内的泥浆上升而形成反循环。气举反循环是将压缩空气通过供气管送至井内的气、水混合器，使压缩空气与钻杆内的泥浆混合，形成重度小于 $1N/m^3$ 的三相混合液，在钻杆外环空间水柱压力作用下，使钻杆内三相混合液上升涌出地面，然后将钻渣排出孔外，形成反循环。对于泥浆液面（图 4-75），实践证明只要孔内水头压力比孔外地下水压力大 2×10^4Pa 以上，就能保证孔壁的稳定，即

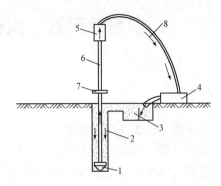

图 4-74 反循环回转钻机成孔工艺原理

1—钻头；2—新泥浆流向；3—沉淀池；4—砂石泵；

5—水龙头；6—钻杆；7—钻机回转装置；8—混合液流向

$$H\gamma_a \geqslant 10^4Pa \tag{4.47}$$

式中，H——孔内液面至地下水位的高度，m；

γ_a——孔内泥浆的重度，N/m^3。

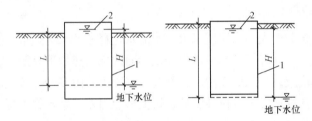

图 4-75 泥浆液面

1—护筒；2—孔内液位

由上式可以看出，要满足静水压力的要求，可以单独增大 H 或 γ_a，或同时改变 H 和 γ_a。但 γ_a 不应过大，最大不宜超过 $1.10\times10^4/m^3$，以防砂石泵启动困难和增大压力损失。但 H 过大会提高设备安装高度，且护筒埋深需加大，以防孔内泥浆顺护筒外侧反窜至地面。

关于钻压，排渣能力强则钻压可大，排渣能力弱则钻压应小，以获得适宜的钻井速度钻压的大小取决于单颗切削工具切入岩土所需要的压力。对于常用的合金钻头，钻压为

$$P=pm \tag{4.48}$$

式中，P——钻压，kN；

p——单颗合金破碎岩土所需压力，土层 $p=0.6\sim0.8kN/$颗，软基岩 $p=0.8\sim1.2kN/$颗，硬基岩 $p=0.9\sim1.6kN/$颗；

m——钻头上合金颗粒数。

至于转速，钻头线速度达到一定值时，再增加转速则钻进速度不增加或增加很少。转轴功率一定时，增加转速会减小回转扭矩，对切削地层不利。

学习单元五　大体积混凝土结构施工

 知识目标

1. 了解混凝土裂缝产生的原因。
2. 掌握混凝土温度应力计算。
3. 熟悉大体积混凝土结构的施工技术。

技能目标

1. 明确混凝土裂缝产生的原因。
2. 能够具备控制温度裂缝的技术能力。
3. 可以进行大体积混凝土结构施工的能力。

基础知识

一、混凝土裂缝简介

　　大体积混凝土由于截面大、水泥用量大，水泥水化释放的水化热会产生较大的温度变化，由于混凝土导热性能差，其外部的热量散失较快，而内部的热量不易散失，造成混凝土各个部位之间的温度差和温度应力，从而产生温度裂缝。混凝土是由多种材料组成的非匀质材料，它具有抗压强度高、耐久性良好及抗拉强度低、抗变形能力差、易开裂等特性。

> **小提示**
>
> 　　混凝土的裂缝理论很多，有唯象理论、统计理论、构造理论、分子理论和断裂理论。近代混凝土的研究，逐渐从宏观向微观过渡。借助于现代化的试验设备，可以证实在尚未承受荷载的混凝土结构中存在着肉眼看不见的微观裂缝。

　　宽度不小于 0.05mm 的裂缝是肉眼可见裂缝，称"宏观裂缝"。宏观裂缝是微观裂缝扩展的结果。

　　1. 大体积混凝土裂缝的类型及裂缝宽度的相关规定

　　按产生原因一般可分为荷载作用下的裂缝（约占 10%）、变形作用下的裂缝（约占 80%）、耦合作用下的裂缝（约占 10%）。

　　按裂缝有害程度分有害裂缝、无害裂缝两种。有害裂缝是裂缝宽度对建筑物的使用功能和耐久性有影响。通常裂缝宽度略超规定 20% 的为轻度有害裂缝，超规定 50% 的为中度有害裂缝，超规定 100% 的（指贯穿裂缝和纵深裂缝）为重度有害裂缝。

　　按裂缝出现时间分为早期裂缝（3～28d）、中期裂缝（28～180d）和晚期裂缝（180～720d，最终 20 年）。

　　混凝土浇筑初期，水泥水化产生大量的水化热，使混凝土的温度很快上升，但由于混凝土表面散热条件较好，热量可向大气中散发，因而温度上升较少；而混凝土内部由于散热条件较差，热量散发少，因而温度上升较多，内外形成温度梯度，从而形成内约束。结果是混凝土内部产生压应力，面层产生拉应力，当该应力超过混凝土的抗拉强度时，混凝土表面就产生裂缝。

混凝土浇筑后数日，水泥水化热基本上已释放，混凝土从最高温逐渐降温，降温的结果引起混凝土收缩；再加上由于混凝土中多余的水分蒸发等引起的体积收缩变形，受到地基和结构边界条件的约束（外约束）而不能自由变形，导致产生温度应力（拉应力），当该温度应力超过龄期下混凝土的抗拉强度时，则从约束面开始向上开裂形成收缩裂缝。如果该温度应力足够大，严重时可能产生贯穿裂缝。

大体积混凝土内出现的裂缝，按其深度一般可分为表面裂缝、深层裂缝和贯穿裂缝（见图 4-76）三种。贯穿裂缝切断了结构断面，破坏结构整体性、稳定性和耐久性等，危害严重。深层裂缝部分切断了结构断面，也有一定危害性。表面裂缝虽然不属于结构性裂缝，但在混凝土收缩时，由于表面裂缝处断面削弱且易产生应力集中，可能促使裂缝进一步发展。

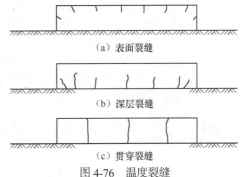

（a）表面裂缝

（b）深层裂缝

（c）贯穿裂缝

图 4-76　温度裂缝

国内外有关规范对裂缝宽度都有相应的规定，一般都是根据结构工作条件和钢筋种类而定。我国的《混凝土结构设计规范》（GB 50010—2010）第 3.4.5 条规定：结构构件应根据结构类型和本规范第 3.5.2 条规定的环境类别（见表 4-12），按表 4-13 所示的规定选用不同的裂缝控制等级及最大裂缝宽度的限值 ω_{lim}。对钢筋混凝土结构的最大允许裂缝宽度亦有明确规定：室内正常环境下的一般构件为 0.3mm；露天或室内潮湿环境时为 0.2mm。

表4-12　　　　　　　　　　　　　混凝土结构的环境类别

环境类别	条件
一	室内干燥环境； 无侵蚀性静水浸没环境
二 a	室内潮湿环境； 非严寒和非寒冷地区的露天环境； 非严寒和非寒冷地区与无侵蚀性的水或土壤直接接触的环境； 严寒和寒冷地区的冰冻线以下与无侵蚀性的水或土壤直接接触的环境
二 b	干湿交替环境； 水位频繁变动环境； 严寒和寒冷地区的露天环境； 严寒和寒冷地区冰冻线以上与无侵蚀性的水或土壤直接接触的环境
三 a	严寒和寒冷地区冬季水位变动区环境； 受除冰盐影响环境； 海风环境

续表

环境类别	条件
三 b	盐渍土环境； 受除冰盐作用环境； 海岸环境
四	海水环境
五	受人为或自然的侵蚀性物质影响的环境

注：1. 室内潮湿环境是指构件表面经常处于结露或湿润状态的环境。

2. 严寒和寒冷地区的划分应符合现行国家标准《民用建筑热工设计规范》（GB 50176）的有关规定。

3. 海岸环境和海风环境宜根据当地情况，考虑主导风向及结构所处迎风、背风部位等因素的影响，由调查研究和工程经验确定。

4. 受除冰盐影响环境是指受到除冰盐盐雾影响的环境，受除冰盐作用环境是指被冰盐溶液溅射的环境以及使用除冰盐地区的洗车房、停车楼等建筑。

5. 暴露的环境是指混凝土结构表面所处的环境。

表4-13　　　　　　　　　　钢筋混凝土结构的裂缝控制等级及最大裂缝宽度的限值

环境类别	钢筋混凝土结构	
	裂缝控制等级	ω_{lim}
一		0.30（0.40）
二 a		0.20
二 b		
三 a、三 b		

注：1. 对处于年平均相对温度小于60%地区一类环境下的受弯构件，其最大裂缝宽度限值可采用括号内的数值。

2. 在一类环境下，对钢筋混凝土屋架、托架及需作疲劳验算的吊车梁，其最大裂缝宽度限值应取为0.20mm；对钢筋混凝土屋面梁和托梁，其最大裂缝宽度限值应取为0.30mm。

一般来说，由于温度收缩应力引起的初始裂缝，不影响结构的瞬时承载能力，而是对耐久性和防水性产生影响。对不影响结构承载能力的裂缝，为防止钢筋锈蚀、混凝土碳化、疏松剥落等，应对裂缝加以封闭或补强处理。对于基础、地下或半地下结构，裂缝主要影响其防水性能。当裂缝宽度只有0.1～0.2mm时，虽然早期有轻微渗水，经过一段时间后一般裂缝可以自愈。裂缝宽度如超过0.2～0.3mm，其渗水量与裂缝宽度的三次方成正比，渗水量随着裂缝宽度的增大而增加甚快，为此，对于这种裂缝必须进行化学灌浆处理。

2. 混凝土裂缝产生的原因

大体积混凝土施工阶段产生的温度裂缝，是其内部矛盾发展的结果。一方面是混凝土由于内外温差产生应力和应变，另一方面是结构的外约束和混凝土各质点间的约束（内约束）阻止这种应变。一旦温度应力超过混凝土能承受的抗拉强度，就会产生裂缝。总结过去大体积混凝土裂缝产生的情况，可知道产生裂缝的主要原因如下：

（1）存在水泥水化热。水泥的水化热是大体积混凝土内部热量的主要来源，由于大体积混凝土截面厚度大，水化热聚集在混凝土内部不易散失。水泥水化热引起的绝热温升与混凝土单位体积中水泥用量和水泥品种有关，并随混凝土的龄期按指数关系增长，一般在10～12d达到最终绝热温升，但由于结构自然散热，实际上混凝土内部的最高温度大多发生在混凝土浇筑后2～5d。

浇筑初期，混凝土的强度和弹性模量都很低，对水化热引起的急剧温升约束不大，因此相应的温度应力也较小。随着混凝土龄期的增长，弹性模量的增高，对混凝土内部降温收缩的约束也就愈来愈大，以至产生很大的温度应力，当混凝土的抗拉强度不足以抵抗温度应力时，便开始出现温度裂缝。

（2）存在约束条件。结构在变形时，会受到一定的抑制而阻碍其自由变形，该抑制即称为"约束"。其中不同结构之间产生的约束为"外约束"，结构内部各质点之间产生的约束为"内约束"。

小 提 示

外约束分为自由体、全约束和弹性约束三种。

① 自由体。自由体即结构的变形不受其他任何结构的约束。结构的变形等于结构自由变形，是无约束变形，不产生约束应力，即变形最大，应力为零。

② 全约束。全约束即结构的变形全部受到其他结构的约束，使结构无任何变形的可能，即应力最大，变形为零。

③ 弹性约束。弹性约束即介于上述两种约束状态之间的一种约束，结构的变形受到部分约束，产生部分变形。结构和约束皆属弹性体，二者之间的相互约束称"弹性约束"，既有变形，又有应力。这是最常遇到的一种约束状态。

内约束是当结构截面较厚时，其内部温度和湿度分布不均匀，引起各质点变形不同而产生的相互约束。

大体积混凝土由于温度变化产生变形，这种变形受到约束才产生应力，在全约束条件下，混凝土结构的变形，应是温差和混凝土线膨胀系数的乘积，即 $\varepsilon = \Delta T \cdot \alpha$，当 ε 超过混凝土的极限拉伸值 ε_p 时，结构便出现裂缝。由于结构不可能受到全约束，且混凝土还有徐变变形，所以当混凝土内外温差在 25℃ 甚至 30℃ 情况下也可能不开裂。

无约束就不会产生应力，因此，改善约束对于防止混凝土开裂有重要意义。

（3）外界气温变化。大体积混凝土结构施工期间，外界气温的变化情况对防止大体积混凝土开裂有重大影响。混凝土的内部温度是浇筑温度、水化热的绝热温升和结构散热降温等各种温度的叠加之和。外界气温愈高，混凝土的浇筑温度也愈高。如外界温度下降，会增加混凝土的降温幅度，特别在外界气温骤降时，会增加外层混凝土与内部混凝土的温度梯度，这对大体积混凝土极为不利。

混凝土的内部温度是由外界温度、浇筑温度、水化热引起的绝热温升和结构散热降温等各种温度的叠加，而温度应力则是由温差所引起的温度变形造成的。温差越大，温度应力也越大，如图 4-77 所示。同时由于大体积混凝土不易散热，混凝土内部温度有时高达 80℃ 以上，且延续时间较长，因此，应研究合理的温度控制措施，以控制大体

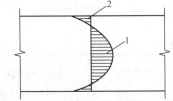

图 4-77 混凝土内外温差引起的温度应力
1—压应力；2—拉应力

积混凝土内外温差引起的过大温度应力。

（4）混凝土收缩变形。混凝土的拌和水中，只有约20%的水分是水泥水化所必需的，其余的80%都要被蒸发。混凝土在水泥水化过程中要产生体积变形，多数是收缩变形，少数为膨胀变形，这主要取决于所采用的胶凝材料的性质。混凝土中多余水分的蒸发是引起混凝土体积收缩的主要原因之一。这种干燥收缩变形不受约束条件的影响，若存在约束，就会产生收缩应力。在大体积混凝土温度裂缝的计算中，可将混凝土的收缩值换算成相当于引起同样温度变形所需要的温度值，即"收缩当量温差"，以便按照温差计算混凝土的应力。

混凝土的干燥收缩机理较复杂，其主要原因是混凝土内部孔隙水蒸发变化时引起的毛细管引力所致。这种干燥收缩在很大程度上是可逆的。混凝土产生干燥收缩后，如果再处于水饱和状态，混凝土还可以膨胀恢复到原有的体积。

除上述干燥收缩外，混凝土还产生碳化收缩，即空气中的CO_2与混凝土水泥石中的$Ca(OH)_2$反应生成碳酸钙，放出结合水，而使混凝土收缩。

混凝土的收缩变形是一个长期过程，已有试验表明，收缩变形在开始干燥时发展较快，以后逐渐减慢，大部分收缩在龄期3个月内出现，但龄期超过20年后，收缩变形仍未停止。

二、混凝土温度应力计算

1. 混凝土绝热最高温升值计算

大体积混凝土中心部分的最高温度，在绝热条件下是混凝土浇筑温度与水泥水热化之和。但实际的施工条件表明，混凝土内部的温度与外界环境必然存在着温差，加上结构物的四周又具备一定的散热条件，因此在新浇筑的混凝土与其周围环境之间必然会发生热能交换。故大体积混凝土内部的最高温度，是由浇筑温度、水泥水化后产生的水化热量全部转化为温升后的最后温度，称为绝热最高温升，一般用T_{max}表示，可按下式计算。

$$T_{max} = \frac{WQ}{c\gamma} \tag{4.49}$$

式中，T_{max}——混凝土的绝热最高温升，℃；

W——每千克水泥的水化热，J/kg；

Q——每立方米混凝土中水泥用量，kg/m^3；

c——混凝土的比热，J/(kg·℃)，一般可取$0.96×10^3$J/(kg·℃)；

γ——混凝土的密度，kg/m^3，一般取2 400 kg/m^3。

不同龄期几种常用水泥在常温下释放的水化热见表4-14。从表中可以看出，水泥水化热量与水泥品种、水泥强度等级、施工气温和龄期等因素有关。

表4-14 水泥水化热值 kJ/kg

水泥品种	水泥等级强度	混凝土龄期		
		3d	7d	28d
普通硅酸盐水泥	42.5	314	354	375
矿渣硅酸盐水泥	42.5	180	256	334

小提示

① 表 4-14 所示数值是按平均硬化温度 15℃时编制的，当平均温度为 7℃～10℃时，表中数值按 60%～70%采用。

② 当采用粉煤灰硅酸盐水泥、火山灰硅酸盐水泥时，其水化热量可参考矿渣硅酸盐水泥的数值。

2. 混凝土最高温升值计算

自 1979 年以来，已施工的许多大体积混凝土结构的现场实测升温、降温数据资料，经过统计整理分析后得出：凡混凝土结构厚度在 1.8m 以下，在计算最高温升值时，可以忽略水灰比、单位用水量、浇筑工艺及浇筑速度等次要因素的影响，而只考虑单位体积水泥用量及混凝土浇筑温度这两个主要影响因素，以简便的经验公式进行计算。工程实践证明，其精确程度完全可以满足指导施工的要求，其计算值与实测值相比误差较小。

土建工程大体积混凝土最高温升值可按下列公式计算。

$$\left.\begin{array}{l} T'_{\max} = t_0 + Q/10 \\ T'_{\max} = t_0 + Q/10 + F/50 \end{array}\right\} \qquad (4.50)$$

式中，$T'_{\max}$——混凝土内部的最高温升值，℃；

t_0——混凝土浇筑温度，℃，在计算时，在无气温和浇筑温度的关系值时，可采用计划浇筑日期的当地平均气温，℃；

Q——每立方米混凝土中水泥的用量，kg/m^3，上述两式适用于 42.5 级矿渣硅酸盐水泥；

F——每立方米混凝土中粉煤灰的用量，kg/m^3。

学习情境四
161

三、控制温度裂缝的技术措施

在大体积混凝土施工过程中，以及施工过程的前后都采取必要的技术措施控制温度应力的发展，最大限度地降低温度应力对混凝土体产生的不利影响，是大体积混凝土基础结构的施工重点之一。

对于大体积混凝土结构，为控制温度裂缝，应着重从混凝土的材质、施工中的养护、环境条件、结构设计以及施工管理上进行控制，从而保证减少混凝土温升、延缓混凝土降温速率、减小混凝土的收缩、提高混凝土的极限拉伸值、改善约束和构造设计，以达到控制裂缝的目的。

根据我国大体积混凝土结构施工经验，为防止产生温度裂缝，应着重在控制混凝土温升、延缓混凝土降温速率、减小混凝土收缩、提高混凝土极限拉伸值、改善约束和完善构造设计等方面采取措施。另外，在大体积混凝土结构施工过程中的温度监测亦十分重要，它可使有关人员及时了解混凝土结构内部温度变化情况，必要时可临时采取事先考虑的有效措施，以防止混凝土结构产生温度裂缝。

1. 控制技术

（1）控制混凝土温升。大体积混凝土结构在降温阶段，由于降温和水分蒸发等原因产生收缩，再加上存在外约束不能自由变形而产生温度应力。因此，控制水泥水化热引起的温升，即减小降温温差，这对降低温度应力、防止产生温度裂缝能起到很好的作用。

为控制大体积混凝土结构因水泥水化热而产生的温升，可以采取下列措施。

① 选用中低热的水泥品种。混凝土升温的热源是水泥水化热，选用中低热的水泥品种，可减少水化热，使混凝土减少升温。例如，优先选用等级为 32.5、42.5 的矿渣硅酸盐水泥，因其与同等级的矿渣水泥和普通硅酸盐水泥相比，3d 的水化热可减少 28%。在结构施工过程中，由于结构设计的硬性规定极大地制约了材料的选择，混凝土强度不可能因为考虑到施工工作性能的优劣而有所增减，因此，在保证混凝土强度的前提下，如何尽可能地减小水化热这个问题就显得尤其重要。《大体积混凝土施工规范》（GB 50496—2009）中的相关规定要求，一般应选用中、低热硅酸盐水泥或低热矿渣硅酸盐水泥，且大体积混凝土施工时所用水泥的 3d 水化热宜大于 240kJ/kg，7d 水化热宜大于 270kJ/kg。当混凝土有抗渗指标要求时，所用水泥的铝酸三钙含量不宜大于 8%。

② 利用混凝土的后期强度。由水泥水化热而导致的温度应力是地下室墙板产生裂缝的主要原因，且混凝土的强度、抗渗等级越高，结构产生裂缝的概率也越高。在地下室外墙施工中，除了在保证设计要求的条件下尽量降低混凝土的强度等级以减少水化热外，还应该充分利用混凝土的后期强度。试验数据证明，每立方米的混凝土水泥用量，每增减 10kg，水泥水化热将使混凝土的温度相应升降 1℃。因此，为控制混凝土温升，降低温度应力，减小产生温度裂缝的可能性，可根据结构实际承受荷载情况，对结构的刚度和强度进行复算并在取得设计和质量检查部门的认可后，采用 f_{45}、f_{60} 或 f_{90} 替代 f_{28} 作为混凝土设计强度，这样可使每立方米混凝土的水泥用量减少 40～70kg，混凝土的水化热温升相应减小 4℃～7℃。

162

小 提 示

> 由于高层建筑与大型工业设施等的施工工期很长，其基础等大体积混凝土结构承受的设计荷载要在较长时间之后才施加其上，所以只要能保证混凝土的强度在 28d 之后继续增长，且在预计的时间（45d、60d 或 90d）能达到或超过设计强度即可。

利用混凝土后期强度，要专门进行混凝土配合比设计，并通过试验证明 28d 之后混凝土强度继续增长。

③ 掺加木质素磺酸钙减水剂。木质素磺酸钙（简称木钙）属于阴离子表面活性剂，对水泥颗粒有明显的分散效应，并能使水的表面张力降低而引起加气作用，因此，在混凝土中掺入水泥用量约 0.25% 的木钙减水剂，不仅能使混凝土的和易性有明显的改善，同时又减少了 10% 左右的拌和水，节约了 10% 左右的水泥，从而降低了水化热。混凝土中掺入木钙减水剂后，7d 的水化热略有增大，但可减小水泥用量 10% 左右，因此水化热还是降低的，并且可以延迟水化热释放的速度，这样不但可以减小温度应力，而且还可以使初凝和终凝的时间相应延缓 5～8h，可大大减少大体积混凝土施工过程中出现温度裂缝的可能性。

④ 掺加粉煤灰外掺料。粉煤灰是泵送混凝土的重要组成部分，它能有效地提高混凝土的抗渗性能，显著改善混凝土拌料的工作性能，并具有减水作用。由于粉煤灰的火山灰活性效应及微珠效应，具有优良性质的粉煤灰（不低于二级）在一定掺入量下（水泥质量的 15%～20%）还可以使混凝土的强度有所增加，包括早期强度；同时，粉煤灰的掺入可以使混凝土密实度增加，收缩变形有所减少，泌水量下降，坍落度损失减小。通过预配试验，可取得降低水灰比、

减少水泥浆用量、提高混凝土可泵性等良好的效果，特别是可以明显地延缓水化热峰值的出现，降低温度峰值，并能改善混凝土的后期强度。一般情况下，粉煤灰的掺量不宜超过胶凝材料用量的 40%，矿渣粉的掺量不宜超过胶凝材料用量的 50%，粉煤灰和矿渣粉掺和料的总量不宜大于混凝土中胶凝材料用量的 50%。

绝热条件下掺加磨细粉煤灰的混凝土温升，见表 4-15。

表4-15　　　　　　　　　　　　绝热条件下掺加磨细粉煤灰的混凝土温升

m_c+m_F /kg	$\dfrac{m_F}{m_c+m_F}$ / %	混凝土温升/℃					m_c+m_F 的水化热/（kJ·kg^{-1}）				
		1d	3d	7d	14d	28d	1d	3d	7d	14d	28d
358	0	20.0	29.0	35.0	39.2	（40.5）	133.6	193.8	427.5	261.7	277.2
	30	14.5	21.9	27.8	31.2	（33.5）	96.3	144.0	184.6	206.8	222.7
	50	9.3	14.8	18.9	22.6	（24.5）	58.6	93.4	119.3	142.4	144.9
311	0	17.7	26.2	30.5	33.0	32.5	135.7	200.5	233.6	252.5	269.6
	30	11.6	18.2	22.8	26.9	28.9	88.3	138.6	173.8	205.2	220.6
	50	6.5	11.6	15.7	18.8	20.3	47.3	100.9	113.9	136.1	147.0
264	0	15.0	22.5	27.3	28.8	30.3	135.2	202.6	245.8	259.2	273.0
	30	9.8	15.1	19.7	23.3	24.9	87.9	135.2	176.3	208.9	223.2
	50	5.6	10.0	13.9	16.8	18.2	47.7	85.4	118.5	143.6	155.3

注：1. 有括号者为少水化热硅酸盐水泥。

　　2. m_c 为水泥数量。

　　3. m_F 为磨细粉煤灰数量。

⑤ 合理选择粗细集料。

（a）含泥量。砂石的含泥量对于混凝土的抗拉强度与收缩都有很大的影响，在某些控制不是很严格的情况下，在浇捣混凝土的过程中会发现有泥块，这会降低混凝土的抗拉强度，引起结构严重开裂，因此应严格控制。

（b）骨料粒径。在施工中，增大粗骨料的粒径可减少用水量，并使混凝土的收缩和泌水量减小，同时也相应地减少水泥的用量，从而减少了水泥的水化热，最终降低混凝土的温升，因此，粗骨料的最大粒径应尽可能地大一些，以便在发挥水泥有效作用的同时达到减少收缩的目的。对于地下室外墙大体积混凝土，粗骨料的规格往往与结构的配筋间距、模板形状以及混凝土浇筑工艺等因素有关。一般情况下，连续级配的粗骨料配制的混凝土具有较好的和易性、较少的用水量和水泥用量、较高的抗压强度，应优先选用。

（c）砂率和细度模数。在选择细骨料时，应以中、粗砂为宜，根据有关试验资料表明，当采用细度模数为 2.79、平均粒径为 0.38 的中、粗砂时，比采用细度模数为 2.12、平均粒径为 0.336 的细砂，每立方米混凝土可减少用水量 20～25kg，水泥用量可相应减少 28～35kg，这样就降低了混凝±的温升和混凝土的收缩。

新上海国际大厦是一幢现浇筒体的高层建筑，其结构主体 38 层，地下室 4 层，层高 3.0m。该工程地下室外墙延长米为 280m，墙板厚 600mm，施工要求不留施工缝一次浇筑。为了控制裂缝，施工单位首先在材料上就进行了周密的配比选择，同时配合其他技术措施，最终取得了较为理想的效果。其主要的施工措施包括在水泥品种上采用了矿渣水泥，混凝土坍落度为12±2cm，初凝大于10h；同时采用双掺技术，即掺入粉煤灰和减水剂以降低水化热；在选择粗细骨料时，保证砂的细度模数在2.4以上，含泥量小于2%，石子连续级配，含泥量小于1%。

> **小提示**
>
> 　　泵送混凝土的输送管道除直管外，还有锥形管、弯管和软管等。当混凝土通过锥形管和弯管时，混凝土颗粒间的相对位置就会发生变化，此时如混凝土的砂浆量不足，便会产生堵管现象，所以在级配设计时适当提高砂率是完全必要的。但是砂率过大，将对混凝土的强度产生不利影响。因此在满足可泵性的前提下，应尽可能使砂率降低。

　　⑥ 混凝土浇筑与振捣。对于地下室墙体结构的大体积混凝土浇筑，除了一般的施工工艺以外，应采取一些技术措施，以减少混凝土的收缩，提高极限拉伸，这对控制温度裂缝很有作用。

　　改进混凝土的搅拌工艺对改善混凝土的配合比、减少水化热、提高极限拉伸有着重要的意义。传统的混凝土搅拌工艺在混凝土搅拌过程中水分直接润湿石子表面，并在混凝土成型和静置的过程中，自由水进一步向石子与水泥砂浆界面集中，形成石子表面的水膜层；在混凝土硬化以后，由于水膜层的存在而使界面过渡层疏松多孔，削弱了石子与硬化水泥砂浆之间的黏结，形成了混凝土最薄弱的环节，从而对混凝土的抗压强度和其他物理力学性能产生不良的影响。为了进一步提高混凝土质量，采用二次投料的砂浆裹石或净浆裹石搅拌新工艺，可有效地防止水分向石子与水泥砂浆的界面集中，使硬化后界面过渡层的结构致密，黏结加强，从而使混凝土的强度提高10%左右，也提高了混凝土的抗拉强度和极限拉伸值；当混凝土的强度基本相同时，可减少7%左右的水泥用量。

　　另外，对浇筑后的混凝土进行二次振捣，能排除混凝土因泌水而在粗骨料、水平钢筋下部生成的水分和空隙，提高混凝土与钢筋的握裹力，防止因混凝土沉落而出现的裂缝，减小内部微裂，增加混凝土密实度，使混凝土的抗压强度提高10%～20%，从而提高抗裂性。混凝土二次振捣的恰当时间是指混凝土经振捣后还能恢复到塑性状态的时间，一般称为振动界限，在实际工程中应由试验确定。由于采用二次振捣的最佳时间与水泥的品种、水灰比、坍落度、气温和振捣条件等有关，同时，在确定二次振捣时间时，既要考虑技术上的合理，又要满足分层浇筑、循环周期的安排，在操作时间上要留有余地，避免由于这些失误而造成"冷接头"等质量问题。

　　⑦ 控制混凝土的出机温度和浇筑温度。为了降低大体积混凝土总温升和减少结构的内外温差，控制出机温度和浇筑温度同样很重要。

　　混凝土从搅拌机出料后，经过运输、泵送、浇筑、振捣等工序后的温度称为混凝土的浇筑温度。由于浇筑温度过高会引起较大的干缩，因此应适当地限制混凝土的浇筑温度，一般情况下，建议混凝土的最高浇筑温度应控制在40℃以下。

　　为了降低大体积混凝土总温升和减小结构的内外温差，控制出机温度是很重要的。在混凝土的原材料中，石子的比热较小，但其在每立方米混凝土中所占的质量较大。水的比热最大，但它在混凝土中占的质量却最小。因此，对混凝土的出机温度影响最大的是石子和水的温度，砂的温度次之，水泥的温度影响最小。针对以上的情况，在施工中，为了降低混凝土的出机温度，应采取有效的方法降低石子的温度。在气温较高时，为了防止太阳的直接照射，可在砂、石子堆场搭设简易遮阳装置，必要时，须向骨料喷射水雾或使用冷水冲洗骨料。

根据搅拌前混凝土原材料总的热量与搅拌后混凝土总热量相等的原理，可得出混凝土的出机温度 T_0：

$$T_0 = \frac{(c_s + c_w\omega_s)m_sT_s + (c_g + c_w\omega_g)m_gT_g}{c_sm_s + c_gm_g + c_wm_w + c_cm_c} + \frac{c_cm_cT_c + c_w(m_w\omega_sm_c - \omega_gm_g)T_w}{c_sm_s + c_gm_g + c_wm_w + c_cm_c} \qquad (4.51)$$

式中，c_s、c_g、c_c、c_w——砂、石、水泥和水的比热，J/（kg·℃）；

m_s、m_g、m_c、m_w——每立方米混凝土中砂、石、水泥和水的用量，kg/m³；

T_s、T_g、T_c、T_w——砂、石、水泥和水的温度，℃；

ω_s、ω_g——砂、石的含水量，%。

计算时一般取：

$$c_s = c_g = c_c = 800\text{J/}（\text{kg}·℃） \qquad (4.52)$$

$$c_w = 4\,000\text{J/}（\text{kg}·℃） \qquad (4.53)$$

⑧ 混凝土养护。地下室外墙浇筑以后，为了减少升温阶段的内外温差，防止因混凝土表面脱水而产生干缩裂缝，应对混凝土进行适当的潮湿养护；为了使水泥顺利进行水化，提高混凝土的极限拉伸和延缓混凝土的水化热降温速度，防止产生过大的温度应力和温度裂缝，应加强对混凝土进行保湿和保温养护。另外，施工中采取合理的技术措施很重要，例如，采用带模养护、推迟拆模时间等方法都对控制裂缝起很大的作用。

潮湿养护是在混凝土浇筑后，在其表面不断地补给水分，其方法有淋水、铺设湿砂层、湿麻袋或草袋等，并最好在表面盖一层塑料薄膜。潮湿养护的时间是越长越好，但考虑到工期因素，一般不少于半个月，重要结构不少于 1 个月。混凝土浇筑后数月内，即使养护完毕，也不宜长期直接暴露在风吹日晒的条件下。对地下室墙体这一类的结构，也可采用自动喷淋管（塑料管带有细孔）进行自动给水养护，用长墙上的水平淋水管长期连续对墙体进行淋水养护，效果是比较好的。如果使用养护剂涂层进行养护时，必须注意养护剂的质量及必要的涂层厚度，同时还应提供一定的潮湿养护条件，覆盖一层塑料薄膜。

保温养护时，可采用 2~3 层的草袋或草垫之类的保温材料进行覆盖养护。

⑨ 防风和回填。外部气候也是影响混凝土裂缝发生和开展的因素之一，其中，风速对混凝土的水分蒸发有直接的影响，不可忽视，地下室外墙混凝土应尽量封闭门窗，减少对流。

土是最佳的养护介质，地下室外墙混凝土施工完毕后，在条件允许的情况下应尽快回填。

小 提 示

为了降低大体积混凝土总温升和减小结构的内外温差，控制混凝土的浇筑温度也很重要。混凝土中的集料比热较小，其用量占混凝土的 70%~80%；水的比热很大，其用量仅占混凝土用量的很小部分，一般不超过 10%。

（2）延缓混凝土降温速率。大体积混凝土浇筑后，为了减小升温阶段内外温差，防止产生表面裂缝，使水泥顺利进行水化，提高混凝土的极限拉伸值，以及使混凝土的水化热降温速率

延缓，减小结构计算温差、防止产生过大的温度应力和产生温度裂缝、对混凝土进行保湿和保温养护是必要的。

大体积混凝土表面保温、保湿材料的厚度，可根据热交换原理按下式计算：

$$\delta = \frac{0.5h\lambda(T_2 - T_g)}{\lambda_c(T_{max} - T_2)} \cdot K \qquad (4.54)$$

式中，δ——保温材料的厚度，m；

h——结构厚度，m；式中的 $0.5h$，是指混凝土中心最高温度向边界散热的距离，取结构物厚度的 1/2；

λ——保温材料的导热系数，W/（m·℃）；

λ_c——混凝土的导热系数，W/（m·℃），可取 2.3W/（m·℃）；

T_2——混凝土表面的温度，℃；

T_{max}——混凝土中心最高温度，℃；

T_g——混凝土达到最高温度（浇筑后 3～5d）时的大气平均温度，℃；

K——传热系数的修正值（见表4-16）。

表4-16　　　　　　　　　　传热系数的修正值K

保温层种类	K_1	K_2
1. 保温层纯粹由容易透风的保温材料组成	2.6	3.00
2. 保温层由容易透风的保温材料组成，但在混凝土面层上铺一层不易透风的保温材料	2.00	2.30
3. 保温层由容易透风的保温材料组成，并在保温层上再铺一层不易透风的材料	1.60	1.90
4. 保温层由容易透风的保温材料组成，而保温层的上面和下面各铺一层不易透风的材料	1.30	1.50
5. 保温层纯粹由不易透风的保温材料组成	1.30	1.50

注：1. K_1 值为一般刮风情况（风速＜4m/s）且结构物位置高出地面水平不大于 25m 的修正系数；K_2 是刮大风时的修正系数。

2. 属于不易透风保温材料的有油布、帆布、棉麻毡、胶合板、安装很好的模板；属于容易透风的保温材料有稻草板、锯末、砂子、炉渣、油毡、草袋等。

大体积混凝土结构进行蓄水养护亦是一种较好的方法，我国一些工程曾采用过。

混凝土终凝后，在其表面蓄存一定深度的水。由于水的导热系数为 0.58W/（m·℃），具有一定的隔热保温效果，这样可延缓混凝土内部水化热的降温速率，缩小混凝土中心和混凝土表面的温差值，从而可控制混凝土的裂缝开展。

根据热交换原理，每一立方米混凝土在规定时间内，内部中心温度降低到表面温度时放出的热量，等于混凝土在此养护期间散失到大气中的热量。此时混凝土表面所需的热阻系数可按下式计算：

$$R = \frac{XM(T_{max} - T_2)K}{700T_j + 0.28m_cQ} \qquad (4.55)$$

式中，R——混凝土表面的热阻系数，℃/W；

X——混凝土维持到指定温度的延续时间，h；

M——混凝土结构物的表面系数，$M=F/V$，1/m；

F——结构物与大气接触的表面面积，m^2；

V——结构物的体积，m^3；

T_{max}——混凝土中心最高温度，℃；

T_2——混凝土表面的温度，℃；

K——传热系数的修正值，蓄水养护时取 1.3；

700——混凝土的热容量，即比热与表观密度的乘积，kJ/（$m^3 \cdot$ ℃）；

T_j——混凝土浇筑、振捣完毕开始养护时的温度，℃；

m_c——每立方米混凝土中的水泥用量，kg；

Q——混凝土在指定龄期内水泥的水化热，kJ/kg。

热阻系数与保温材料的厚度和导热系数有关，当采用水作为保温养护材料时，可按下式计算混凝土表面的蓄水深度：

$$h_s = R\lambda_w \tag{4.56}$$

式中，h_s——混凝土表面的蓄水深度，m；

R——热阻系数；

λ_w——水的导热系数，取 0.58W/（$m \cdot$ ℃）。

此外，在大体积混凝土结构拆模后，宜尽快回填土，用土体保温避免气温骤变时产生有害影响，也可延缓降温速率，避免产生裂缝。

（3）减少混凝土收缩，提高混凝土的极限拉伸值。通过改善混凝土的配合比和施工工艺，可以在一定程度上减小混凝土的收缩和提高其极限拉伸值，这对防止产生温度裂缝也起到一定的作用。

混凝土的收缩值和极限拉伸值，除与上述的水泥用量、集料品种级配、水灰比、集料含泥量等有关外，还与施工工艺和施工质量密切相关。

对浇筑后的混凝土进行二次振捣，能排除混凝土因泌水在粗集料、水平钢筋下部生成的水分和空隙，提高混凝土与钢筋的握裹力，防止因混凝土脱落而出现的裂缝，减小内部微裂，增加混凝土密实度，使混凝土的抗压强度提高 10%～20%，从而提高抗裂性。

混凝土二次振捣的恰当时间是指混凝土经振捣后尚能恢复到塑性状态的时间，一般称为振动界限。

小提示

掌握二次振捣恰当时间的方法一般有以下两种。

① 将运转着的振动棒以其自身的重力逐渐插入混凝土中进行振捣，混凝土仍可恢复塑性的程度是使振动棒小心拔出时混凝土仍能自行闭合，而不会在混凝土中留下孔穴，则可认为当时施加二次振捣是适宜的。

② 为了准确地判定二次振捣的适宜时间，国外一般采用测定贯入阻力值的方法进行判定。即当标准贯入阻力值达到 350N/cm^2 以前进行二次振捣是有效的，不会损伤已成型的混凝土。根据有关试验结果，当标准贯入阻力值为 350N/cm^2 时，对应的立方体试块强度约为 25N/cm^2，对应的压痕仪强度值约为 27N/cm^2。

由于采用二次振捣的最佳时间与水泥品种、水灰比、坍落度、气温和振捣条件等有关，因此，在实际工程使用前做些试验是必要的。同时在最后确定二次振捣时间时，既要考虑技术上的合理性，又要满足分层浇筑、循环周期的安排，在操作时间上要留有余地，避免由于这些失误而造成"冷接头"等质量问题。

此外，改进混凝土的搅拌工艺也很有意义。传统混凝土搅拌工艺在混凝土搅拌过程中水分直接润湿石子表面，在混凝土成型和静置过程中，自由水进一步向石子与水泥砂浆界面集中，形成石子表面的水膜层。在混凝土硬化后，由于水膜的存在而使界面过渡层疏松多孔，削弱了石子与硬化水泥砂浆之间的黏结，形成混凝土中最薄弱的环节，从而对混凝土抗压强度和其他物理力学性能产生不良影响。

为了进一步提高混凝土质量，可采用二次投料的砂浆裹石或净浆裹石搅拌新工艺，这样可有效地防止水分向石子与水泥砂浆界面集中，使硬化后的界面过渡层的结构致密，黏结加强，从而可使混凝土强度提高 10%左右，也提高了混凝土的抗拉强度和极限拉伸值。当混凝土强度基本相同时，可减少 7%左右的水泥用量。

（4）改善边界约束和构造设计。改善边界约束和构造设计可采取下述措施。

① 设置滑动层。高层建筑大体积混凝土基础承受外部约束作用较大，其主要问题是来自地基对混凝土基础降温收缩时的约束作用。如在与外约束的接触面上全部设滑动层，则可大大减弱外约束。如在外约束的两端各 1/5～1/4 的范围内设置滑动层，则结构的计算长度可折减约一半。为此，遇有约束强的岩石类地基或较厚的混凝土垫层时，可在接触面上设滑动层，这将对减小温度应力起显著作用。

滑动层的做法有：涂刷两道热沥青加铺油毡一层；铺设 10～20mm 厚沥青砂；铺设 50mm 厚砂或石屑层等。

② 避免应力集中。在孔洞周围、变断面转角部位、转角处等由于温度变化和混凝土收缩，会产生应力集中而导致裂缝。为此，可在孔洞四周增配斜向钢筋、钢筋网片；在变断面处避免断面突变，可作局部处理使断面逐渐过渡，同时增配抗裂钢筋，可有效防止裂缝产生。

③ 设置缓冲层。在高、低底板交接处及底板地梁等处，用 30～50mm 厚聚苯乙烯泡沫塑料作垂直隔离，以缓冲基础收缩时的侧向压力，如图 4-78 所示。

④ 合理配筋。在设计构造方面还应重视合理配筋对混凝土结构抗裂的有益作用。当混凝土的底板或墙板的厚度为 200～600mm 时，可采取增配构造钢筋，使构造筋起到温度筋的作用，有效提高混凝土抗裂性能。

配筋应尽可能采用小直径、小间距。例如，直径为 $\phi8$～$\phi14$ 的钢筋，间距150mm，按全截面对称配置比较合理，这样可提高抵抗贯穿性开裂的能力。

全截面含筋率控制在 0.3%～0.5%为好。实践证明，当含筋率小于 0.3%时，混凝土容易开裂。

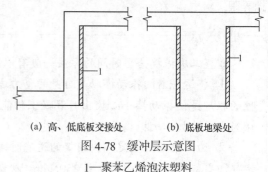

(a) 高、低底板交接处　　(b) 底板地梁处

图 4-78　缓冲层示意图

1—聚苯乙烯泡沫塑料

受力钢筋能满足变形构造要求时，可不再增加温度筋。构造筋如不能起到抗约束作用，应增配温度筋。

对于大体积混凝土，构造筋对控制贯穿性裂缝的作用较小。但沿混凝土表面配置钢筋，可提高面层抗表面降温的影响和干缩。

⑤ 合理分段施工。当大体积混凝土结构的尺寸过大，通过计算证明整体一次浇筑产生的温度应力过大，有可能产生温度裂缝时，则可与设计单位研究后合理地用"后浇带"分段进行浇筑。

小 提 示

"后浇带"是在现浇混凝土结构中，于施工期间留设的临时性的温度和收缩变形缝，在后浇带处受力钢筋不断开，仍为连续的。该缝根据工程安排保留一定时间，然后用混凝土填筑密实成为整体的无伸缩缝结构。

用"后浇带"分段施工时，其计算是将降温温差和收缩分为两部分。在第一部分内结构被分成若干段，使之能有效地减小温度和收缩应力；在施工后期再将这若干段浇筑成整体，继续承受第二部分降温温差和收缩的影响。这两部分降温温差和收缩作用下产生的温度应力叠加，其值应小于混凝土的设计抗拉强度。此即利用"后浇带"控制产生裂缝并达到不设永久性伸缩缝的原理。

"后浇带"的间距，由最大整浇长度计算确定，在正常情况下其间距一般为 20～30m。"后浇带"的保留时间多由设计确定，一般不宜少于 40d。在此期间，早期温差及 30%以上的收缩已完成。

"后浇带"的宽度应考虑方便施工，避免应力集中，使"后浇带"在混凝土填筑后承受第二部分温差及收缩作用下的内应力（即约束应力）分布得较均匀，故其宽度可取 70～100cm。当地上、地下都为现浇混凝土结构时，在设计中应标出"后浇带"的位置，并应贯通地下和地上整个结构，但该部分钢筋应连续不断。"后浇带"的构造如图 4-79 所示。

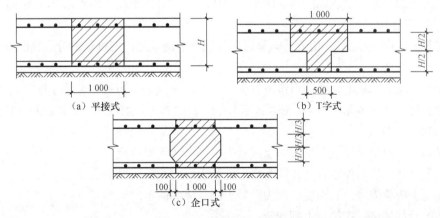

（a）平接式　（b）T字式　（c）企口式

图 4-79 "后浇带"构造

"后浇带"处宜用特制模板，在填筑混凝土前，必须将整个混凝土表面的原浆凿清形成毛面，清除垃圾及杂物，并隔夜浇水润湿。

填筑"后浇带"处的混凝土可采用微膨胀或无收缩水泥。要求混凝土强度等级比原结构的提高 $5\sim10N/mm^2$，并保持很多于 15d 的潮湿养护。"后浇带"处不能漏水。

2. 施工监测

为了进一步明确大体积混凝土水化热的多少，不同深度处温度升降的变化规律，随时监测混凝土内部温度情况，以便有的放矢地采取相应技术措施确保工程质量，可在混凝土内不同部位埋设传感器，用混凝土温度测定记录仪，进行施工全过程的跟踪和监测。

（1）混凝土温度监测系统。混凝土温度监测系统包括温度传感器、信号放大和变换装置、计算机等。

① 温度传感器：目前用电流型精密半导体温度传感器，它有良好的测温特性；非线性误差极小，热惯性也小，可迅速反映混凝土的温度变化。由于是电流型的，其输出的电流只与温度有关，与接触电阻、电压等外界因素无关，也不必采取电阻补偿措施。传感器主要布置在有代表性的测点处。

② 信号放大和变换装置：采用了电压抗干扰滤波、光电隔离、V-F 变换等一系列抗干扰措施，即使现场有动力机械、电焊机、振动器等强干扰源，仍能可靠地工作，保证信号放大与变换有 1/1 000 的测量精度。

③ 计算机：计算机控制有良好的人机界面，能适时采集和监测温度值，而且能自动生成温度曲线，可在屏幕和打印机上输出。可随时输出不同时刻各测点（可测 80 多个测点）的温度报表。

每次新测数据自动存储在磁盘上，可长期保存。

混凝土温度监测多由专业单位进行，如施工单位自己有设备，亦可自行监测。这种监测可做到信息化施工，根据监测结果随时可采取措施，以保证混凝土不出现裂缝。

（2）温控施工的监测与试验。

① 大体积混凝土浇筑体内监测点的布置，应真实地反映出混凝土浇筑体内最高温升、里表温差、降温速率及环境温度，可按下列方式布置。

● 监测点的布置范围应以所选混凝土浇筑体平面图对称轴线的半条轴线为测试区，在测试区内监测点按平面图分层布置。

● 在测试区内，监测点的位置与数量可根据混凝土浇筑体内温度场的分布情况及温控的要求确定。

● 在每条测试轴线上，监测点位不宜少于 4 处，应根据结构的几何尺寸布置。

● 沿混凝土浇筑体厚度方向，必须布置外表、底面和中心温度测点，其余测点宜按测点间距不大于 600mm 布置。

● 保温养护效果及环境温度监测点数量应根据具体需要确定。

● 混凝土浇筑体的外表温度，宜为混凝土外表以内 50mm 处的温度。

● 混凝土浇筑体底面的温度，宜为混凝土浇筑体底面上的温度。

② 测温元件的选择应符合下列规定。

● 测温元件的测温误差不应大于 0.3℃（25℃环境下）。

● 测试范围应为 -30℃～150℃。

- 绝缘电阻应大于 500MΩ。

③ 温度和应变测试元件的安装及保护，应符合下列规定。

- 测试元件安装前，必须在水下 1m 处经过浸泡 24h 不损坏。

- 测试元件接头安装位置应准确，固定应牢固，并应与结构钢筋及固定架金属体绝热。

- 测试元件的引出线宜集中布置，并应加以保护。

- 测试元件周围应进行保护，混凝土浇筑过程中，下料时不得直接冲击测试测温元件及其引出线，振捣时，振捣器不得触及测温元件及引出线。

④ 测试过程中宜及时描绘出各点的温度变化曲线和断面的温度分布曲线。

四、大体积混凝土结构施工

大体积混凝土工程的施工宜采用整体分层连续浇筑施工（见图 4-80）或推移式连续浇筑施工（见图 4-81）。

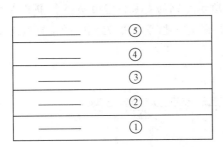

图 4-80　整体分层连续浇筑施工

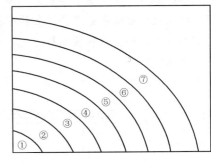

图 4-81　推移式连续浇筑施工

1. 施工技术准备

（1）大体积混凝土施工前应进行图纸会审，提出施工阶段的综合抗裂措施，制定关键部位的施工作业指导书。

（2）大体积混凝土施工应在混凝土的模板和支架、钢筋工程、预埋管件等工作完成并验收合格的基础上进行。

（3）施工现场设施应按施工总平面布置图的要求按时完成，场区内道路应直而平坦，必要时，应与市政、交管等部门协调，制订场外交通临时疏导方案。

（4）施工现场的供水、供电应满足混凝土连续施工的需要，当有断电可能时，应有双回路供电或自备电源等措施。

（5）大体积混凝土的供应能力应满足混凝土连续施工的需要，不宜低于单位时间所需量的1.2 倍。

（6）用于大体积混凝土施工的设备，在浇筑混凝土前应进行全面的检修和试运行，其性能和数量应满足大体积混凝土连续浇筑的需要。

（7）混凝土的测温监控设备宜按规范的有关规定配置和布设，标定调试应正常，保温用料应齐备，并应派专人负责测温作业管理。

（8）大体积混凝土施工前，应对工人进行专业培训，并应逐级进行技术交底，同时应建立严格的岗位责任制和交接班制度。

2. 钢筋工程施工

大体积混凝土结构的钢筋多具有数量多、直径大、分布密、上下层钢筋高差大等特点。

为使钢筋网片的钢筋网格方整划一、间距正确，在进行钢筋绑扎或焊接时，宜采用卡尺限位，卡尺长 4～5m，根据钢筋间距设有缺口，绑扎时在长钢筋的两端用卡尺缺口卡住钢筋，待绑扎后拿去卡尺，既满足钢筋间距的质量要求，又能加快绑扎速度。粗钢筋的连接，可用对接焊、锥螺纹、直螺纹和套筒挤压连接。由于底板或承台的受力钢筋长度较大，完全在地面上连接后下移至基坑内较困难，一般先在地面上以对接焊接长至一定长度，然后下移至基坑内再用机械（锥螺纹、直螺纹、套筒挤压连接）进行最后连接，当然亦可全部用机械连接。

> **小 提 示**
>
> 大体积混凝土结构由于厚度大，多有上、下两层双向钢筋。为保证上层钢筋的标高和位置准确无误，应设立支架支撑上层钢筋。图 4-82 所示为钢筋支架，它由 $\phi25$ 钢筋构成的门形架组成，门形架钢筋底端与桩头四角的主筋焊接固定，也可以用 75×10 的角钢构造支架，但费用较高。

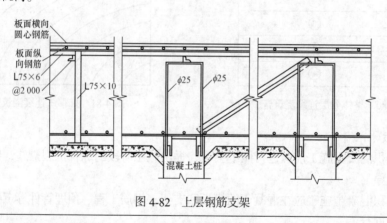

图 4-82　上层钢筋支架

如果支架除了支撑上层钢筋外，还支撑操作平台的施工荷载，则钢筋支架的强度和稳定性可能不足，宜改用型钢支架。

钢筋网片和骨架多在钢筋加工厂成型，运到工地进行安装。工地有时亦设简易钢筋加工成型机械，以便临时补缺。

3. 模板工程施工

模板是保证工程结构外形和尺寸的关键，而混凝土对模板的侧压力是确定模板尺寸的依据。大体积混凝土采用泵送工艺，其特点是速度快，浇筑面集中，不可能同时将混凝土均匀地分送到浇筑混凝土的各个部位，而是立即使某一部分的混凝土升高很大，然后再移动输送管，依次浇筑另一部分的混凝土。因此采用泵送工艺的大体积混凝土的模板，不能按传统、常规的办法配置。应根据实际受力状况，对模板和支撑系统等进行计算，以确保模板体系具有足够的强度和刚度。

大体积混凝土结构基础垫层面积较大，垫层浇筑后其面层不可能在同一水平面。因此宜在基础钢模板下端通长铺设一根 50mm×100mm 小方木，用水平仪找平，以确保基础钢模板安装后其上表面能在同一标高上。另外，应沿基础纵向两侧及横向于混凝土浇筑最后结束的一侧，在小方木上开设 50mm×300m 的排水孔，以便将在大体积混凝土浇筑时产生的泌水和浮浆排出。

箱形基础的底板模板，多将组合钢模板或钢框胶合板模板按照模板配板设计组装成大块模板进行安装，不足之处以异形模板补充，亦可用胶合板加支撑组成底板侧模。

箱形基础的墙、柱模板及顶板模板与上部结构模板相似，可用组合钢模板、钢框胶合板模板及胶合板组成。

小 提 示

大体积混凝土模板工程施工应符合下列要求。

① 大体积混凝土的模板和支架系统应按国家现行有关标准的规定进行强度、刚度和稳定性验算，同时还应结合大体积混凝土的养护方法进行保温构造设计。

② 模板和支架系统在安装、使用和拆除过程中，必须采取防倾覆的临时固定措施。

③ 后浇带或跳仓法留置的竖向施工缝，宜用钢板网、铁丝网或小板条拼接支模，也可用快易收口网进行支挡。后浇带的垂直支架系统宜与其他部位分开。

④ 大体积混凝土的拆模时间，应满足国家现行有关标准对混凝土的强度要求，混凝土浇筑体表面与大气温差不应大于 20℃。当模板作为保温养护措施的一部分时，其拆模时间应根据温控要求确定。

⑤ 大体积混凝土宜适当延迟拆模时间，拆模后，应采取措施预防寒流袭击、突然降温和剧烈干燥等。

---

4. 混凝土工程施工

高层建筑基础工程的大体积混凝土数量巨大，最适宜用混凝土泵或泵车进行浇筑。

混凝土泵型号的选择，主要根据单位时间需要的浇筑量及泵送距离来确定。基础尺寸不是很大，可用布料杆直接浇筑时，宜选用带布料杆的混凝土泵车。否则，就需要布管，采用一次伸长至最远处，采用边浇边拆的方式进行浇筑。

混凝土泵或泵车的数量按下式计算，重要工程宜有备用泵。

$$N = \frac{Q}{Q_1 T} \tag{4.57}$$

式中，N——混凝土泵（泵车）台数；

Q——混凝土浇筑数量，m^3；

Q_1——混凝土泵（泵车）的实际平均输出量，m^3/h；

T——混凝土泵的施工作业时间，h。

供应大体积混凝土结构施工用的预拌混凝土，宜用混凝土搅拌运输车供应。混凝土泵不应间断，宜连续供应，以保证顺利泵送。混凝土搅拌运输车的台数按下式计算：

$$N_1 = \frac{Q_1}{60V_1} \left(\frac{60L_1}{S_0} + T_1 \right) \tag{4.58}$$

$$Q_1 = Q_{max} a_1 \eta \tag{4.59}$$

式中，N_1——混凝土搅拌运输车台数；

Q_1——每台混凝土泵（泵车）的实际平均输出量，m^3/h；

V_1——每台混凝土搅拌运输车的装载量，m^3；

L_1——混凝土搅拌运输车往返的行程，km；

S_0——混凝土搅拌运输车的平均车速，km/h；

T_1——每台混凝土搅拌运输车的总计停歇时间，min；

Q_{max}——每台混凝土泵（泵车）的最大输出量，m^3/h；

a_1——配管条件系数，取 0.8～0.9；

η——作业效率，根据混凝土搅拌运输车向混凝土泵（泵车）供料的间断时间、拆装混凝土输送管和供料停歇等情况，可取 0.5～0.7。

混凝土泵（泵车）能否顺利泵送，在很大程度上取决于其在平面上能否合理布置与能否保证施工现场道路的畅通。如利用泵车，宜使其尽量靠近基坑，以扩大布料杆的浇筑半径。混凝土泵（泵车）的受料斗周围宜有能够同时停放两辆混凝土搅拌运输车的场地，这样可轮流向泵或泵车供料，调换供料时不至于停歇。

如果使预拌混凝土工厂中的搅拌机、混凝土搅拌运输车和混凝土泵（泵车）相对固定，则可简化指挥调度，能提高工作效率。

混凝土浇筑时应符合下列要求。

（1）大体积混凝土的浇筑应符合下列规定。

① 混凝土浇筑层厚度应根据所用振捣器的作用深度及混凝土的和易性确定，整体连续浇筑时宜为 300～500mm。

② 整体分层连续浇筑或推移式连续浇筑，应缩短间歇时间，并应在前层混凝土初凝之前将次层混凝土浇筑完毕。层间最长的间歇时间不应大于混凝土的初凝时间。混凝土的初凝时间应通过试验确定。当层间间歇时间超过混凝土的初凝时间时，层面应按施工缝处理。

③ 混凝土浇筑宜从低处开始，沿长边方向自一端向另一端进行。当混凝土供应量有保证时，亦可多点同时浇筑。

④ 混凝土浇筑宜采用二次振捣工艺。

（2）大体积混凝土施工采取分层间歇浇筑混凝土时，水平施工缝的处理应符合下列规定。

① 清除浇筑表面的浮浆、软弱混凝土层及松动的石子，并均匀露出粗集料。

② 在上层混凝土浇筑前，应用清水冲洗混凝土表面的污物，充分润湿，但不得有积水。

③ 对非泵送及低流动度混凝土，在浇筑上层混凝土时，应采取接浆措施。

（3）在大体积混凝土底板与侧墙相连接的施工缝，当有防水要求时，应采取钢板止水带处理措施。

（4）在大体积混凝土浇筑过程中，应采取防止受力钢筋、定位筋、预埋件等移位和变形的措施，并应及时清除混凝土表面的泌水。

（5）大体积混凝土浇筑面应及时进行二次抹压处理。

由于泵送混凝土的流动性大，如果基础厚度不很大，多采用斜面分层循序推进、一次到顶（见图 4-83）。

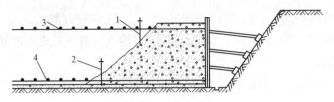

图 4-83　混凝土浇筑与振捣方式示意图

1—上一道振动器；2—下一道振动器；3—上层钢筋网；4—下层钢筋网

这种自然流淌形成斜坡的混凝土浇筑方法，能较好地适应泵送工艺。

小技巧

　　混凝土的振捣也要适应斜面分层浇筑工艺，一般在每个斜面层的上、下各布置一道振动器。上面的一道布置在混凝土卸料处，保证上部混凝土捣实。下面一道振动器布置在近坡脚处，确保下部混凝土密实。随着混凝土浇筑的向前推进，振动器也相应跟上。

　　大流动性混凝土在浇筑和振捣过程中，上涌的泌水和浮浆顺混凝土坡面流到坑底，混凝土垫层在施工时已预先留有一定坡度，可使大部分泌水顺垫层坡度通过侧模底部预留孔排出坑外。少量来不及排除的泌水随着混凝土向前浇筑推进而被赶至基坑顶部，由模板顶部的预留孔排出。

　　当混凝土大坡面的坡脚接近顶端模板时，改变混凝土浇筑方向，即从顶端往回浇筑与原斜坡相交成一个集水坑，另外有意识地加强两侧板模板处的混凝土浇筑强度，这样集水坑逐步在中间缩小成水潭，用软轴泵及时排除。采用这种方法基本上排除了最后阶段的所有泌水（见图 4-84）。

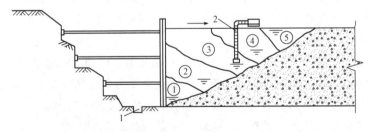

图 4-84　泌水排除与顶端混凝土浇筑方向

①～⑤表示分层浇筑流程，箭头表示顶端混凝土浇筑方向

1—排水沟；2—软轴抽水机

　　大体积混凝土（尤其用泵送混凝土）的表面水泥浆较厚，在浇筑后要进行处理。一般先初步按设计标高用长刮尺刮平，然后在初凝前用铁滚筒碾压数遍，再用木楔打磨压实，以闭合收水裂缝，经过 12h 左右再用草袋覆盖充分浇水湿润养护。

　　5. 混凝土养护

　　（1）大体积混凝土应进行保温保湿养护，在每次混凝土浇筑完毕后，除应按普通混凝土进行常规养护外，应及时按温控技术措施的要求进行保温养护，并应符合下列规定。

① 需专人负责保温养护工作，并应按规定操作，同时应做好测试记录。

② 保温养护的持续时间不得少于 14d，并应经常检查塑料薄膜或养护剂涂层的完整情况，保持混凝土表面湿润。

③ 保温覆盖层的拆除应分层逐步进行，当混凝土的表面温度与环境最大温差小于 20℃时，可全部拆除。

（2）在混凝土浇筑完毕，初凝前，宜立即进行喷雾养护工作。

（3）塑料薄膜、麻袋、阻燃保温被等，可作为保温材料覆盖混凝土和模板。必要时，可搭设挡风保温棚或遮阳降温棚。在保温养护中，应对混凝土浇筑体的里表温差和降温速率进行现场监测，当实测结果不满足温控指标的要求时，应及时调整保温养护措施。

（4）对于高层建筑转换层的大体积混凝土施工，应加强养护，其侧模、底模的保温构造应在支模设计时确定。

（5）大体积混凝土拆模后，地下结构应及时回填土；地上结构应尽早进行装饰，不宜长期暴露在自然环境中。

学习案例

某工程主体为框架剪力墙结构，地下一层，采用独立基础及筏板基础。基础开挖深度为 5.130～6.330m，基坑四面采用 $\phi48×3.0$，L=4 000/5 000/6 000@2 000×1 500 土钉墙支护，土钉入射角度为 10°，土钉墙共设 5 排，开挖坡度为 1∶0.3。

其中，基坑开挖影响深度范围内的土层组成情况为：

（1）杂填土。黄褐色，稍湿，松散，本层为新近回填（不及三年），以回填的黏性土和建筑垃圾为主，其中硬杂质含量占 15%～30%，本层仅局部地段有分布，层厚 0.30～0.70m。

（2）淤泥质土。深灰色、饱和、软塑，切面光滑、摇振反应慢、干强度与韧性中等，本层全场均有分布，层厚介于 0.90～1.70m。

（3）卵石。灰白色、褐黄色等，饱和，稍密。粒径大于 200mm，颗粒含量约占 55%～77%，粒径一般为 3～8cm，颗粒呈浑圆状，骨架颗粒母岩成分多为中风化凝灰岩，填充物主要为中砂及黏性土，黏性土含量约为 5%～8%。本层全场分布，层厚 1.50～3.10m。

（4）强风化凝灰岩。灰黄、褐黄色，饱和，密实，岩石风化明显，但不均匀，原生矿物清晰，一般呈砂土状，含多量次生矿物，遇水易软化崩解，底部局部为碎块状，岩芯用手可折断，钻进缓慢，机台晃动强烈，时有拔钻声，岩石质量等级为Ⅴ级，属极软岩，易破碎，但未发现洞穴、临空面及"软弱"夹层，该层为本场地的终孔层位，揭露厚度为 5.70～11.60m，层面埋深 3.20～4.90m，层顶高层 195.29～197.11m。

（5）中风化凝灰岩。黄灰色、青灰色，致密，坚硬，饱和。凝灰结构，块状构造，主要矿物成分为长石等矿物，岩石风化裂隙发育，裂隙面充填有氧化物，锤击声脆，呈块状-短柱状，柱状柱长一般 10～20cm，最长达 30cm 左右，岩芯采取率 70%～80%，RQD30%～40%，岩石为较硬岩，岩体破碎，岩体基本质量等级为Ⅳ级。该层本次勘察仅 ZK5 和 ZK8 钻孔有揭示，揭露厚度 1.10～2.30m，层顶埋深 14.30～15.10m，层顶标高 185.15～186.01m。

想一想:

1. 该基坑土钉墙支护施工方案的施工流程如何设计?

2. 施工要求有什么?

案例分析:

1. 施工工艺流程

（1）按设计要求制作锚管件,长度9m,并焊接ϕ89锥头。

（2）土钉墙施工挖土应分层分段进行,作业面宽度应大于锚杆长度。

（3）修整坡面,第一次喷射混凝土,厚度为30～50mm。

（4）用气动设备击入锚管,并控制入土角度10°,用挤压泵对锚管件进行注浆。

（5）铺设钢筋网片。

（6）设置锁定锚头。

（7）第二次喷射混凝土至设计厚度。

重复（1）～（7）至完成整个待加固边坡护壁。

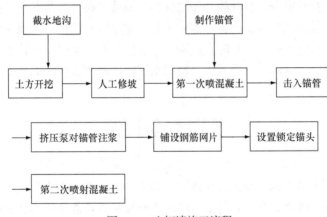

图 4-85 土钉墙施工流程

2. 施工要求

（1）在遇到障碍物时土钉可作角度及位置适当调整,若土钉无法击入可采用洛阳生产孔安置锚杆并注浆。锚管每米设ϕ8注浆眼2个,可采用角钢倒角保护注浆眼。

（2）土钉在基坑壁上呈梅花形布置,锚管采用ϕ48×3焊接管,长度9m,钢筋网用ϕ6.5@200×200双向排列,各施工段之间必须焊接。

（3）喷射砼用干喷法,强度为C20,厚度为100mm,配合比为水泥∶沙∶石子=1∶1.5∶2,水量控制在最小回弹率为宜。

（4）土钉注浆材料采用水泥浆,水灰比为0.5,水泥浆应搅拌均匀,随拌随用。土钉及注浆锚管的注浆压力第一道为0.3MPa,并在稳压下持续压浆1分钟以上,确保注浆充盈。

（5）根据《锚杆喷凝土支护技术规范》（GBJ 86—85）第8.1.2条,每喷射50～100m³混合料或小于50m³混合料的独立工程,不得少于一组,每组试块不得少于3个,材料或配合比变更时,应另做一组,本工程试块为三组。

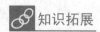

大体积混凝土结构在特殊气候条件下的施工

大体积混凝土施工遇炎热、冬期、大风或者雨雪天气等特殊气候条件时，必须采用有效的技术措施，保证混凝土浇筑和养护质量，并应符合下列规定：

（1）在炎热季节浇筑大体积混凝土时，宜将混凝土原材料进行遮盖，避免日光曝晒，并用冷却水搅拌混凝土，或采用冷却骨料、搅拌时加冰屑等方法降低入仓温度，必要时也可采取在混凝土内埋设冷却管通水冷却。混凝土浇筑后应及时保湿保温养护，避免模板和混凝土受阳光直射。条件许可时应避开高温时段浇筑混凝土。

（2）冬期浇筑混凝土，宜采用热水拌和、加热骨料等措施提高混凝土原材料温度，混凝土入模温度不宜低于5℃。混凝土浇筑后应及时进行保温保湿养护。

（3）大风天气浇筑混凝土，在作业面应采取挡风措施，降低混凝土表面风速，并增加混凝土表面的抹压次数，及时覆盖塑料薄膜和保温材料，保持混凝土表面湿润，防止风干。

（4）雨雪天不宜露天浇筑混凝土，当需施工时，应采取有效措施，确保混凝土质量。浇筑过程中突遇大雨或大雪天气时，应及时在结构合理部位留置施工缝，尽快中止混凝土浇筑；对已浇筑还未硬化的混凝土立即进行覆盖，严禁雨水直接冲刷新浇筑的混凝土。

学习情境小结

高层建筑施工中基础工程占据重要地位，尤其是对于一些软土地区更是至关重要，在施工中往往是技术上最难处理的部分。如何根据水文、地质及施工条件选择合理的施工方案，对施工的进度、质量和安全起着决定性的作用。本学习情境主要介绍了基坑工程的开挖、地下水控制、基坑支护、桩基础工程施工和大体积混凝土结构施工等。

学习检测

一、填空题

1. 在大城市进行基坑工程施工，基坑周围的主要管线为_____、_____、_____和_____。

2. 有支护结构的土方开挖，多为垂直开挖。其挖土方案主要有_____、_____、_____、_____和_____。

3. 土的渗透性取决于土的_____、_____、_____和土的_____等因素。

4. 基坑工程控制地下水位的方法有_____、_____两种；降低地下水位的方法有_____以及_____。

二、选择题

1. 在施工环境复杂、土质不理想或基坑开挖深浅不一致，或基坑平面几何不规则时均可应用（　　）方式。

    A. 分段开挖　　　　　　B. 分层开挖　　　　　　C. 中心岛式挖土　　　D. 盆式挖土

2. 软土地基控制分层厚度一般在（　　）以内，硬质土可控制在（　　）以内。

    A. 2m；3m　　　　　　B. 2m；5m　　　　　　C. 3m；5m　　　　　　D. 5m；3m

3. 基坑开挖深度已超过悬臂式支护结构合理支护深度的基坑工程，应该采用（　　）支护结构。

    A. 门架式　　　　　　　B. 土钉墙　　　　　　　C. 拉锚式　　　　　　　D. 悬臂式

4. 单锚（支撑）式板桩常见破坏方式不包括（　　）。

    A. 锚定系统破坏　　　B. 墙后沉降　　　　　　C. 板桩弯曲破坏　　　D. 以上三项

5. 静力压桩与预制桩相比，最大的不同点是（　　），静力压桩则不产生震动。

    A. 不产生震动　　　　B. 沉桩效果好　　　　　C. 费用低　　　　　　　D. 操作简便

三、简答题

1. 在深基坑开挖中，常用的降水方法有哪些？各适用于哪些土质情况？

2. 预制桩施工的常见方法有哪些？

3. 地下连续墙为什么要进行清底？

4. 大体积混凝土产生温度裂缝的主要原因有哪些？如何控制？

学习情境五
高层钢筋混凝土结构施工

情境导入

某高层住宅建筑工程，总建筑面积约 13 万 m^2，其中地上建筑面积约 11.5 万 m^2，地下建筑面积约为 1.5 万 m^2，建筑结构采用全剪力墙结构，抗震设防烈度为 7 度，抗震等级为特一级。剪力墙厚度为 350~700mm，建筑高度 168m，层高 3m。

建筑公司决定对本工程采用大模板施工。

案例导航

本案中进行大模板施工涉及大模板施工的施工准备和施工阶段。

要了解大模板施工，需要掌握下列相关知识。

1. 模板施工技术。
2. 大模板施工。

学习单元一　结构施工方案概述

知识目标

1. 了解选择结构施工方案的方法。
2. 熟悉各个结构施工所适用的建筑类型。
3. 掌握框架结构、剪力墙结构、简体结构和楼板结构施工方案。

技能目标

1. 能够熟练掌握高层钢筋混凝土结构施工的常用方案。

2. 可以掌握选择结构施工方案的方法。

 基础知识

一、框架结构施工方案

框架结构体系是由梁与柱用刚性接点连接在一起的矩形网格结构，同时承受竖向荷载和水平荷载，是我国多层和高层建筑中应用较多的结构形式之一。这种方法整体性好，适应性强，但施工现场工作量大，需要大量的模板，并需解决好钢筋的加工形式和现浇混凝土的拌制、运输、浇筑、振捣、养护等问题。

> **小提示**
>
> 高层建筑以水平荷载为主，框架结构承受水平荷载后，首先整体上表现为悬臂梁产生侧移变形；其次，梁和柱受到弯曲和剪切应力，产生挠曲变形，后者的变形量远远超过前者。

框架结构分为单向框架和双向框架。前者仅在一个方向（多为横向）的柱与梁组成受力框架，另一方向的柱和梁采取构造措施连接，不视作框架；后者建筑物接近方形，两个方向开间相近，柱与梁的连接在纵、横两个方向皆为刚接，都可作为框架受力考虑。

框架结构可形成较大的空间，不受墙的限制，因而建筑平面布置灵活，有利于布置大空间的餐厅、会议厅等，在公共建筑中应用较多。但从框架结构的受力和变形特征可看出它的缺点，即建筑物的侧向变形取决于柱的刚度，由于柱与墙相比刚度小得多，因而框架结构的变形较大，抗震性能也较差。因此，设计规范规定，其高度 H 不宜超过 60m，且高度 H 与房屋宽度 B 之比不宜超过 5，否则为了同时满足强度和变形要求，就会出现肥梁胖柱，经济效果较差。

为了解决框架结构抗侧力较弱的问题，可把框架与剪力墙结合起来应用，成为框架—剪力墙结构体系，其示意图如图 5-1 所示。在该结构体系中，框架与剪力墙共同承担水平力，但由于剪力墙的刚度比框架大得多，通过刚度无限大的楼盖协调其变形，因而绝大部分（80%～90%）水平力由剪力墙承受。

框架—剪力墙结构体系既能承受较大的水平荷载，又能使平面布置较灵活，所以被大量应用于各类

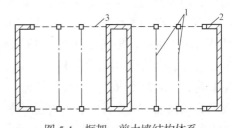

图 5-1　框架—剪力墙结构体系
1—框架；2—剪力墙；3—连梁

高层建筑，特别是高层公共建筑。这种结构体系建筑物的高度 H 可达 130m，高度与宽度比值 H/B 一般不宜超过 5（如有可靠措施亦可放宽）。

混凝土框架结构有现浇、装配和装配整体式之分，现在以现浇为主。

现浇式混凝土框架，主要用散装散拆式定型组合模板浇筑，也可用柱子组装成整体的柱模、梁板用台模、早拆式体系模板等工具式模板浇筑。采用工具式模板和泵送混凝土后，施工速度也较高。装配整体式混凝土框架，多用预制梁、板、楼梯段和现浇柱，也可现浇柱、梁和预制板，后者装配化程度较低。柱、梁的现浇技术与现浇式框架相似。装配式混凝土框架用柱、梁、板皆为预制构件，现场用起重机进行组装，关键是柱与柱及柱与梁之间的接头要做好。装配式

柱子接头有榫式、插入式、浆锚式等，接头要能传递轴力、剪力和弯矩。柱与梁的接头有明牛腿式、暗牛腿式、齿槽式、整浇式等，可做成刚接（承受剪力和弯矩），亦可做成铰接（只承受垂直剪力）。装配式框架接头钢筋的焊接也非常重要，要注意焊接应力和焊接变形。

框架结构的填充墙和隔墙，可为空心砖墙，也可为泡沫水泥板、石膏板等轻板结构。我国曾建造过一批框架轻板结构，对减轻结构自重有很好的效果。

如果为无梁楼盖，则可用升板法施工。

如果为框架—剪力墙结构体系，施工时宜兼用框架结构和剪力墙结构的施工技术。

二、剪力墙结构施工方案

剪力墙结构体系是利用建筑物的分隔墙和外墙承受竖向和水平风荷载。混凝土剪力墙的厚度不小于140mm，结构体系的侧向刚度大，能承受很大的水平和竖向荷载。竖向荷载（如建筑物自重等）通过每层楼盖传给墙体，墙体如宽而扁的柱子一样承受竖向力，应根据约束情况验算强度和稳定性。水平荷载通过每层楼盖等水平结构逐层传给剪力墙，剪力墙就如悬臂梁一样受力。

剪力墙结构按剪力墙的布置，分为横墙体系、纵墙体系和双向体系，其示意图如图5-2所示。横墙体系和纵墙体系承受垂直于墙面的水平力时，结构受力状态就类似于由墙和楼板组成的框架，受力状态不同，所以完全是一个方向的剪力墙体系并不多见。

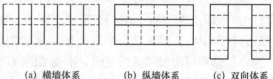

（a）横墙体系　（b）纵墙体系　（c）双向体系

图5-2　剪力墙结构体系

剪力墙结构适用于居住建筑和旅馆建筑，这类结构开间小、变化少，用剪力墙结构非常适宜。我国多数高层住宅建筑皆为此类结构体系。

剪力墙结构体系的主要缺点是建筑物平面被剪力墙分隔成许多小的开间，因此建筑布置和使用要求受到一定限制。为此，与框架结合是解决问题的出路。可在平面上结合，将需要大空间的餐厅、会议厅、门厅等从剪力墙结构的高层部分移出，另在高层部分的周围布置框架结构的裙房，以满足要求。亦可垂直结合，建筑物的下部用框架结构、上部用剪力墙结构，形成框支剪力墙结构。框支剪力墙结构底层柱子的内力很大，柱子截面大、配筋也多。近年来，发展大开间结构，将剪力墙的间距拉大，可部分解决剪力墙结构的问题，使平面布置较为灵活。亦可通过转换层，解决大空间问题。

剪力墙结构可为装配式结构，亦可为现场浇筑。装配式可用装配式大板；现场浇筑可用组合式钢模板（或钢框木模板）、大模板、爬模或滑升模板施工。散拆散装的组合式钢模板，主要用于非标准设计的住宅等，用工量较多。组装成大模板使用，则可提高效率。

现浇剪力墙结构可采用大模板、滑动模板、爬升模板、隧道模等成套模板施工工艺。

（1）大模板是施工剪力墙结构的有效模板，整间的大模板装、拆迅速，墙面质量亦好大模板工艺广泛用于现浇剪力墙结构施工中，具有工艺简单、施工速度快、结构整体性好抗震性能强、装修湿作业少、机械化施工程度高等优点。大模板建筑的内承重墙均用大模板施工，外墙逐步形成现浇、预制和砌筑三种做法，楼板可根据不同情况采用预制、现浇或预制和现浇相结合的方法。用大模板施工可为全现浇，亦可用大模板浇筑内承重墙，而围护墙用预制墙板，称为"内浇外挂",可加快施工和减少外墙面现场装修的工作量。

（2）滑动模板（简称滑模）工艺用于现浇剪力墙结构施工中，结构整体性好，施工速度快。滑升模板亦适应高层剪力墙结构浇筑，如高层宾馆、高层住宅等皆可用滑模施工，而且高度越高越经济，我国在 20 世纪八九十年代应用较多，但由于其需要连续施工，施工组织要求严格，且墙表面质量较难做得光滑，因而装修工作量加大，近年来已较少应用。楼板一般为现浇，也可以采用预制。

（3）剪力墙结构主体可采用爬升模板（爬模）施工，爬模工艺兼有大模板墙面平整和滑模在施工过程中不支拆模板、速度快的优点。

（4）隧道模是将承重墙体施工和楼板施工同时进行的全现浇工艺，做到一次支模，一次浇筑成型。因此，结构整体性好，墙体和顶板平整。

三、筒体结构施工方案

筒体结构体系是指由一个或几个筒体作为承重结构的高层建筑结构体系。水平荷载主要由筒体承受，具有很大的空间刚度和抗震能力。筒的概念是美国的 Fazler R.Khan 提出的。这种结构体系抵抗水平荷载时，整个筒体就如一个固定于基础上的封闭空心悬臂梁，它不仅可以抵抗很大的弯矩，也可以抵抗扭矩，是非常有效的抗侧力体系。采用这种结构体系，建筑布置灵活，单位面积的结构材料消耗量少，是目前超高层建筑的主要结构体系之一。

筒体结构体系最适用于建筑平面为正方形或接近正方形的建筑中。按其结构体系和布置方式的不同，筒体结构体系又分为下面几种形式。

学习情境五

183

（1）核心筒体系（或称内筒体系）。这种结构体系一般由设于建筑内部的电梯井或设备竖井的现浇混凝土筒体与外部的框架共同组成。筒体多位于建筑平面的中央，故称为核心筒体系。在这种结构体系中，水平荷载主要由筒体承受，而且筒体又与电梯井等结合，因而经济效果较好。我国目前建造的高层和超高层建筑，多数是这种结构体系。

（2）框筒体系。这种结构体系由建筑物四周密集的柱子（混凝土或钢结构）与高跨比较大的横梁组成，乃一多孔筒体，筒体的孔洞面积一般不大于筒壁面积的 50%。柱子较密集，中距一般为 1.2～3.0m，亦有较大者。横梁的高度一般为 0.60～1.20m。柱子可为矩形或 T 形截面，横梁多呈矩形截面。国外前期建造的超高层建筑，很多是这种结构体系。

（3）筒中筒体系。这种结构体系由内筒与外筒组成。内筒为电梯井或设备竖井等，外筒多为框筒。跳板则支承在内外筒壁上，内外筒壁之间的距离一般为 10～16m。这种结构体系的刚度很大，能抵抗很大的侧向力且室内又无柱子，故建筑布置灵活，经济效果较好，在超高层建筑中得到广泛应用。

（4）成束筒体系。这种结构体系是由几个互相连在一起的筒体组成，因而具有非常大的侧向刚度，用于高度很大的超高层建筑。美国芝加哥的地上 110 层、高 443m 的西尔斯大楼，即采用这种结构体系。该建筑的平面尺寸为 68.58m×68.58m，呈正方形，由 9 个互相连在一起的筒体组成，每个筒均为 22.50m×22.50m 的正方形，1～49 层为 9 个筒体，从第 50 层开始截去两个角部的筒体，因而 50～65 层为 7 个筒体，从第 66 层开始再截去另外两个角部的筒体，所以 66～89 层就为呈十字状的 5 个筒体，从第 90 层开始再截去三个筒体，所以 90～110 层就为两个并列的筒体了。这种结构体系，每个筒内不再设内柱，空间很大，因而建筑布置非常灵活，租用单位可根据需要自行分隔。

筒体体系有混凝土结构，也有钢结构，因而其施工方案有所不同。

上述各种结构体系的高层建筑中，模板的结构，以及其与承重结构的构造连接是非常重要的。一般情况下，楼板必须保证自身平面内的刚度，能可靠地传递水平力。如果楼板上开有较大的孔洞，则应复核其抗剪能力。

┌─ 小 提 示 ─

当房屋高度大于 60m 时，楼板应现浇。当房屋高度小于或等于 60m 时，楼板可以现浇，也可用预制板，但需在其上浇筑不低于 C20 的现浇钢筋混凝土叠合层，还可采用与竖向结构能可靠锚固、整间大小的预制大楼板。当房屋高度小于 40m 时，框架和剪力墙结构的楼板和屋面板皆可采用预制板。在高层建筑（尤其是钢结构）中，还可应用压延型钢叠合板楼板等。

高层建筑的结构体系，除上述者外，还有一些其他的结构形式，如图 5-3 所示，有些国内已有应用。

钢筋混凝土筒体的竖向承重结构均采用现浇工艺，以确保高层建筑的结构整体性。模板可采用工具式组合模板、大模板、滑动模板或爬升模板。内筒与外筒（柱）之间的楼板跨度常达 8～12m，一般采用现浇混凝土楼板或以压型钢板、混凝土薄板作永久性模板的现浇叠合楼板，也有采用预制肋梁现浇叠合楼板。

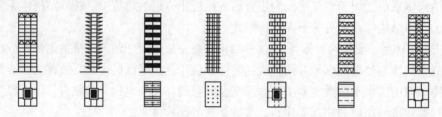

(a) 悬挂结构 (b) 悬臂板结构 (c) 盒子结构 (d) 平板结构 (e) 交替空间结构 (f) 跳层桁架 (g) 框架—桁架

图 5-3 高层建筑的结构体系

四、楼板结构施工方案

高层建筑楼板结构施工所用的模板有台模、塑料和玻璃钢模壳、永久性模板（包括预制薄板和压型钢板）等。这些模板的共同特点是安装、拆模迅速，人力消耗少，劳动强度低。

1. 台模

台模是一种大型工具式模板，属横向模板体系，适用于高层建筑中的各种楼盖结构的施工。由于它外形如桌子，故称台模，也称桌模。台模在施工过程中，层层向上吊运翻转，中途不再落地，所以又称飞模。

采用台模进行现浇钢筋混凝土楼盖的施工，楼盖模板一次组装、重复使用，从而减少了逐层组装的工序，简化了模板支拆工艺，加快了施工进度。并且，由于模板在施工过程中不再落地，因此可以减少临时堆放模板的场所。

台模（又称桌模、飞模）是一种由平台板、支撑系统（包括梁、支撑、支架、支腿）和其他配件（包括升降、行走机构）组成的一种大型的工具式模板，适用于大柱网、大空间的现浇钢筋混凝土楼盖施工，尤其适用于无梁楼盖施工。台模一次组装，整支整拆，多次重复利用，节约支、拆用工加快施工速度；台模在楼层或施工段之间的周转依靠起重机进行，机械化效率高；台模随拆随转随用，不需临时堆放场地，特别适用于在场地狭窄的工程使用。

台模的规格尺寸主要取决于建筑结构的开间和进深尺寸以及起重机的吊装能力来确定。一般按开间和进深尺寸设置一台或多台。为了便于台模脱模和在楼层上运转，通常会配备一套使用方便的辅助机械，其中包括升降、行走、调运等机具。

台模的选型要综合考虑施工项目的规模大小、是否适宜台模施工，充分利用现有的资源条件。因地制宜，组装成所需的台模，以降低施工成本。

台模一般可分为立柱式、桁架式和悬架式三类。

（1）立柱式台模。立柱式台模主要由面板、主次（纵横）梁和立柱（构架）三大部分组成，另外辅助配备有斜支撑、调节螺旋等。立柱式台模又可分为下面三种。

① 钢管组合式台模（见图 5-4），钢管组合式台模是利用组合钢模板及其配件、钢管脚手架等按结构柱网尺寸组装而成的一种台模。其材料来源容易、结构简单，一般施工企业均具备制作、组装的能力，应用非常广泛。

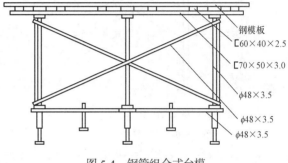

图 5-4　钢管组合式台模

（a）构造。面板全部用定型钢模板制作，钢模板之间由 U 形卡和 L 形插销连接。次梁采用 60mm×40mm×2.5mm 的矩形钢管，次梁和面板间用钩头螺栓和蝶形扣件连接。主梁采用 70mm×50mm×3.5mm 的矩形钢管，主梁和次梁之间用紧固螺栓和蝶形扣件连接。立柱用 ϕ 48×3.5mm 钢管制作，下面安可调式伸缩脚，伸缩脚下焊钢板。每个台模用 6~9 根支撑，最大荷载为 20kN/m^2，立柱之间支撑也用 ϕ48×3.5mm 钢管制作。四角梁端头设 4 只吊环，以便于吊装。

（b）组装。钢管组合式台模一般在现场安装，有正装法和倒装法两种。正装法是先组装支架，再组装模板；倒装法是在铺好的平台上先组装面板，然后组装支架，最后将模板翻转 180° 使用。钢管组合式模板支设时，先安装楼层中部，再向四周扩展，就位后用千斤顶调整标高至整个楼层标高一致，最后用 U 形卡连接。梁侧模可以挂在台模边缘上，梁底模可以直接用可调支撑支承。

（c）拆除。模板拆除时，用千斤顶顶住台模，撤掉垫块后随即装上车轮，再撤掉千斤顶，然后将台模逐个推到楼层外搭设的临时平台上，再用起重机械吊至上层使用。台模推出也可以采用装有万向导轮的台模转运车。该车可以在平面内自由移动，并且有垂直升降部件。当脱模时，将台模转运车推入被拆台模的底部，转动该车调节丝杆，使该车上方的支撑槽钢托住台模后，把台模 4 个支承腿收缩至规定的高度固定。然后由转运车把台模转移到临时平台上，用塔式起重机吊至上一楼层。

② 构架式台模（见图 5-5），其立柱由薄壁钢管组成构架形式。

③ 门式架台模（见图 5-6），门架式台模是用多功能门架作为支承架，用组合钢模板、钢框木（竹）胶合板模板、薄钢板或多层胶合板作为面板，根据建筑结构的开间、进深尺寸以及

起重机的吊装能力拼装而成。由于采用门架作为受力构件，与钢管组合式脚手架相比，具有用料少、重量轻、施工连接量小等特点。

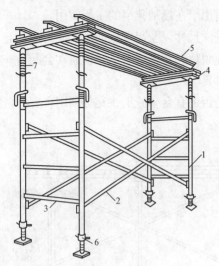

图 5-5　构架式台模

1—支架；2—横向剪刀撑；

3—纵向支撑；4—纵梁；5—横梁；

6—底部调节螺栓；7—伸缩插管

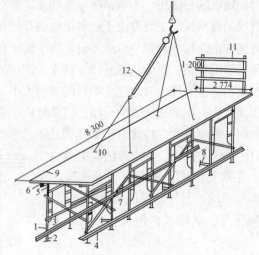

图 5-6　门式架台模

1—门式脚手架（下部安装连接件）；2—底托（插入门式架）；

3—交叉拉杆；4—通长角钢；5—顶托；6—主梁；

7—人字支撑；8—水平拉杆；9—面板；

10—吊环；11—护身栏；12—环链电动葫芦

（2）桁架式台模。桁架式台模是由桁架、龙骨、面板、支腿和操作平台组成。它是将台模的板面和龙骨放置于两榀或多榀上下弦平行的桁架上，以桁架作为台模的竖向承重构件。桁架材料可以采用铝合金型材，也可以采用型钢制作。前者轻巧但价格较贵，一次投资大；后者自重较大，但投资费用较低。

竹铝桁架式台模（见图 5-7）以竹塑板作面板，用铝合金型材作构架，是一种工具式台模。钢管组合桁架式台模，其桁架由脚手架钢管组装而成。

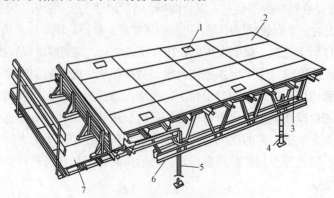

图 5-7　竹铝桁架式台模

1—吊点；2—面板；3—铝龙骨；

4—底座；5—可调钢支腿；6—铝合金桁架；7—操作平台

（3）悬架式台模。悬架式台模（见图 5-8）的特点：不设立柱，即自身没有完整的支撑体系，台模主要支承在钢筋混凝土结构（柱子或墙体）所设置的支承架上。这样，模板的支设不需要考虑到楼面混凝土结构强度的因素。台模的设计也可以不受建筑层高的约束。

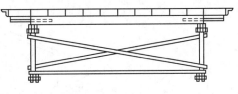

图 5-8　悬架式台模

2. 塑料和玻璃钢模壳

塑料和玻璃钢模壳是专用于大跨度、大空间结构的密肋楼盖浇筑的模板，具有适应性强、造价低、速度快、施工简便等优点。密肋楼板的结构形式分为双向密肋楼板和单向密肋楼板（见图 5-9），用于双向密肋楼板施工的模壳称为M形模壳，用于单向密肋楼板施工的模壳称为 T 形模壳（见图 5-10）。

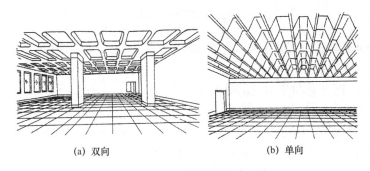

(a) 双向　　　　　　　　　　　　(b) 单向

图 5-9　密肋楼板

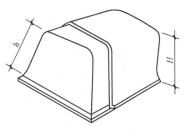

图 5-10　T 形模壳

（1）塑料和玻璃钢模壳类型与构造。

① 塑料模壳。以改性聚丙烯塑料为基材，用注塑成型工艺加工成 1/4 模壳，然后用螺栓将四个 1/4 模壳组装成一个整体大模壳。目前常用的规格为 1 200mm×900mm×300mm 和 1 200mm×1 200mm×300mm 两种，模壳十字肋高 90mm、肋厚 14mm，在模壳四周增设 L36×3 角钢，便于用螺栓连接。

② 玻璃钢模壳。以中纤玻璃丝布作增强材料，不饱和聚酯树脂作黏结材料，手糊阴模成型采用薄型加肋的构造形式（见图 5-11）。常见有 1 200mm×1 200mm×300mm、1 500mm×1 500mm×400mm、2 000mm×2 000mm×600mm 等几种。其特点是刚度大，不需型钢加固塑料和玻璃钢模壳的加工只允许有负偏差。它们都适用于大跨度、大空间的结构，柱网一般在 6m 以上。对普通钢筋混凝土，跨度不宜大于 9m；对预应力钢筋混凝土，跨度不宜大于 12m。

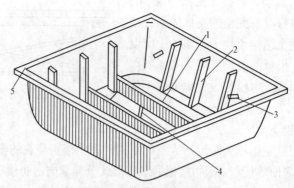

图 5-11　玻璃钢模壳构造示意图

1—底肋；2—侧肋；3—手动拆模装置；

4—气动拆模装置；5—边肋

（2）塑料和玻璃钢模壳支撑系统。支撑系统应装拆方便，同时应具有对单向、双向密肋楼板的通用性。常用支撑系统如下：

① 由钢支柱、钢龙骨和角钢三部分组成的支撑系统（见图 5-12）。钢支柱采用标准钢支柱，在钢支柱上增加一个柱帽，用以固定主龙骨方向。主龙骨是用 3mm 薄钢板轧制成截面为 75mm×150mm 的矩形钢梁，长向尺寸一般为 2.4m，最长为 3.6m，两端为开口式，可以接长。在主龙骨的靠上部位通长安装角钢（L50×5）用以支撑模壳，通过 ϕ18 销钉固定在主龙骨上。销钉的间距为 400mm。在穿销钉处预埋 ϕ20 钢管，不仅便于安装销钉，还能防止龙骨侧面变形。

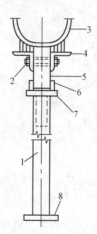

图 5-12　钢支柱支撑系统

1—可调钢支柱；2—销钉；3—模壳；

4—支承角钢 L50×5；5—钢梁；

6—柱帽；7—柱顶板；8—柱底板

支撑系统的平面布置如图 5-13 所示。

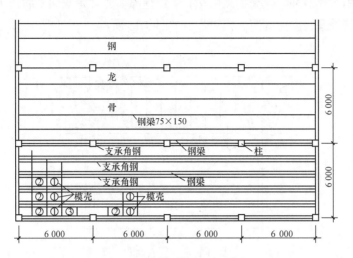

图 5-13　支撑系统的平面布置

采用钢支柱作支撑的柱头构造，还可用型钢、方木等，如图 5-14 所示，也可采用早拆柱头。支柱的间距、龙骨的截面尺寸等，可根据工程具体情况通过设计、计算确定。

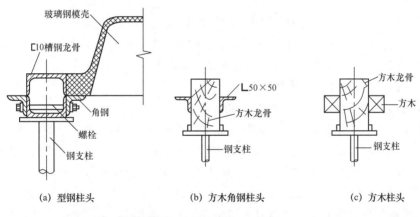

(a) 型钢柱头　　　　　(b) 方木角钢柱头　　　　　(c) 方木柱头

图 5-14　型钢、方木支撑

② 门架支撑系统。采用定型门式架组成整体式支撑系统。顶托上放置 100mm×100mm 方木作主梁；主梁上再放 70mm×100mm 方木作次梁，按密肋的间距设置。次梁两侧钉 L50×5 角钢，作模壳的支托。

（3）塑料和玻璃钢模壳的支设。施工前要绘制出支模排列图。支模时，先在楼地面上弹出密肋梁的轴线，然后立起钢支柱。钢支柱的基底应平整，立柱与基底应垂直，当支设高度超过 3.5m 时，每隔 2m 高度要用直角扣件及钢管与支柱拉结牢固。在钢支柱调整好标高后，再安装龙骨。安装龙骨时要拉通线，间距要准确，做到横平竖直。然后安装支承角钢，用销钉锁牢。

模壳的排列原则是在一个柱网内由中间向两端排放，以免出现两端边肋不等的现象。不合模数的部位，可用木模嵌补。模壳铺完后均有一定缝隙，尤其是双向密肋楼板缝隙较大，需用油毡条或其他材料处理，以免漏浆。模壳支设如图 5-15 所示。

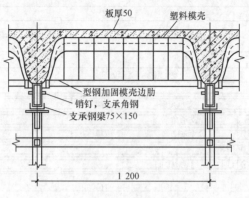

图 5-15　模壳支设图

模壳的脱模剂应使用水溶性脱模剂，切忌使用油性或长效脱模剂，避免其与模壳起化学反应。

> **小 提 示**
>
> **塑料和玻璃钢模壳施工注意事项**
>
> ① 采用模壳浇筑的双向密肋楼板。其钢筋的纵、横向底筋上下的位置，应由设计单位根据具体工程情况明确要求，以免因底筋互相编织而无法施工。绑扎钢筋时，应先绑梁筋后绑板筋，并应避免钢筋端头撞击模壳。
>
> ② 模壳的施工荷载，宜控制在 25～30N/mm^2。
>
> ③ 混凝土根据设计要求配制。集料宜选用粒径为 0.5～2cm 的石子和中砂，由于密肋楼板的板面与肋梁的混凝土收缩差异较大，在板肋交界处易产生裂缝，因此要严格控制水灰比，坍落度不大于 3cm。浇筑顺序为先浇大梁、肋梁，后浇楼板，密肋部分宜采用 $\phi30$ 的插入式振捣器。板面用平板式振捣器。
>
> ④ 由于楼板板面较薄（一般为 5～10cm），为了防止混凝土水分过早蒸发，常温时宜在早期用塑料薄膜覆盖养护；冬期时，可在上部覆盖保温岩棉毡，下部吹热风养护。
>
> ⑤ 拆模可用撬棍轻撬，也可用 0.2～0.6N/mm^2 压缩空气接入模壳嘴，将模壳吹落。

3. 永久性模板

永久性模板又称一次性消耗模板，即在现浇混凝土结构浇筑后模板不再拆除，其中有的模板与现浇结构叠合后，组合成共同受力构件。该模板多用于现浇钢筋混凝土楼（顶）板工程中。永久性模板的最大特点：简化了现浇钢筋混凝土结构的模板支拆工艺，使模板的支拆工作量大大减少，从而改善了劳动条件，节约了模板支拆用工，加快了施工进度。

永久性模板分两类：一类是各种配筋的混凝土薄板，包括预应力混凝土薄板、双钢筋混凝土薄板和冷轧扭钢筋混凝土薄板；另一类是压型钢板模板，主要应用于钢结构高层建筑。

预应力混凝土薄板叠合楼板，是由预制的预应力混凝土薄板和现浇的钢筋混凝土叠合层组成的楼板结构，其跨中钢筋即为设置在薄板中的预应力高强度钢丝，支座负弯矩钢筋则设置在叠合层内。施工时，预应力混凝土薄板作为永久性模板，浇筑混凝土叠合层后，即形成整体的连续楼板。

预应力混凝土薄板叠合楼板有较好的整体性和抗震性能，特别适用于高层建筑和大开间房屋的楼板，预应力混凝土薄板作为永久性模板，板底平整，减少了现场混凝土浇筑量；顶棚可不做抹灰，也减少了装饰工程的湿作业量；预应力混凝土薄板的钢丝保护层较厚，有较好的防火性能。整个叠合板的厚度随跨度大小而不同，一般为10～15cm。其中，薄板部分厚度为5～8cm。叠合板内的配筋可以是双向的，也可以是单向的。

（1）预应力混凝土薄板的制作。预应力混凝土薄板可以用钢模制作，也可以在长线台座上生产，但台面必须有较好的平整度。薄板的表面处理是一道重要工序，它可以提高薄板与叠合层结合面的抗剪强度。常用的处理方法有：

① 划毛。待混凝土振捣密实并刮平后，用工具对表面进行划毛。划毛时，纵横间距以150mm为宜，且粗糙面的凹凸差不宜小于6mm，划毛时不能影响混凝土的密实度。

② 刻凹槽。待混凝土振捣并刮平后，用简易设备在表面压痕，凹槽呈梅花形布置，凹槽长宽各5cm，深6～10mm，间距15～20cm。

③ 预留结合钢筋。结合钢筋有格构式、螺旋式、波浪式等多种形状。我国常用的为点焊网片弯折成V形的钢筋骨架，加工简单，定位方便，结合效果亦好。

薄板的底面必须光滑，吊环应严格按设计位置放置，并必须锚固在主筋下面。制作时，应对尺寸偏差、表面状态、钢丝外伸长度、钢丝张拉应力、预应力损失、放张时钢丝回缩和混凝土强度等加强检测，以保证薄板的质量。

预应力混凝土薄板的混凝土强度大于70%设计强度时，才允许放松预应力钢丝、起吊和堆放。薄板起吊时不能随意减少吊点，要求四点均匀受力。薄板的刚度较小，堆放时垫木应靠近吊环，并应有足够的长度和宽度，以保护吊环和结合钢筋，堆放场地应坚实、稳固，避免沉陷，堆放高度不得超过10层。

薄板堆放挠度与堆放时间有关，因此，薄板存放时间不应大于2～3月。薄板长期存放，变形将增大并发展成为永久变形。因此，构件厂应配合工程施工进度，应做到配套均衡生产。

（2）预应力混凝土薄板的安装和叠合层的浇筑。薄板安装前，应对安放板的梁和剪力墙顶面标高进行认真检查，如表面不平要设法调平。安装前还要设置好支撑体系（见图5-16）。各层的立柱宜设置在同一竖直线上，以免叠合板受上层立柱冲切。

学习情境王

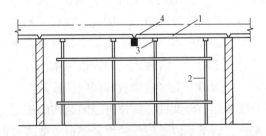

图5-16 预制薄板临时支撑体系

1—预制薄板；2—临时支撑；3—横楞；4—板缝模板

小 技 巧

　　吊装薄板时，吊点要符合设计要求，吊索受力要均匀，吊索与水平面夹角应大于45°，用铁扁担吊具则更好。薄板的支座搁置长度一般为20±5mm，拼缝宽度一般为4cm。支座负弯矩钢筋除用人工绑扎外，还可预制成钢筋网片，用人工安放和固定。

　　浇筑叠合层混凝土前要安装好板缝模板，将模板表面清扫干净，最好用压缩空气吹净并用水冲洗，使薄板表面充分湿润，以保证薄板与叠合层的黏结力。

　　浇筑叠合层时，混凝土布料要均匀，以免荷载集中。施工荷载不能超过规定的数值，振捣要密实。待现浇混凝土的强度大于70%设计强度时，才允许拆除薄板下的支撑。

学习单元二　现浇钢筋混凝土结构施工

知识目标

1. 了解模板施工技术。
2. 掌握大模板工程施工方法。
3. 掌握钢筋机械连接的具体操作方法。
4. 熟悉泵送混凝土与高强混凝土制作技术的原料、拌制和运送等。

技能目标

1. 明确掌握大模板工程施工方法。
2. 能够掌握钢筋连接技术及高强混凝土的制作技术。

基础知识

一、模板施工技术

　　现浇钢筋混凝土结构模板工程，是结构成型的一个重要组成部分，其造价约为钢筋混凝土结构工程总造价的25%~30%，总用工量的50%。因此，模板工程对于提高工程质量、加快施工进度、提高劳动生产率、降低工程成本和实现文明施工，都具有重要的影响。对全现浇高层建筑主体结构施工而言，关键在于科学、合理地选择模板体系。

　　现浇混凝土的模板体系，一般可分为竖向模板和横向模板两类。

　　竖向模板主要用于剪力墙墙体、框架柱、筒体等竖向结构的施工。常用的有大模板液压滑升模板、爬升模板、提升模板、筒子模以及传统的组合模板（散装散拆）等。

　　横向模板主要用于钢筋混凝土楼盖结构的施工。常用的有组合模板散装散拆，各种类型的台模、隧道模等。

1. 大模板施工

（1）大模板构造。大模板由面板、水平加劲肋、支撑桁架、调整螺栓等组成，如图5-17所示，可用作钢筋混凝土墙体模板，其特点是板面尺寸大（一般等于一片墙的面积），重量为1~2t，需用起重机进行装、拆，并且机械化程度高，劳动消耗量低，施工进度较快，但其通用性不如组合钢模强。

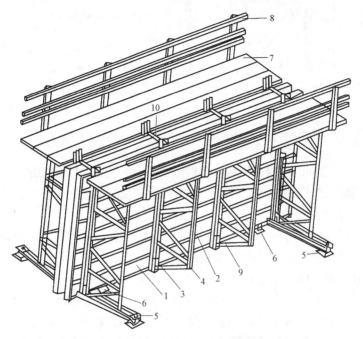

图5-17 大模板构造示意图

1—面板；2—水平加劲肋；3—竖楞；4—支撑桁架；5—螺旋千斤顶（调整水平用）；

6—螺旋千斤顶（调整垂直用）；7—脚手架；8—栏杆；9—穿墙螺栓；10—上口卡具

（2）大模板类型。大模板按形状分，有平模、小角模、大角模和筒形模等。

① 平模。

（a）整体式平模。面板多用整块钢板，且面板、骨架、支撑系统和操作平台等都焊接成整体。模板的整体性好、周转次数多，但通用性差，仅用于大规模的标准住宅。

（b）组合式平模。以常用的开间、进深作为板面的基本尺寸，再辅以少量20cm、30cm或60cm的拼接窄板，并使之与基本模板端部用螺栓连接，即可组合成不同尺寸的大模板，以适应不同开间和进深尺寸的需要。它灵活通用，有较大的优越性，应用最广泛，且板面（包括面板和骨架）、支撑系统、操作平台三部分用螺栓连接，便于解体。

（c）装拆式平模。这种模板的面板多用多层胶合板、组合钢模板或钢框胶合板模板，面板与横、竖肋用螺栓连接，且板面与支撑系统、操作平台之间亦用螺栓连接，用后可完全拆散，灵活性较大。

② 小角模。小角模与平模配套使用，作为墙角模板。小角模与平模间应有一定的伸缩量，用作调节不同墙厚和安装偏差，也便于装拆。

图 5-18 所示为小角模的两种做法，第一种是扁钢焊在角钢内面，拆模后会在墙面上留有扁钢的凹槽，清理后用腻子刮平；第二种是扁钢焊在角钢外面，拆模后会出现凸出墙面的一条棱，要及时处理。扁钢一端固定在角钢上，另一端与平模板面自由滑动。

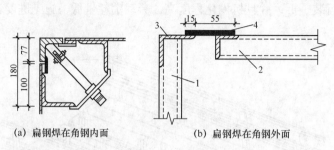

(a) 扁钢焊在角钢内面　　　　(b) 扁钢焊在角钢外面

图 5-18　小角模

1—横墙模板；2—纵墙模板；3—角钢 100×63×6；4—扁钢 70×5

③ 大角模。一个房间的模板由四块大角模组成，模板接缝在每面墙的中部。大角模本身稳定，但装、拆较麻烦，且墙面中间有接缝，较难处理，因此已很少使用。

④ 筒形模（简称筒模）。

（a）组合式铰接筒模。将一个房间四面墙的大模板连接成一个空间的整体模板即为筒模。它稳定性好，可整间吊装而减少吊次，但自重大、不够灵活，多用于电梯井、管道井等尺寸较小的筒形构件，在标准间施工中也有应用，但应用较少。

电梯井、管道井等尺寸较小的筒形构件用筒模施工，有较大优势。最早使用的是模架式筒模，其通用性差，目前已被淘汰。后来使用组合式铰接筒模（见图 5-19），它在筒模四角处用铰接式角模与模板相连，利用脱模器开启，进行筒模组装就位和脱模，较为方便，但脱模后需用起重机吊运。

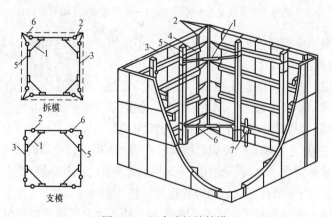

图 5-19　组合式铰接筒模

1—脱模器；2—铰链；3—模板；4—横龙骨；5—竖龙骨；6—三角铰；7—支脚

（b）自升式电梯井筒模。近年出现自升式筒模（见图 5-20），将模板与提升机结合为一体，拆模后，利用提升机可自己上升至新的施工标高处，无须另用起重机吊运。

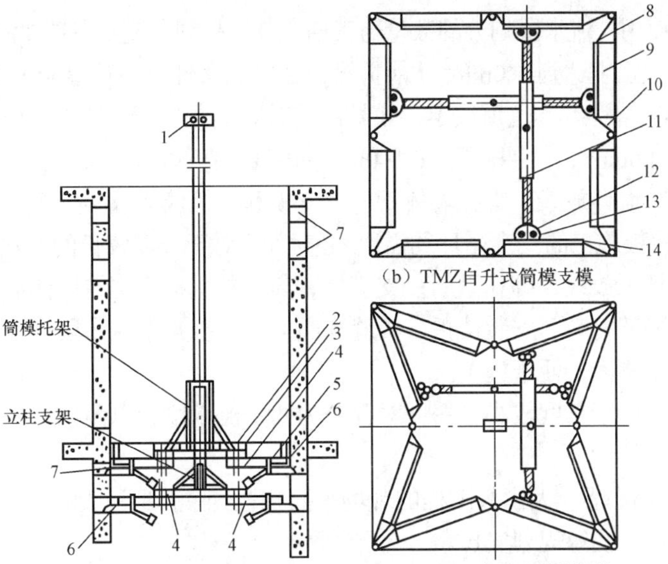

（a）TMZ电梯井筒模自升机构

（b）TMZ自升式筒模支模

（c）TMZ自升式筒模拆模

图 5-20　自升式电梯井筒模

1—吊具；2—面板；3—方木；4—托架调节梁；5—调节丝杠；
6—支腿；7—支腿洞；8—四角角模；9—模板；10—直角形铰接式角模；
11—退模器；12—“3”形扣件；13—竖龙骨；14—横龙骨

（3）工程施工准备。工程施工准备除去施工现场为顺利开工而进行的一些准备工作之外，主要就是编制施工组织设计，在这方面主要解决吊装机械选择、流水段划分、施工现场平面布置等问题。

① 吊装机械选择。用大模板施工的高层建筑，吊装机械都采用塔式起重机。正确选择塔式起重机的型号十分重要。因为在大模板施工的高层建筑中，模板的装拆、外墙板的安装、混凝土垂直运输和浇筑、楼板安装等工序均利用塔式起重机进行。在一般情况下，塔式起重机的台班吊次是决定大模板结构施工工期的主要因素。为了充分利用模板，一般要求每一流水段在一个昼夜内完成从支模到拆模的全部工序，因此一个流水段内的模板数量要根据塔式起重机的台班吊次来决定，模板数量决定流水段的大小，流水段的大小又决定了劳动力的配备。

塔式起重机的型号主要依据建筑物的外形、高度及最大模板或构件的质量来选择。其数量则取决于流水段的大小和施工进度要求。

对于 14 层以下的大模板建筑，选用 TQ-60/80 型或相类似 700kN · m 的塔式起重机即可满足要求，其台班吊次可达 120 次。超过 15 层的大模板建筑，多用自升式塔式起重机，如 QT4-10 型、QT-80 型、QTZ-80 型等 800kN · m 或 1 200kN · m 的塔式起重机。

此外，在高层建筑施工中，为便于施工人员上下和满足装修施工的需要，宜在建筑物的适当位置设置外用施工电梯。

② 流水段划分。划分流水段要力求各流水段内的模板型号和数量尽量一致，以减少大模板落地次数，充分利用塔式起重机的吊运能力；要使各工序合理衔接，确保达到混凝土拆模强度和安装楼板所需强度的养护时间，以便做到在一昼夜时间内完成从支模到拆模的全部工序，使一套

模板每天都能重复使用；流水段划分的数量与工期有关，故划分流水段还要满足规定的工期。

由于墙体混凝土强度达到 $1.0mm^2$ 才能拆模，在常温条件下，从混凝土浇筑算起需要 $10\sim$ 12h，从支模板算起则需 24h，这就决定了模板的周转时间是一天一段。此外，安装楼板所需的墙体混凝土强度为 $4.0mm^2$，龄期需要 $36\sim48$h。而安装楼板后，还有板缝、圈梁的支模、绑扎钢筋、浇筑混凝土，墙体放线、绑扎墙体钢筋、支模和浇筑墙体混凝土等工序，约需要 48h 才能完成。因此，大模板施工的一个循环约需要 4d 时间。对于长度较长的板式建筑，一般划分成四个流水段较好：抄平放线、绑扎钢筋；支模板、安装外壁板、浇筑墙体混凝土；拆模、清理墙面、养护；吊运隔墙材料、安装楼板、板缝和圈梁施工。每个流水段分别在 1d 内完成，4d 完成一个循环，有条不紊，便于施工。

对于塔式建筑，由于长度较小，一般对开分为两个流水段，以两幢房屋分为四个流水段进行组织施工。

③ 施工现场平面布置。大模板工程的现场平面布置，除满足一般的要求外，要着重对外墙板和模板的堆放区进行统筹规划安排。

施工过程中大模板原则上应当随拆随装，只在楼层上作水平移动而不落地，但个别楼板还是要在堆放场存放。为此，在结构施工过程中，一套模板需留出 $100m^2$ 左右的周转堆场。大模板宜采取两块模板板面相对的方式堆放，亦应堆放在塔式起重机的有效工作半径之内。

（4）大模板工程施工。

① 测量放线。

（a）轴线的控制和引测。在每幢建筑物的四个大角和流水段分界处，都必须设标准轴线控制桩，用之在山墙和对应的墙上用经纬仪引测控制轴线。然后，根据控制轴线拉通尺放出其他轴线和墙体边线（同筒模施工时，应放出十字线），不得用分间丈量的方法放出轴线，以免误差积累。遇到特殊体形的建筑，则需另用其他方法来控制轴线，如上海华亭宾馆由于形状特殊，根据控制桩用角度进行控制（见图 5-21）。

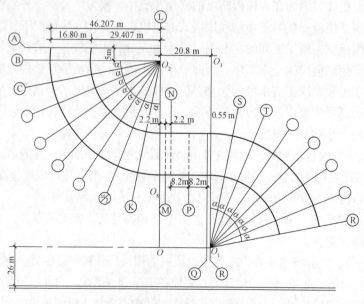

图 5-21　轴线控制

（b）水平标高的控制与引测。每幢建筑物设标准水平桩1或2个，并将水平标高引测到建筑物的第一层墙上，作为控制水平线。各楼层的标高均以此线为基线，用钢尺引测上去，每个楼层设两条水平线，一条离地面50cm高，供立口和装修工程使用；另一条距楼板下皮10cm，用以控制墙体顶部的找平层和楼板安装标高。另外，有时候在墙体钢筋上亦弹出水平线，用以控制大模板安装的水平度。

② 钢筋绑扎。大模板施工的墙体宜用点焊钢筋网片，网片间的搭接长度和搭接部位都应符合设计规定。

点焊钢筋网片在堆放、运输和吊装过程中，都应设法防止钢筋产生弯折变形和焊点脱落。上、下层墙体钢筋的搭接部分应理直，并绑扎牢固。双排钢筋网之间应绑扎定位用的连接筋；钢筋与模板之间应绑扎砂浆垫块，其间距不宜大于 1m，以保证钢筋位置准确和保护层厚度符合要求。

> **小 提 示**
>
> 在施工流水段的分界处，应按设计规定甩出钢筋，以备与下段连接。如果内纵墙与内横墙非同时浇筑，也应将连接钢筋绑扎牢固。

③ 大模板安装。大模板进场后，应对型号，清点数量，注明模板编号。模板表面应除锈并均匀涂刷脱模剂。常用的脱模剂有甲基硅树脂脱模剂、妥尔油脱模剂和海藻酸钠脱模剂等。

（a）安装内墙模板。内墙大模板安装如图 5-22 所示，大模板进场后要核对型号，清点数量，清除表面锈蚀，用醒目的字体在模板背面注明标号。模板就位前还应涂刷脱模剂，将安装处楼面清理干净，检查墙体中心线及边线，准确无误后方可安装模板。安装模板时应按顺序吊装，按墙身线就位，反复检查校正模板的垂直度。模板合模前，还要对隐蔽工程验收。

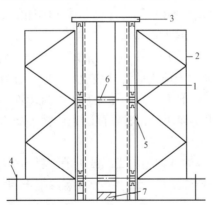

图 5-22　内墙大模板安装

1—内墙模板；2—桁架；3—上夹具；4—校正螺栓；
5—穿墙螺栓；6—套管；7—混凝土导墙

（b）组装外墙外模板。根据形式不同，外墙外模板分为悬挑式外模板和外承式外模板。当采用悬挑式外模板施工时，支模顺序为先安装内墙模板，再安装外墙内模板，然后把外模板通过内模板上端的悬臂梁直接悬挂在内模板上。悬臂梁可采用一根 8 号槽钢焊在外侧模板的上口横肋上，内外墙模板之间依靠对销螺栓拉紧，下部靠在下层的混凝土墙壁上。当采用外承式外模板施工时，可以先将外墙外模板安装在下层混凝土外墙面挑出的三角形支承架上，用 L 形螺栓通过下一层外墙预留口挂在外墙上，如图 5-23 所示。为了保证安全，要设好防护栏和安全网，安装好外墙外模板后，再安装内墙模板和外墙内模板。

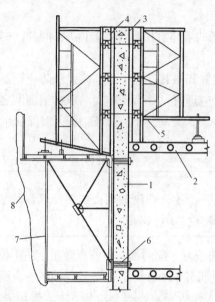

图 5-23　外承式外模板

1—现浇外墙；2—楼板；3—外墙内模板；4—外墙外模板；

5—穿墙螺栓；6—脚手架固定螺栓；7—外挂脚手架；8—安全网

模板安装完毕后，应将每道墙的模板上口找直，并检查扣件、螺栓是否紧固，拼缝是否严密，墙厚是否合适，与外墙板拉结是否紧固。检查合格验收后，方准浇筑混凝土。

④ 浇筑混凝土。要做到每天完成一个流水段的作业，模板每天周转一次，就要求混凝土浇筑后 10h 左右达到拆模强度。当使用矿渣硅酸盐水泥时，往往要掺早强剂。常用的早强剂为三乙醇胺复合剂和硫酸钠复合剂等。为增加混凝土的流动性，又不增加水泥用量，或需要在保持同样坍落度情况下减少水泥用量，常在混凝土中掺加减水剂。常用的减水剂有木质素磺酸钙等。

常用的浇筑方法是料斗浇筑法，即用塔式起重机吊运料斗至浇筑部位，斗门直对模板进行浇筑。近年来，用混凝土泵进行浇筑日渐增多，要注意混凝土的可泵性和混凝土的布料。

小技巧

为防止烂根，在浇筑混凝土前，应先浇筑一层 5～10cm 厚与混凝土内砂浆成分相同的砂浆。墙体混凝土应分层浇筑，每层厚度不应超过 1m，仔细进行捣实。浇筑门窗洞口两侧混凝土时，应由门窗洞口正上方下料，两侧同时浇筑，且高度应一致，以防门窗口模板走动。

边柱和角柱的断面小、钢筋密，浇筑时应十分小心，振捣时要防止外墙面变形。

常温施工时，拆模后应及时喷水养护，连续养护 3d 以上。也可采取喷涂氯乙烯—偏氯乙烯共聚乳液薄膜保水的方法进行养护。

用大模板进行结构施工，必须支搭安全网。如果采用安全网随墙逐层上升的方法，要在2、6、10、14层等每4层固定一道安全网；如果采用安全网不随墙逐层上升的方法，则从2层开始，每两层支搭一道安全网。

⑤ 拆模与养护。在常温条件下，墙体混凝土强度超过1.2MPa时方准拆模。拆模顺序为先拆内纵墙模板，再拆横墙模板，最后拆除角模和门洞口模板。单片模板拆除顺序为：拆除穿墙螺栓、拉杆及上口卡具→升起模板底脚螺栓→升起支撑架底脚螺栓→使模板自动倾斜，脱离墙面并将模板吊起。拆模时，必须首先用撬棍轻轻将模板移出20～30mm，然后用塔式起重机吊出。吊拆大模板时，应严防撞击外墙挂板和混凝土墙体，因此，吊拆大模板时，要注意使吊钩位置倾向于移出模板方向。在任何情况下，不得在墙口上晃动、撬动或敲砸模板。模板拆除后应及时清理，涂刷隔离剂。

常温条件下，混凝土强度超过1.0N/mm² 后方准拆模。宽度大于1m的门洞口的拆模强度，应与设计单位商定，以防止门洞口产生裂缝。

2. 液压滑动模板施工

液压滑动模板（简称"滑模"）施工工艺，是按照施工对象的平面尺寸和形状，在地面组装好包括模板、提升架和操作平台的滑模系统，一次装设高度为1.2m左右，然后分层浇筑混凝土，利用液压提升设备不断竖向提升模板，完成混凝土构件施工的一种方法。

滑模由模板系统、操作平台系统和液压提升系统以及施工精度控制系统等组成，如图5-24所示。滑升模板的施工由滑板组装、钢筋绑扎、混凝土施工等几个部分组成。

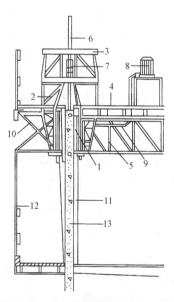

图 5-24 滑模系统示意图

1—模板；2—围圈；3—提升架；4—操作平台；5—操作平台桁架；6—支承杆；7—液压千斤顶；
8—高压油泵；9—油管；10—外挑三脚架；11—内吊脚手架；12—外吊脚手架；13—混凝土墙体

（1）模板组装。模板组装前，要做好拼装场地的平整工作，检查起滑线以下已经施工好的基础或结构的标高和平面尺寸，并标出建筑物的结构轴线、墙体边线和提升架的位置线等。模板组装时应一次组装完，一直使用到结构施工完毕，中途一般不再变化。滑模组装完毕后，应按规范要求的质量标准进行检查。

（2）钢筋绑扎。每层混凝土浇筑完毕后，在混凝土表面上至少应有一道已绑扎了的横向钢筋。竖向钢筋绑扎时，应在提升架上部设置钢筋定位架，以保证钢筋位置准确。直径较大的竖向钢筋接头，宜采用气焊或电渣焊。对于双层钢筋的墙体结构，钢筋绑扎后，双层钢筋之间应有拉结筋定位。钢筋弯钩均应背向模板，必须留足混凝土保护层。支承杆作为结构受力筋时，应及时清除油污，其接头处的焊接质量必须满足有关钢筋焊接规范的要求。预埋件留设位置与型号必须准确。预埋件的固定，一般可采用短钢筋与结构主筋焊接或绑扎等方法连接牢固，但不得突出模板表面。

（3）混凝土施工。滑模施工的混凝土，除必须满足设计强度外，还必须满足滑模施工的特殊要求，如出模强度、凝结时间、和易性等。混凝土必须分层均匀交圈浇筑，每一浇筑层的混凝土表面应在同一水平面上，并且有计划地变换浇筑方向，防止模板产生扭转和结构倾斜。分层浇筑的厚度以 200～300mm 为宜。各层浇筑的间隔时间应不大于混凝土的凝结时间，否则应按施工缝的要求对接槎处进行处理。混凝土浇筑宜用人工均匀倒入，不得用料斗直接向模板倾倒，以免对模板造成过大的侧压力。预留孔洞、门窗口等两侧的混凝土，应对称、均衡浇筑，以免门窗模移位。

（4）模板滑升。

① 初滑阶段。初滑阶段主要对滑模装置和混凝土凝结状态进行检查。当混凝土分层浇筑到 70mm 左右，且第一层混凝土的强度达到出模强度时，进行试探性的提升，滑升过程要求缓慢、平稳。用手按混凝土表面，若出现轻微指印，砂浆又不粘手，说明时间恰到好处，进入正常滑升阶段。

② 正常滑升阶段。模板经初滑调整后，可以连续一次提升一个浇筑层高度，等混凝土浇筑至模板顶面时再提升一个浇筑层高度，也可以随升随浇。模板的滑升速度应与混凝土分层浇筑的厚度相配合。两次滑升的间隔停歇时间一般不宜超过 1h。为防止混凝土与模板黏结，在常温下，滑升速度一般控制在 150～350mm/h 范围内，最慢不应少于 100mm/h。

③ 末滑阶段。当模板滑升至距建筑物顶部标高 1m 左右时，即进入末升阶段，此时应降低滑升速度，并进行准确的抄平和找平工作，以使最后一层混凝土能够均匀交圈，保证顶部标高及位置的准确。混凝土末浇结束后，模板仍应继续滑升，直至与混凝土脱离为止，不致黏住。

> **小 提 示**
>
> 因气候、施工需要或其他原因而不能连续滑升时，应采取可靠的停滑措施。继续施工前，应对液压系统进行全面检查。

（5）门窗及其他孔洞留设。门窗及其他孔洞的留设，可采用以下几种方法。

① 框模法。事先按照设计要求的尺寸制成孔洞框模，框模可用钢材、木材或钢筋混凝土预制件制作。其尺寸宜比设计尺寸大 20～30mm，厚度应比内外模板的上口尺寸小 5～10mm。也可利用门、窗框，直接作为框模使用。

② 堵头模板法。当预留孔洞尺寸较大或孔洞处不设门框时，在孔洞两侧的内外模板之间设置堵头模板，并通过活动角钢与内外模板连接，与模板一起滑升。

③ 孔洞胎模法。对于较小的预留孔洞及接线盒等，可事先按孔洞具体形状制作空心或实心的孔洞胎模，尺寸应比设计要求大 50～100mm，厚度应比内外模上口小 10～20mm，四边应稍有倾斜，以便于模板滑过后取出胎模。

（6）楼板施工。采用滑模施工的高层建筑，其楼板等横向结构的施工方法主要有逐层空滑楼板并进法、先滑墙体楼板跟进法和先滑墙体楼板降模法等。

① 逐层空滑楼板并进法。逐层空滑楼板并进又称"逐层封闭"或"滑一浇一"，其做法是当每层墙体模板滑升至上一层楼板底标高位置时，停止墙体混凝土浇筑，待混凝土达到脱模强度后，将模板连续提升，直至墙体混凝土脱模，再向上空滑至模板下口与墙体上皮脱空一段高度为止（脱空高度根据楼板的厚度而定），然后将操作平台的活动平台板吊开，进行现浇楼板支模、绑扎钢筋和浇筑混凝土的施工。如此逐层进行，直至封顶。

② 先滑墙体楼板跟进法。先滑墙体楼板跟进法是指当墙体连续滑动数层后，即可自下而上地进行逐层楼板的施工。即在楼板施工时，先将操作平台的活动平台板揭开，由活动平台的洞口吊入楼板的模板、钢筋和混凝土等材料或安装预制楼板。对于现浇楼板施工，也可由设置在外墙窗口处的受料挑台将所需材料吊入房间，再用手推车运至施工地点。

③ 先滑墙体楼板降模法。先滑墙体楼板降模施工，是针对现浇楼板结构而采用的一种施工工艺。其具体做法是：当墙体连续滑升到顶或滑升至 8～10 层高度后，将事先在底层按每个房间组装好的模板，用卷扬机或其他提升机具提升到要求的高度，再用吊杆悬吊在墙体预留的孔洞中，然后进行该层楼板的施工。当该层楼板的混凝土达到拆模强度要求时（不得低于 15MPa），可将模板降至下一层楼板的位置，进行下一层楼板的施工。此时，悬吊模板的吊杆也随之接长。这样，施工完一层楼板，模板降下一层，直到完成全部楼板的施工，降至底层为止。

（7）模板拆除。高空解体过程中，必须保证模板系统的总体稳定和局部稳定，防止模板系统整体或局部倾倒坍落。滑模装置拆除后，应对各部件进行检查、维修，并妥善存放保管，以备使用。

3. 爬升模板施工

爬升模板简称爬模，是一种自行升降、不需要起重机吊运的模板，可以一次成型一个墙面，是综合大模板与滑模工艺特点形成的一种成套模板，既保持了大模板工艺墙面平整的优点，又吸取了滑模利用自身设备向上移动的优点。

爬升模板与滑升模板一样，在结构施工阶段依附在建筑结构上，随着结构施工而逐层上升，这样模板既可以不占用施工场地，也不需要其他垂直运输设备。另外，它装有操作脚手架，施工时有可靠的安全围护，故可不搭设外脚手架，特别适用于在较狭小的场地上建造多层或高层建筑。

爬升模板与大模板一样，是逐层分块安装，故其垂直度和平整度易于调整和控制，可避免施工误差的积累。

爬升模板由大模板、爬升支架和爬升设备三部分组成，如图 5-25 所示。

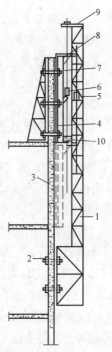

图 5-25　有爬架的爬升模板

1—爬架；2—螺栓；3—预留爬架孔；

4—爬模；5—爬架千斤顶；6—爬模千斤顶；7—爬杆；

8—模板挑横梁；9—爬架挑横梁；10—脱模架千斤顶

4．组合模板施工

组合模板包括组合式定型钢模板和钢框木（竹）胶合板模板等，具有组装灵活、装拆方便、通用性强、周转次数多等优点，用于高层建筑施工，既可以作竖向模板，又可以作横向模板；既可按设计要求，预先组装成柱、梁、墙等大型模板，用起重机安装就位，以加快模板拼装速度，也可散装散拆，尤其在大风季节，当塔式起重机不能进行吊装作业时，可利用升降电梯垂直运输组合模板，采取散装散拆的施工方式，同样可以保持连续施工并保证必要的施工速度。

（1）组合钢模板。组合钢模板又称组合式定型小钢模，是使用最早且应用最广泛的一种通用性强的定型组合式模板，其部件主要由钢模板、连接件和支承件三大部分组成。钢模板长度为 450～1 500mm，以 150mm 进级；宽度为 100～300mm，以 50mm 进级；高度为 55mm；板面厚 2.3mm 或 2.5mm，主要包括平面模板、阴角模板、阳角模板、连接角模以及其他模板（包括柔性模板、可调模板和嵌补模板）等。连接件包括 U 形卡、L 形插销、钩头螺栓、紧固螺栓、模板拉杆、扣件等。支承件包括支承柱、梁、墙等模板用的钢楞、柱箍、梁卡具、圈梁卡、钢管架、斜撑、组合支柱、支承桁架等。

（2）钢框木（竹）胶合板模板。钢框木（竹）胶合板模板，是以热轧异形钢为钢框架，以覆面胶合板作板面，并加焊若干钢肋承托面板的一种组合式模板。面板有木、竹胶合板，单片木面竹芯胶合板等。板面施加的覆面层有热压二聚氰胺浸渍纸、热压薄膜、热压浸涂和涂料等（见图 5-26）。

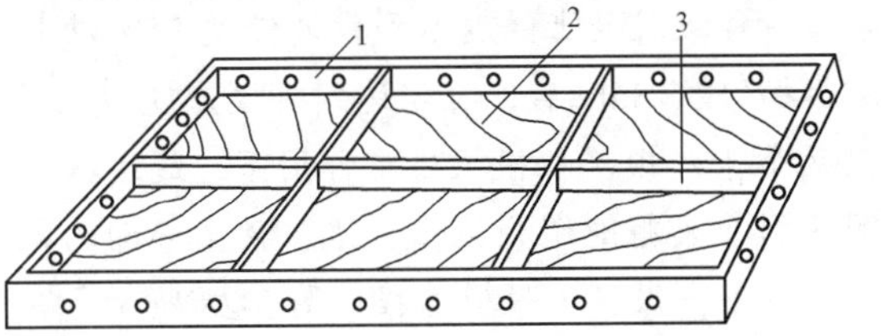

图 5-26 钢框木（竹）胶合板模板

1—钢框；2—胶合板；3—钢肋

品种系列（按钢框高度分）除与组合钢模板配套使用的 55 系列（即钢框高 55mm，刚度小、易变形）外，现已发展有 70、75、78、90 等系列，其支承系统各具特色。

钢框木（竹）胶合板的规格长度最长已达到 2 400mm，宽度最宽已达到 1 200mm。其特点有：自重轻，比组合钢模板减轻约 1/3；用钢量少，比组合钢模板约减少 1/2；面积大，单块面积比同样重的组合钢模板可增大 40% 左右，可以减少模板拼缝，提高结构浇筑后表面的质量；周转率高，板面均为双面覆膜，可以两面使用，周转次数可达 50 次以上；保温性能好，板面材料的热传导率仅为钢板面的 1/400 左右，故有利于冬期施工；维修方便，面板损伤后可用修补剂修补；施工效果好，表面平整、光滑，附着力小，支拆方便。

5. 隧道模施工

隧道模是在大模板施工的基础上，将现浇墙体的模板和现浇楼板的模板结合为一体的大型空间模板，由三面模板组成一节，形如隧道。

隧道模施工实现了墙体和楼板一次支模，一次绑钢筋，一次浇筑成型。这种施工方法的结构整体性好，墙体和顶板平整，一般不需要抹灰，模板拆装速度快，生产效率较高，施工速度较快。但是，这种模板的体形大，灵活性小，一次投资较多，比较适用于大批量标准定型的高层、超高层板墙结构。采用隧道模工艺，需要配备起重能力较大的塔式起重机。另外，由于楼板和墙体需要同时拆模，而两者的拆模强度有不同要求，需要采取相应的措施。

隧道模按拆除推移方式，分为横向推移和纵向推移两种。横向推移用于横墙承重结构，外纵墙需待隧道模拆除推出后再施工；纵向推移用于纵墙承重结构，可用一套模板在一个楼层上连续施工，直至本层主体结构全部完成后，才将模板提升吊运到上一层。采用这种方法时，楼梯、电梯间一般为单独设置。

隧道模按照构造的不同，可分为整体式和双拼式两类，整体式隧道模也称全隧道模，断面呈 Ⅱ 字形。双拼式隧道模由两榀断面呈 Γ 字形的半隧道模（见图 5-27）构成，中间加连接板。

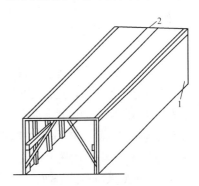

图 5-27 双拼式隧道模

1—半隧道模；2—插入板

> **小提示**
>
> 用隧道模施工时，先在楼板面上浇筑导墙（实际上导墙是与楼板同时浇筑的），在导墙上根据标高进行弹线，隧道模沿导墙就位，绑扎墙内钢筋和安装门洞、管道，根据弹线调整模板的高度，以保证板面水平，随后楼面绑扎钢筋，安装堵头模板，浇筑墙面和楼面混

凝土。混凝土浇筑完毕，待楼板混凝土强度达到设计强度 75% 以上，墙体混凝土达到 25%以上时拆模。一般加温养护 12~36h 后，可以达到拆模强度。混凝土达到拆模强度以后，双拼式隧道模通过松动两个千斤顶，在模板自重作用下，隧道模下降到三个轮子碰到楼板面为止。然后，用专用牵引工具将隧道模拖出，进入挑出墙面的挑平台上，用塔式起重机吊运至需要的地段，再进行下一循环。脱模过程如图 5-28 所示。

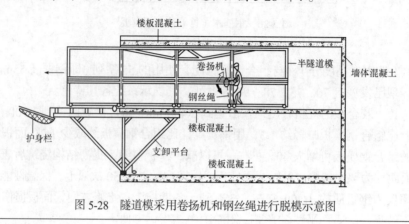

图 5-28　隧道模采用卷扬机和钢丝绳进行脱模示意图

二、钢筋连接技术

常用钢筋连接技术方法主要有下面几种。

1. 钢筋电渣压力焊（接触电渣焊）

钢筋电渣压力焊是将两钢筋安放成竖向对接形式，利用焊接电流通过两钢筋端面间隙，在焊剂层下形成电弧过程和电渣过程，产生电弧热和电阻热，熔化钢筋，加压完成连接的一种焊接方法。

（1）电渣压力焊的焊接原理如图 5-29 所示，其焊接工艺过程为：首先，在钢筋端面之间引燃电弧，电弧周围焊剂熔化形成空穴，随后在监视焊接电压的情况下，进行"电弧过程"的延时，利用电弧热量，一方面使电弧周围的焊剂不断熔化，以形成必要深度的渣池；另一方面，使钢筋端面逐渐烧平，为获得优良接头创造条件。接着，将上钢筋端部插入渣池中，电弧熄灭，进行"电渣过程"的延时，利用电阻热能使钢筋全断面熔化并形成有利于保证焊接质量的端面形状。最后，在断电的同时迅速进行挤压，排除全部熔液和熔化金属完成整个焊接过程（见图 5-30）。

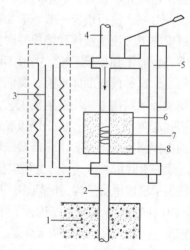

图 5-29　竖向钢筋电渣压力焊原理示意图
1—混凝土；2—下钢筋；3—焊接电源；4—上钢筋；
5—焊接夹具；6—焊剂盒；7—钢丝球；8—焊剂

（2）钢筋电渣压力焊特点。钢筋电渣压力焊具有与电弧焊、电渣焊和压力焊相同的特点。其焊接过程可分四个阶段，即：引弧过程→电弧过程→电渣过程→顶压过程。焊接时，先将钢筋端部约 120m 范围内的铁锈除尽。将夹具夹牢在下部钢筋上，并将上部钢筋夹直夹牢于活动电极中，上下钢筋的轴线应尽量一致，其最大偏移不得超过 0.1d（d 为钢筋直径），也不得大于 2mm。上、下钢筋间放一钢丝小球或导电剂，再装上焊剂盒并装满焊剂，接通电路，用手柄使电弧引燃（引弧），然后稳定一段时间，使之形成渣池并使钢筋熔化。随着钢筋的熔化，用手柄使上部钢筋缓缓下送，稳弧时间长短根据不同的电流、电压以及钢筋直径而定。当稳弧达到规定的时间后，在断电的同时用手柄进行加压顶锻，以排除夹渣和气泡，形成接头待冷却一定时间后，拆除焊剂盒，回收焊剂，拆除夹具和清理焊渣。焊接通电时间一般以 16～23s 为宜，钢筋熔化量为 20～30mm。钢筋电渣压力焊一般有引弧、电弧、电渣和挤压四个过程，而引弧、挤压时间很短，电弧过程约占全部时间的 3/4，电渣过程约占 1/4。焊机空载电压保持在 80V 左右为宜，电弧电压一般宜控制在 40～45V，电渣电压宜控制在 22～27V，施焊时观察电压表，利用手柄调节电压。

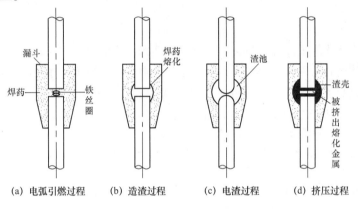

(a) 电弧引燃过程　　(b) 造渣过程　　(c) 电渣过程　　(d) 挤压过程

图 5-30　电渣压力焊的工艺过程

2. 钢筋气压焊

钢筋气压焊是采用一定比例的氧气和乙炔焰为热源，对需要连接的两钢筋端部接缝处进行加热，使其达到热塑状态，同时对钢筋施加 30～40MPa 的轴向压力，使钢筋顶焊在一起。该焊接方法使钢筋在还原气体的保护下，发生塑性流变后相互紧密接触，促使端面金属晶体相互扩散渗透，再结晶，再排列，形成牢固的焊接接头。这种方法设备投资少、施工安全、节约钢材和电能，不仅适用于竖向钢筋的连接，也适用于各种方向布置的钢筋连接。适用范围为直径 14～40mm 的 HPB300、HRB335 和 HRB400 级钢筋（25MnSiHRB400 级钢筋除外）；当不同直径钢筋焊接时，两钢筋直径差不得大于 7mm。

钢筋气压焊是利用一定比例的氧气和乙炔燃烧的火焰作为热源，加热烘烤两钢筋的接缝处，使其达到热塑状态，同时施加 30～40N/mm^2 的压力，使钢筋顶锻在一起的焊接方法。

知识链接

钢筋气压焊有敞开式和闭式两种。前者是使两根钢筋端面稍加离开，加热到熔化温度，并加压完成的一种方法，属熔化压力焊；后者是将两根钢筋端面紧密闭合，并加热到 1 200℃～1 250℃，加压完成的一种方法，属固态压力焊。目前，常用的方法为闭式气压焊。

这种焊接的机理是在还原性气体的保护下，钢筋发生塑性流变后相互紧密接触，促使端面金属晶体相互扩散渗透，再结晶、再排列，最后形成牢固的对焊接头。

① 焊接设备。钢筋气压焊设备主要包括氧气和乙炔供气装置、加热器、加压器及钢筋卡具等。辅助设备有用于切割钢筋的砂轮锯、磨平钢筋端头的角向磨光机等。

供气装置包括氧气瓶、乙炔气瓶、回火防止器、减压器、胶皮管等。

加热器由混合气管和多嘴环管加热器（多嘴环管焊炬）组成。为使钢筋接头处能均匀加热，多嘴环管加热器设计成环状钳形，并要求多束火焰燃烧均匀，调整方便。加压器由液压泵、液压表、液压油管和顶压油缸四部分组成。作为压力源，通过连接夹具对钢筋进行顶锻。液压泵有手动式、脚踏式和电动式三种。

钢筋卡具（或称钢筋夹具）由可动和固定卡子组成，用于卡紧、调整和压接钢筋。

② 焊接工艺。钢筋端头必须切平。切割钢筋应用无齿锯，不能用切断机，以免端头成马蹄形，影响焊接质量；切割钢筋要预留（0.6～1.0）d 接头压缩量，端头断面应与轴线呈直角，不得弯曲。

小技巧

施焊时，将两根待压接的钢筋固定在钢筋卡具上，并施加 5～10N/mm² 初压力。然后将多嘴环管焊炬的火口对准钢筋接缝处加热，当加热钢筋端部温度至 1 150℃～3 000℃，表面呈炽白色时，边加热边加压，使压力达到 30～40N/mm²。直至接缝处隆起直径为钢筋直径的 1.4～1.6 倍，变形长度为钢筋直径的 1.2～1.5 倍的鼓包，其形状为平滑的圆球形。待钢筋加热部分火红消失后，即可解除钢筋卡具。

3. 钢筋机械连接

钢筋机械连接是通过连接件的机械咬合作用或钢筋端面的承压作用，将一根钢筋中的力传递至另一根钢筋的连接方法。这种方法具有施工简便、工艺性能良好、接头质量可靠、不受钢筋焊接性的制约、可全天候施工、节约钢材和能源等优点。对不能明火作业的施工现场，以及一些对施工防火有特殊要求的建筑尤为适用。特别是一些可焊性差的进口钢材，采用机械连接更有必要。常用的机械连接接头类型有套筒挤压接头、锥螺纹套筒接头等。

（1）钢筋套筒挤压连接。钢筋套筒挤压连接，俗称冷接头，又称钢筋压力管接头法。即用钢套筒将两根待连接的钢筋套在一起，采用挤压机将套筒挤压变形，使它紧密地咬住变形钢筋，以此实现两根钢筋的连接。钢筋的轴向力主要通过变形的套筒与变形钢筋的紧固力传送。这种连接工艺适用于钢筋的竖向连接、横向连接、环形连接及其他朝向的连接。

钢筋挤压连接技术主要有两种，即钢筋径向挤压法和钢筋轴向挤压法。

① 钢筋径向挤压法（见图 5-31）。钢筋径向挤压法适用于直径 16～40mm 的 HRB335、HRB440 级带肋钢筋的连接，包括同径和异径（当套筒两端外径和壁厚相同时，被连接钢筋的直径相差不应大于 5mm）钢筋。

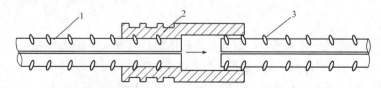

图 5-31　钢筋径向挤压连接

1—已挤压的钢筋；2—钢套筒；3—未挤压的钢筋

② 钢筋轴向挤压法。钢筋轴向挤压法是采用挤压机和压模，对钢套筒和插入的两根对接钢筋沿轴线方向进行挤压，使套筒咬合到变形钢筋的肋间，结合成一体（见图 5-32）。轴向挤压连接可用于相同直径钢筋的连接，也可用于相差一个等级直径（如 $\phi25\sim\phi28$、$\phi28\sim\phi32$）的钢筋的连接。

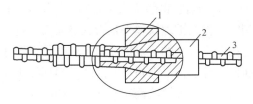

图 5-32　钢筋轴向挤压法连接

1—压模；2—钢套筒；3—钢筋

（2）锥螺纹钢筋套筒连接。锥螺纹钢筋套筒连接是利用锥形螺纹能承受轴向力和水平力以及密封性能较好的原理，依靠机械力将钢筋连接在一起。操作时，首先用专用套丝机将钢筋的待连接端加工成锥形外螺纹；其次，通过带锥形内螺纹的钢套筒连接将两根待接钢筋连接；最后，利用力矩扳手按规定的力矩值使钢筋和连接钢套筒拧紧在一起，如图 5-33 所示。

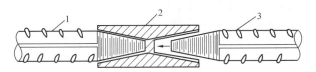

图 5-33　锥螺纹套筒钢筋连接

1—已连接的钢筋；2—锥螺纹连接套筒；3—未连接的钢筋

螺纹套筒连接法具有接头可靠、操作简单、不用电源、全天候施工、对中性好、施工速度快等优点，可连接各种钢筋，不受钢筋种类、含碳量的限制。接头的价格适中，成本低于冷挤压套筒接头，高于电渣压力焊和气压焊接头。

① 钢筋锥螺纹的加工要求。

（a）钢筋应先调直再下料。钢筋下料可用钢筋切断机或砂轮锯，但不得用气割下料。下料时，要求切口端面与钢筋轴线垂直，端头不得挠曲或出现马蹄形。

（b）加工好的钢筋锥螺纹丝头的锥度、牙形、螺距等必须与连接套的锥度、牙形、螺距一致，并应进行质量检验。检验内容包括锥螺纹丝头牙形检验和锥螺纹丝头锥度与小端直径检验。

（c）加工工艺为：下料→套丝→用牙形规和卡规（或环规）逐个检查钢筋套丝质量→质量合格的丝头用塑料保护帽盖封，待查和待用。

钢筋锥螺纹的完整牙数不得少于表 5-1 所示的规定值。

表5-1　　　　　　　　　　　　　　　钢筋锥螺纹完整牙数

钢筋直径/mm	16～18	20～22	25～28	32	36	40
完整牙数	5	7	8	10	11	12

（d）钢筋经检验合格后，方可在套丝机上加工锥螺纹。为确保钢筋的套丝质量，操作人员

必须遵守持证上岗制度。操作前应先调整好定位尺，并按钢筋规格配置相对应的加工导向套。对于大直径钢筋，要分次加工到规定的尺寸，以保证螺纹的精度和避免损坏梳刀。

（e）钢筋套丝时，必须采用水溶性切削冷却润滑液，当气温低于0℃时，应掺入15%～20%亚硝酸钠，不得采用机油作冷却润滑液。

② 钢筋连接。连接钢筋前，先回收钢筋待连接端的保护帽和连接套上的密封盖，并检查钢筋规格是否与连接套规格相同，检查锥螺纹丝头是否完好无损、有无杂质。

连接钢筋时，应先把已拧好连接套的一端钢筋对正轴线拧到被连接的钢筋上，然后用力矩扳手按规定的力矩值把钢筋接头拧紧，不得超拧，以防止损坏接头丝扣。拧紧后的接头应画上油漆标记，以防有的钢筋接头漏拧。锥螺纹钢筋连接方法如图5-34所示。

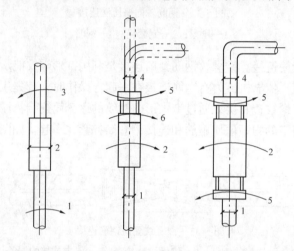

(a) 同径或异径钢筋连　　(b) 单向可调接头连接　　(c) 双向可调接头连接

图 5-34　锥螺纹钢筋连接方法

1、3、4—钢筋；2—连接套筒；5—可调连接器；6—锁母

拧紧时要拧到规定扭矩值，待测力扳手发出指示响声时，才认为达到了规定的扭矩值锥螺纹接头拧紧力矩值见表 5-2，但不得加长扳手杆来拧紧。质量检验与施工安装使用的力矩扳手应分开使用，不得混用。

表5-2　　　　　　　　　　　　　　锥螺纹接头拧紧力矩值

钢筋直径/mm	16	18	20	22	25～28	32	36～40
扭紧力矩/（N·m）	118	147	177	216	275	317	343

在构件受拉区段内，同一截面连接接头数量不宜超过钢筋总数的50%；受压区不受限制。连接头的错开间距应大于500mm，保护层不得小于15mm，钢筋间净距应大于50mm。

在正式安装前，要取三个试件进行基本性能试验。当有一个试件不合格时，应取双倍试件进行试验；如仍有一个不合格，则该批加工的接头为不合格，严禁在工程中使用。连接套应有出厂合格证及质保书。每批接头的基本试验应有试验报告。连接套与钢筋应配套一致。连接套应有钢印标记。

安装完毕后，质量检测员应用自用的专用测力扳手，对拧紧的扭矩值加以抽检。

三、泵送混凝土与高强混凝土制作技术

1. 泵送混凝土制作技术

高层建筑现浇混凝土施工的特点之一是混凝土量大，据统计，混凝土垂直运输量约占总垂直运输量的 75%。因此，正确地选用混凝土的垂直运输方法显得尤为重要。而泵送混凝土能一次连续完成水平和垂直运输，配以布料设备还可进行浇筑，具有效率高、省劳力、费用低的特点，尤其在高层和超高层建筑混凝土结构施工中应用，更能显示它的优越性。

（1）原材料的选用。采用泵送混凝土施工，要求混凝土具有可泵性，即要具有一定的流动性及和易性，不易分离，否则在泵送中易产生堵塞。因此，对混凝土材料的品种、规格、用量、配合比，均有一定的要求。

① 水泥。一般保水性好、泌水性差的水泥，都可用于泵送混凝土。矿渣水泥由于保水性差、泌水性好，使用时要采取提高砂率和掺加粉煤灰等相应措施。水泥用量要根据结构设计的强度要求决定，为了保证混凝土的可泵性，我国现行《混凝土结构工程施工质量验收规范（2011 年版）》（GB 50204—2002）规定，最小水泥用量宜为 300kg/m^3。

② 粗集料。粗集料的级配、粒径和形状对混凝土拌合物的可泵性影响很大，级配良好的粗集料孔隙率小，对节约砂浆和增加混凝土的密实度起很大作用。

由于我国的集料级配不完全符合混凝土要求的级配曲线，所以，在使用时可根据砂石供应情况测定其级配曲线。必要时，可把不同粒径的集料合理掺和，以改善其级配。

粗集料除级配应符合规程的规定之外，对其最大粒径也有要求，即粗集料的最大粒径与混凝土输送管径之比要控制在一定数值之内。一般的要求是：当泵送高度为 50m 以下时，碎石的最大粒径与输送管内径之比宜小于或等于 1∶3；卵石则宜小于或等于 1∶2.5；泵送高度为 50～100m 时，宜为 1∶3～1∶4；泵送高度大于 100m 时，宜为 1∶4～1∶5。针片状含量不宜大于 10%。

③ 细集料。细集料对混凝土拌合物可泵性的影响比粗集料大得多。混凝土拌合物之所以能在输送管中顺利流动，是由于砂浆润滑管壁和粗集料悬浮在砂浆中的缘故，因而要求细集料有良好的级配。现行《混凝土泵送施工技术规程》（JGJ/T 10—2011）规定，泵送混凝土宜采用中砂。

④ 减水剂。减水剂是指掺入混凝土拌合物以后，能够在保持混凝土工作性能相同的情况下，显著地降低混凝土水灰比的外加剂。常温施工一般采用木质素磺酸钙，掺入后一般可达到下列技术经济效果。

（a）在保持坍落度不变的情况下，可使混凝土的单位用水量减少 10%～15%，抗压强度提高 10%～20%。

（b）在保持用水量和水灰比不变的情况下，坍落度可增大 10～20cm。

（c）在保持混凝土的抗压强度和坍落度不变的情况下，可节约水泥 10%。

此外，掺入木质素磺酸钙后，混凝土的泌水性较不掺的下降 2/3 左右，这对泵送混凝土很重要。此外，还能延缓水泥的凝结，使水泥水化热的释放速度明显延缓，这对泵送大体积混凝土十分重要。

木质素磺酸钙的掺量一般为水泥质量的 0.2%～0.3%（粉剂）。当低温时宜掺 0.2%，高温时掺 0.3%，一般气温掺 0.25%左右为最佳。

小 提 示

冬季施工可采用早强型、早强抗冻型等外加剂，一般对混凝土有流化、早强、抗离析、防泌水、微膨、抗锈蚀等作用，可提高坍落度6~7cm。

夏季施工，大气温度在35℃以上时，可选用载体硫化剂，这样可以大大减缓坍落度损失的速度，保持较好的流动性和可泵性。

⑤ 外掺和料。外掺和料主要是粉煤灰，可改善混凝土的流态、和易性及砂石间的黏聚力。采用矿渣水泥时，一般可掺加水泥用量的20%，以置换10%的水泥。泵送高度超过100m时，可适当多掺，具体掺量要通过试验确定。实践证明，在泵送混凝土中同时掺加外加剂和粉煤灰（称"双掺"）时，对提高混凝土拌合物的可泵性十分有利，同时还可节约水泥。

（2）拌制前应考虑的因素。

① 配合比。泵送混凝土配合比设计，应根据混凝土原材料、混凝土运输距离、混凝土泵与混凝土输送管径、泵送距离、气温等具体施工条件进行试配。必要时，应通过试泵来最后确定泵送混凝土的配合比。

② 坍落度。国家现行标准《混凝土结构工程施工质量验收规范（2011年版）》（GB 50204—2002）规定，泵送混凝土的坍落度宜为8~18cm。

坍落度的大小要视具体情况而定，管道转弯较多时，坍落度宜适当加大；向上泵送时，为防止过大的倒流压力，坍落度不宜过大。《混凝土泵送施工技术规程》（JGJ/T 10—2011）对坍落度的规定见表5-3。

表5-3　　　　　　　　　　　　　混凝土和泵坍落度与泵送高度关系表

最大泵送高度/mm	50	100	200	400	400以上
人泵坍落度/mm	100~140	150~180	190~220	230~260	—
人泵扩展度/mm	—	—	—	450~590	600~740

小 提 示

当采用预拌混凝土时，混凝土拌合物经过运输，坍落度会有所损失，为了能准确达到入泵时规定的坍落度，在确定预拌混凝土生产出料时的坍落度时，必须考虑上述运输时的坍落度损失。

③ 水灰比。泵送混凝土的最佳水灰比为0.46~0.65，高强混凝土的水灰比还可小一些。

④ 砂率。由于泵送混凝土沿输送管输送，输送管除直管外，还有弯管、锥形管和软管，混凝土通过这些管道时，要发生形状变化，砂率低的混凝土和易性差，变形困难，不易通过，易产生堵塞。因此，泵送混凝土的砂率要比非泵送混凝土的砂率提高2%~5%，一般可选择40%~45%。《混凝土泵送施工技术规程》（JGJ/T 10—2011）规定，砂率宜为38%~45%。

⑤ 掺引气型外加剂。泵送混凝土中适当的含气量可起到润滑作用，对提高和易性及可泵性有利，但含气量过大则会使混凝土强度下降。现行《混凝土泵送施工技术规程》（JGJ/T 10—2011）规定，掺用引气剂时，泵送混凝土的含气量不宜大于4%。

（3）泵送混凝土的拌制与运送。泵送混凝土必须连续不断、均衡地供应，才能保证混凝土泵送施工顺利进行，因此，泵送施工前应周密组织泵送混凝土的供应，确保混凝土连续浇筑。

① 拌制。泵送混凝土宜采用预拌混凝土，在商品混凝土工厂制备，用混凝土搅拌运输车运送至施工现场，这样容易保证质量。

② 运送。

（a）泵送混凝土时，混凝土泵的支腿应伸出调平并插好安全销，支腿支撑应牢固。

（b）混凝土泵与输送管连通后，应对其进行全面检查。混凝土泵送前，应进行空载试运转。

（c）混凝土泵送施工前应检查混凝土送料单，核对配合比，检查坍落度，必要时还应测定混凝土扩展度，确认无误后，方可进行混凝土泵送。

（d）泵送混凝土的入泵坍落度不宜小于100mm，对强度等级超过C60的泵送混凝土，其入泵坍落度不宜小于180mm。

（e）混凝土泵启动后，应先泵送适量清水以湿润混凝土泵的料斗、活塞及输送管的内壁等直接与混凝土接触的部位。泵送完毕后应清除泵内积水。

（f）经泵送清水检查，确认混凝土泵和输送管中无异物后，应选用水泥净浆、1:2水泥砂浆或与混凝土内除粗集料外的其他成分相同配合比的水泥砂浆三种中的一种润滑混凝土泵和输送管内壁。润滑用浆料泵出后应妥善回收，不得作为结构混凝土使用。

（g）开始泵送时，混凝土泵应处于匀速缓慢运行并随时可反泵的状态。泵送速度应先慢后快，逐步加速。同时，应观察混凝土泵的压力和各系统的工作情况，待各系统运转正常后，方可以正常速度进行泵送。

（h）泵送混凝土时，应保证水箱或活塞清洗室中的水量充足。

（i）在混凝土泵送过程中，如需加接输送管，应预先对新接管道内壁进行湿润。

（j）当混凝土泵出现压力升高且不稳定、油温升高，输送管明显振动等现象而泵送困难时，不得强行泵送，并应立即查明原因，采取措施排除故障。

（k）当输送管堵塞时，应及时拆除管道，排除堵塞物。拆除的管道重新安装前应湿润。

（l）混凝土供应不及时，宜采取间歇泵送方式，放慢泵送速度。间歇泵送可采用每隔4～5min进行两个行程反泵，再进行两个行程正泵的泵送方式。

（m）向下泵送混凝土时，应采取措施排除管内空气。

（n）泵送完毕时，应及时将混凝土泵和输送管清洗干净。

2. 高强混凝土制作技术

高强混凝土是指用常规的水泥、砂石作原材料，用常规的制作工艺，主要依靠添加高效减水剂，或同时添加一定数量的活性矿物材料，使拌合物具有良好的工作度，并在硬化后具有高强性能的混凝土。在高层建筑施工中使用高强混凝土，有着重要意义。

（1）原材料。

① 水泥。配制高强混凝土所用的水泥，一般应选用强度等级为42.5级硅酸盐水泥或普通硅酸盐水泥。选择水泥时，首先要考虑其与高效减水剂的相容性，要对所选用的水泥与高效减水剂进行低水灰比水泥净浆的相容性测试。

限制水泥用量应该作为配制高强混凝土的一个重要要求。C60混凝土的水泥用量不宜超过450kg/m³，C80混凝土的水泥用量不超过480kg/m³。成批水泥的质量必须均匀、稳定，不得使用高含碱量的水泥（按当量 $R_2O=0.685K_2O+Na_2O$ 计算低于 0.6%），水泥中的铝酸三钙（$3CaO \cdot Al_2O_3$）含量不应超过 8%。

② 集料。集料的性能对配制高强混凝土（抗压强度及弹性模量）均起到决定性作用。

粗集料宜选用最大粒径不超过 2.5cm 且质地坚硬、吸水率低的石灰岩、花岗岩、辉绿岩等碎石。石料强度应高于所需混凝土强度的 30% 且不小于 $100N/mm^2$，粗集料中的针片状颗粒含量不超过 3%～5%，不得混入风化颗粒，含泥量应低于 1%，宜清洗去除泥土等杂质。

> **小 提 示**
>
> 配制高强混凝土，宜用较小粒径粗集料，主要是颗粒较小的粗集料比大颗粒更为致密，并能增加与水泥浆的黏结面积，界面受力比较均匀。试验表明，当粗集料最大粒径为 12～15mm 时，能获得最高的混凝土强度，所以配制高强混凝土时，通常将粗集料最大粒径控制在 20mm 以下。但是如果岩石质地均匀、坚硬或配制的混凝土强度不是很高，则最大粒径为 20～25mm 的粗集料也是可以采用的。

试验表明，卵石配制的高强混凝土强度明显小于碎石配制的混凝土，故一般宜选用碎石。

细集料宜选用洁净的天然河砂，其中云母和黏土杂质总含量不超过 2%，必要时需经过清洗。砂子的细度模数宜为 2.7～3.1；若采用中、细砂，应进行专门试验。

③ 高效减水剂。掺加高效减水剂（又称超塑化剂），不仅能降低水灰比，而且使拌和料中的水泥更为分散，使硬化后的孔隙率及孔隙分布情况得到进一步改善，从而使强度提高。使用高效减水剂存在的主要问题：拌和料的坍落度损失较快，尤其是气温较高时更为显著，采用商品混凝土时更为不利。因此，新一代高效减水剂中往往混入缓凝剂或某种载体，目的是延迟坍落度的损失，确保混凝土的运输、浇筑、振捣能正常进行。常用的缓凝剂为木质素磺酸盐，它是普通减水剂，又具有缓凝作用。

④ 掺和料。掺粉煤灰等矿物掺和料有助于改善水泥和高效减水剂间的相容性，并可以改善拌和料的工作度，减少泌水和离析现象，有利于泵送。粉煤灰应符合 Ⅱ 级灰标准，烧失量不大于 2%～3%，需水量比不大于 95%，SO_3 含量不大于 3%，配制掺量一般为水泥用量的 15%～30%。

（a）硅粉。硅粉是电炉生产工业硅或硅铁合金的副产品，其平均颗粒直径约为 0.1μm 的量级，比水泥细两个数量级。用硅粉能配制出强度很高且早强的混凝土，但必须与减水剂一起使用。硅粉的用量，一般为水泥的 5%～10%。

（b）氟矿粉。氟矿粉是以天然沸石岩为主要成分，配以少量的其他无机物经磨细而成的。沸石岩在我国分布较广，易于开采，成本低廉。氟矿粉与水泥水化过程中释放的 $Ca(OH)_2$ 反应，生成 C—S—H 凝胶物质，能提高水泥石的密实度，使混凝土强度得到发展。氟矿粉还能使水泥浆与集料的结构得到改善。氟矿粉的掺量，一般为全部胶结材料质量（水泥加氟矿粉）的 5%～10%。

⑤ 水。拌制混凝土的水，宜用饮用水。

配制高强混凝土的各种原材料，当在现场或预拌工厂保管和堆放时，应有严格的管理制度，砂石不应露天堆放，砂子的含水量应保持均匀。

（2）拌制前应考虑的因素。

① 配合比。高强混凝土的配合比应通过试配确定。试配除应满足强度、耐久性、和易性、凝结时间等需要外，尚应考虑到拌制、运输过程和气温环境等情况，以及施工条件的差异和变化，按照现行《混凝土结构工程施工质量验收规范（2010年版）》（GB 50204—2002）规定，混凝土的实际强度对设计强度的保证率应超过95%。

因此，试配的强度应大于设计要求的强度。当无可靠的历史统计数据时，试配强度可按所需设计强度等级乘以系数1.15。

② 水灰比。高强混凝土（C60）的水灰比不应大于0.35，并随强度等级提高而降低。拌和料的和易性，宜通过掺加高效减水剂和混合材料进行调整。在满足和易性的前提下，尽量减少用水量。

③ 砂率。大量试验证明，当砂率为0.33时，混凝土强度一般要比砂率为0.4和0.5时高一些。因此，高强混凝土的砂率宜控制在0.33为宜，对泵送混凝土可为0.35～0.37。

④ 水。配制高强混凝土，应准确控制用水量，并应仔细测定砂、石中的含水量，从用水量中扣除。配料时宜采用自动称量装置，通过砂子含水量自动检测仪器，自动调整搅拌用水。

（3）拌制。拌制高强混凝土应使用强制式搅拌机。搅拌投料顺序按常规做法，外加剂的投放方法应通过试验确定，高效减水剂一般应采取后掺法，即混凝土搅拌1～2min后掺入。

（4）浇筑、养护与检验。

① 高强混凝土必须采取高频振捣器振捣。

② 高强混凝土在浇筑完毕后应在8h以内加以覆盖并浇水养护，或在暴露的表面喷、刷养护剂。浇水养护日期不得少于14d。

③ 高强混凝土的质量检查及验收除按现行《混凝土结构工程施工质量验收规范（2011年版）》（GB 50204—2002）的有关规定执行外，还应包括浇筑过程中的坍落度变化情况及凝结时间。

当环境温度与标准养护条件的差距较大时，应同时留取在现场环境条件下养护的对比试块。标准养护的试块宜比普通强度混凝土试块制作量增加1～2倍，以测定早期及后期强度变化。

学习单元三 装配式钢筋混凝土结构高层建筑施工

📋 知识目标

1. 了解常用的盒子结构体系和种类。
2. 熟悉盒子的制作。
3. 掌握高层建筑升板法施工方法和技术。

◎ 技能目标

1. 能够明确常用盒子机构体系和种类及盒子的制作。

2. 能够进行高层建筑升板法施工。

基础知识

一、高层建筑预制盒子结构施工

1. 常用的盒子结构体系

常用的盒子结构体系有以下几种。

（1）全盒子体系（见图 5-35（a））。全盒子体系完全由承重盒子或承重盒子与一部分外墙板组成。这种体系的装配化程度高，刚度好，室内装修基本上在预制厂内完成，但是在拼接处出现双层楼板和双层墙，构造比较复杂。

由承重盒子及一部分外墙板组成的盒子结构，是将承重盒子错开布置，盒子之间的间距与盒子尺寸一致，另配一部分外墙板补齐。美国等一些国家常采用这种形式，美国的 Shelly 体系即属此类，已用此体系建造了 18 层的旅馆。

（2）板材盒子体系（见图 5-35（b））。这种结构体系是将设备复杂的小开间的厨房、卫生间、楼梯间等做成承重盒子，在两个承重盒子之间架设大跨度的楼板，另用隔墙板分隔房间。这种体系可用于住宅和公共建筑，虽然装配化程度较低，但能使建筑的布局灵活。

（3）骨架盒子体系（见图 5-35（c））。这种结构体系是由钢筋混凝土或钢骨架承重，盒子结构只承受自重，因此可用轻质材料制作，使运输和吊装更加容易，结构的质量大大减轻。用该体系宜于建造高层建筑。日本用以建造高层住宅的 CUPS 体系即属此类，它由钢框架承重，盒子镶嵌于构架中。

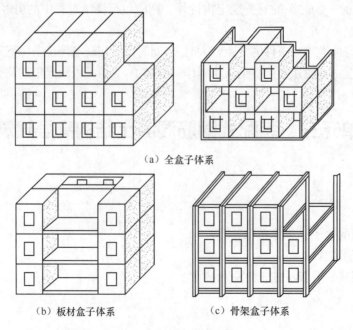

（a）全盒子体系

（b）板材盒子体系 　　　　（c）骨架盒子体系

图 5-35　盒子结构体系

除上述三种主要体系外，还有一种中心支承盒子体系。它类似于悬挂结构，即先建造一个钢筋混凝土中央竖筒（其内可设置电梯竖井或设备用房等），再从中央竖筒挑出悬臂，用以悬挂盒子或利用盒子上附设的连系件固定在中央竖筒上。此体系亦可用于建造高层建筑。

2. 盒子构件的种类

（1）盒子构件按大小分，有单间盒子和单元盒子。单间盒子以一个基本房间为一个盒子，长度为进深方向，一般为 4～6m，宽度为开间方向，一般为 2.4～3.6m，高度为一层，自重约100kN；单元盒子以一个住宅单元为一个盒子，长度为 2～3 个进深，一般为 9～12m，宽度为1～2 个开间，为 3～6m，高度也是一层。单间盒子便于运输和吊装，便于推广。单元盒子质量大、体积大，较少采用。

（2）盒子构件按材料分，有钢、钢筋混凝土、铝、木、塑料等盒子。

（3）盒子构件按功能分，有设备盒子（如卫生间、厨房、楼梯间盒子）和普通居室盒子。卫生间、厨房涉及工种多，将它预制成盒子，可大大提高工效。卫生间盒子在世界各国得到普遍采用，大批量生产。

（4）盒子构件按制造工艺分，有装配式盒子和整体式盒子。

① 装配式盒子是在工厂制作墙板、顶板和底板，经装配后用焊接或螺栓组装成盒子。整体式盒子是在工厂用模板或专门设备制成钢筋混凝土的四面体或五面体，然后再用焊接或销键把其余构件（底板、顶板或墙板）与其连接起来。整体式盒子节省钢材，缝隙的修饰工作量减少。

② 整体式盒子分为罩、杯、卧杯、隧道形等几种。其中，罩形和卧杯形应用较多。罩形是四面墙与顶板整浇的五面体，带肋的底板单独预制后再用电焊连接。罩形盒子可以是四角支承，也可以是墙周边支承，四角支承者应用较多；杯形是四面墙与底板整浇的五面体，顶板单独预制，用预埋件连接；卧杯形是三面墙、带肋的顶板和底板整浇的五面体，外墙板单独制作，再与盒子组装。底板和顶板处有围箍，把盒子的五个面连成一个空间结构。隧道形为筒状的四面体，外墙板单独预制，再组装在整浇部分上。

3. 盒子构件的制作

钢盒子构件多采用焊接式轻型钢框架，在专门的工厂制作。

装配式钢筋混凝土盒子，是先在工厂预制各种类型的大型板材（墙板、底板、顶板），然后再组装成空间结构的盒子，它可以利用大板厂的设备进行生产。装配式钢筋混凝土盒子也可以在施工现场附近的场地上制作和组装。美国就用此法在奥克兰建造过一幢 11 层的房屋，据称效果较好。

不同种类的盒子采用不同的制作方法：根据混凝土浇筑方法分，有盒式法、层叠法、活动芯子法、真空盒式法等；根据生产组织方式分，有台架式、流水联动式和传送带式，传送带式是较先进、能大规模生产盒子的生产方式。

国外浇筑整体式钢筋混凝土盒子多用成型机，成型机一般有两种：一种是芯模固定、套模活动；另一种是套模固定、芯模活动。成型机的侧模、底模和芯模均有蒸汽腔，可以通过蒸汽进行养护。脱模后，再装配隔断和外墙板，然后送去装修。经过若干道装修工序后，即成为一个装修完毕的成品盒子构件。

4. 盒子构件的运输和安装

正确选择运输设备和安装方法，对盒子结构的施工速度和造价有一定的影响。

对于高层盒子结构的房屋，多用履带式起重机、汽车式起重机和塔式起重机进行安装。美国多用大吨位的汽车式起重机和履带式起重机进行安装，例如，用 38t 的盒子组成的两层的旅馆，即用履带式起重机进行安装，该起重机在极限伸距时的起重量达 50t。

盒子构件多有吊环，用横吊梁或吊架进行吊装。我国北京丽都饭店的五层盒子结构用起重量 40t 的轮胎式起重机进行安装，吊具用钢管焊成的同盒子平面尺寸一样大的矩形吊架。

至于吊装顺序，可沿水平方向安装，即第一层安装完毕再安装第二层，一层层进行安装也可沿垂直方向进行所谓"叠"式安装，即在一个节间内从底层一直安装至顶层，然后再安装另一个节间，依次进行。这种方法适用于施工场地狭窄而房屋又不十分高的安装情况。

─ 小 提 示 ─

盒子安装后，盒子间的拼缝用沥青、有机硅或其他防水材料进行封缝，一般是用特制的注射器或压缩空气将封缝材料嵌入板缝，以防雨水渗入。

在顶层盒子安装后，往往要铺设玻璃毡保温层，再浇一薄层混凝土，然后再做防水层。

盒子结构房屋的施工速度较快，国外一幢 9 层的盒子结构房屋，仅用 3 个月就可完工。

美国 21 层的圣安东尼奥奥饭店，中间 16 层由 496 个盒子组成，工期为 9 个月，平均每天安装 16 个盒子，最多的一天可安装 22 个盒子。安装一个钢筋混凝土盒子需 20~30min。至于金属盒子或钢木盒子，最快时一个机械台班每天可以安装 50 个。

盒子结构在国外有不同程度的发展，我国对于盒子结构虽然进行了一些有益的探索，但尚未形成生产能力。

📅 课堂案例

升板法施工是介于混凝土现浇与构件预制装配之间的一种施工方法。

利用升板法施工可以节约大量模板，减少高空作业，有利于安全施工，可以缩小施工用地，对周围干扰影响小，特别适用于现场狭窄的工程。

问题：

升板施工阶段的内容有哪些，请简要说明。

分析：

升板施工阶段主要包括现浇柱的施工、板的提升、板的就位等。

（1）现浇柱的施工。现浇柱有劲性配筋柱和柔性配筋柱两种。

① 劲性配筋柱施工。

（a）升滑法。升滑法是将升板和滑模两种工艺相结合。柱模板的组装示意图如图 5-36 所示，即在施工期间用劲性钢骨架代替钢筋混凝土柱作承重导架，在顶层板下组装柱子的滑模设备，以顶层板作为滑模的操作平台，在提升顶层板过程中浇筑柱子的混凝土。当顶层板提升到一定高度并停放后，就提升下面各层楼板。如此反复，逐步将各层板提升到各自的设计标高，同时也完成了柱子的混凝土浇筑工作，最后浇筑柱帽，形成固定节点。

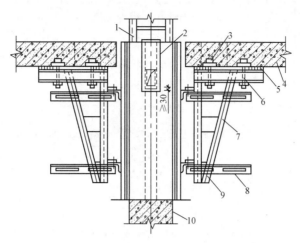

图 5-36 升滑法施工时柱模板组装示意图

1—劲性钢骨架；2—抽拔模板；3—预埋的螺帽钢板；4—顶层板；5—垫木；

6—螺栓；7—提升架；8—支撑；9—压板；10—已浇筑的柱子

（b）升提法。升提法是在升滑法基础上吸取大模板施工的优点，发展形成的方法。施工时，在顶层板下组装柱子的提模模板（见图 5-37）。升提法每提升一次顶层板，重新组装一次模板，浇筑一次柱子混凝土。

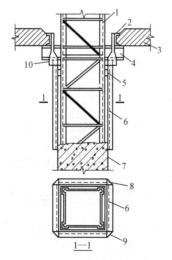

图 5-37 升提法施工时柱模板组装示意图

1—劲性钢筋骨架；2—提升环；3—顶层板；4—承重销；5—垫块；

6—模板；7—已浇筑的柱子；8—螺栓；9—销子；10—吊板

② 柔性配筋柱施工。

（a）滑模法。柔性配筋柱滑模法施工时，在顶层板上组装浇筑柱子的滑模系统（见图 5-38），先用滑模方法浇筑一段柱子混凝土。当所浇柱子的混凝土强度等级不小于 C25 时，再将升板机固定到柱子的停歇孔上，进行板的提升，依次交替，循序施工。

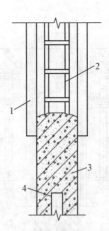

图 5-38　柔性配筋柱滑模法施工柱子示意图

1—滑模模板；2—柔性配筋柱（柱内钢筋骨架）；

3—已浇筑的柱子；4—预留孔

（b）升模法。柔性配筋柱用逐层升模方法施工时，需在顶层板上搭设操作平台、安装柱模和井架（见图 5-39）。操作平台、柱模和井架都随顶层板的逐层提升而上升。每当顶层板提升一个层高后，及时施工上层柱，并利用柱子浇筑后的养护期，提升下面各层楼板。当所浇筑柱子的混凝土的强度不小于 15MPa 时，才可作为支承，用来悬挂提升设备，继续板的提升，依次交替，循序施工。

218

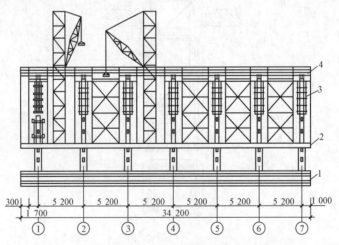

图 5-39　柔性配筋柱逐层升模法浇筑柱子示意图

1—叠浇板；2—顶层板；3—柱模板；4—操作平台

（2）划分提升单元和确定提升程序。升板工程施工中，一次提升的板面过大，提升差异不易消除，板面也易出现裂缝，同时还要考虑提升设备的数量、电力供应情况和经济效益。因此，要根据结构的平面布置和提升设备的数量，将板划分为若干块，每一板块为一提升单元。划分提升单元时，要使每个板块的两个方向尺寸大致相等，不宜划成狭长形；要避免出现阴角，因为提升阴角处易出现裂缝。为便于控制提升差异，提升单元以不超过 24 根柱子为宜。各单元间留设的后浇板带位置必须在跨中。

升板前必须编制提升程序图。

对于两吊点提升的板，在提升下层板时，因吊杆接头无法通过已升起的上层板的提升孔，所以除考虑吊杆的总长度外，还必须根据各层提升顺序，正确排列组合各种长度吊杆以防提升下层板时，吊杆接头被上层板顶起。

采用四吊点升板时，板上提升孔在柱的四周，而在柱的两侧板上通过吊杆的孔洞可留大些，允许吊杆接头通过，因此只要考虑在提升不同标高楼板时的吊杆总长度就可以了。

现以电动穿心式提升机为例，设螺杆长度为 3.2m，一次可提升高度为 1.8m，吊杆长度取 3.6m、2.3m、0.5m 三种，某三层楼的提升程序及吊杆排列如图 5-46 所示。

提升程序说明：

① 设备自升到第二停歇孔；

② 屋面板升到第一停歇孔；

③ 设备自升到第四停歇孔；

④ 屋面板升到第二停歇孔；

⑤ 设备自升到第五停歇孔，接 3 600mm 吊杆；

⑥ 三层楼板升到第一停歇孔；

⑦ 屋面板升到第四停歇孔；

⑧ 设备自升到三层就位孔；

⑨ 三层楼板提升到第二停歇孔；

⑩ 屋面板提升到第五停歇孔；

⑪ 设备自升到第七停歇孔，再接 3 600mm 吊杆……以下程序，如图 5-40 所示。

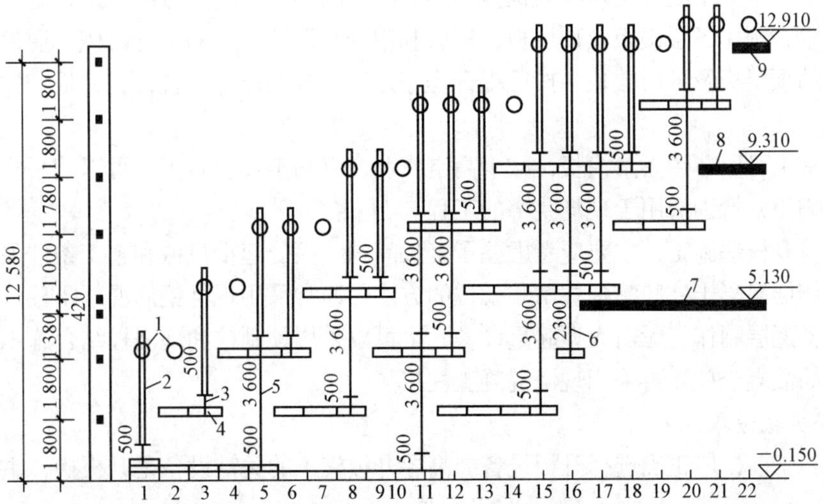

图 5-40 三层楼升板提升程序和吊杆排列示意图

1—提升机；2—螺杆；3—500mm 吊杆；4—待提升楼板；5—3 600mm 吊杆；

6—2 300mm 吊杆；7—已固定的二层楼板；8—已固定的三层楼板；9—已固定的屋面板

（3）板的提升。板正式提升前应根据实际情况，按角、边、中柱的次序或由边向里逐排进行脱模。每次脱模提升高度不宜大于 5mm，使板顺利脱开。

板脱模后，启动全部提升设备，提升到 30mm 左右停止。调整各点提升高度，使板保持水平，并将各观察提升点上升高度的标尺定为零点，同时检查各提升设备的工作情况。

提升时，板在相邻柱间的提升差异不应超过 10mm，搁置差异不应超过 5mm。承重销必须放平，两端外伸长度一致。在提升过程中，应经常检查提升设备的运转情况、磨损程度以及吊杆套筒的可靠性。观察竖向偏移情况。板搁置停歇的平面位移不应超过 30mm。

板不宜在中途悬挂停歇，遇特殊情况不能在规定的位置搁置停歇时，应采取必要措施进行固定。

在提升时，若需利用升板提运材料、设备，应经过验算，并在允许范围内堆放。

板在提升过程中，升板结构不允许作为其他设施的支承点或缆索的支点。

（4）板的就位。升板到位后，用承重销临时搁置，再作板柱节点固定。板的就位差异：一般提升不应超过 5mm，平面位移不应超过 25mm。板就位时，板底与承重销（或剪力块）间应平整严密。

（5）板的最后固定。提升到设计标高的板，要进行最后固定。板在永久性固定前，应尽量消除搁置差异，以消除永久性的变形应力。

板的固定方法一般可采用后浇柱帽节点和无柱帽节点两类。后浇柱帽节点能提高板柱连接的整体性，减少板的计算跨度，降低节点耗钢量，是目前升板结构中常用的节点形式。无柱帽节点有剪力块节点、承重销节点、齿槽式节点、预应力节点及暗销节点等。

二、高层建筑升板法施工

升板法施工是介于混凝土现浇与构件预制装配之间的一种施工方法。这种施工方法是在施工现场就地重叠制作各层楼板及顶层板，然后利用安装在柱子上的提升机械，通过吊杆将已达到设计强度的顶层板及各层楼板，按照提升程序逐层提升到设计位置，并将板和柱连接，形成结构体系。

升板法施工可以节约大量模板，减少高空作业，有利于安全施工，可以缩小施工用地，对周围干扰影响小，特别适用于现场狭窄的工程。

高层建筑升板法施工，主要应考虑柱子接长问题。因受起重机械和施工条件限制，一般不能采用预制钢筋混凝土柱和整根柱吊装就位的方法，通常采用现浇钢筋混凝土柱。施工时，可利用升板设备逐层制作，无需大型起重设备，也可以采用预制柱和现浇柱结合施工的方法，先预制一段钢筋混凝土柱，再采用现浇混凝土柱接高。

1. 选择升板设备

升板法施工前，应正确选择升板设备。高层升板施工的关键设备是升板机，主要分电动和液压两大类。

（1）电动升板机。电动升板机是国内应用最多的升板机（见图 5-41）。一般以 1 台 3kW 电动机为动力，带动两台升板机，安全荷载约 300kN，单机负荷 150kN，提升速度约 1.9m/h。电动升板机构造较简单，使用管理方便，造价较低。

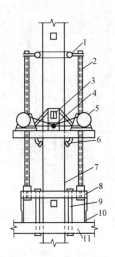

图 5-41　电动升板机构造

1—螺杆固定架；2—螺杆；3—承重销；4—电动螺杆千斤顶；5—提升机组底盘；

6—导向轮；7—柱子；8—提升架；9—吊杆；10—提升架支撑；11—楼板

　　电动升板机的工作原理为：当提升楼板时，升板机悬挂在上面一个承重销上。电动机驱动，通过链轮、蜗轮、蜗杆传动机构，使螺杆上升，从而带动吊杆和楼板上升，当楼板升过下面的销孔后，插上承重销，将楼板搁置其上，并将提升架下端的四个支撑放下顶住楼板。将悬挂升板机的承重销取下，再开动电动机反转，使螺母反转，此时螺杆被楼板顶住不能下降，只能迫使升板机沿螺杆上升，待机组升到螺杆顶部，超过上一个停歇孔时，停止电动机，装入承重销，将升板机挂上，如此反复，使楼板与升板机不断交替上升（见图 5-42）。

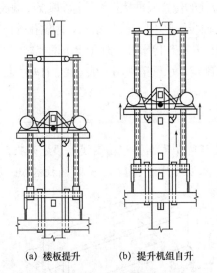

(a) 楼板提升　　(b) 提升机组自升

图 5-42　提升原理

　　（2）液压升板机。液压升板机具有较大的提升能力，目前我国的液压升板机单机提升能力已达 500～750kN，但设备一次投资大，加工精度和使用保养管理要求高。液压升板机一般由液压系统、电控系统、提升工作机构和自升式机架组成（见图 5-43）。

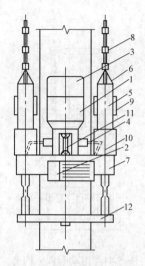

图 5-43　液压升板机构造简图

1—油箱；2—油泵；3—配油体；4—随动阀；5—油缸；6—上棘爪；

7—下棘爪；8—竹节杠；9—液压锁；10—机架；11—停机销；12—自升式机架

2. 开展施工前期工作

（1）进行基础施工。预制柱基础一般为钢筋混凝土杯形基础。施工中，必须严格控制轴线位置和杯底标高，因为轴线偏移会影响提升环位置的准确性，杯底标高的误差会导致楼板位置差异。

（2）浇筑预制柱。预制柱一般在现场浇筑。当采用叠层制作时，不宜超过三层。柱上要留设就位孔（当板升到设计标高时作为板的固定支承孔）和停歇孔（在升板过程中悬挂提升机和楼板中途停歇时作为临时支承）。就位孔的位置根据楼板设计标高确定，偏差不应超过±mm，孔的大小尺寸偏差不应超过 10mm，孔的轴线偏差不应超过 5mm。停歇孔的位置根据提升程度确定。如果就位孔与停歇孔位置重叠，则就位孔兼作停歇孔。柱子上下两孔之间的净距一般不宜小于 300mm。预留孔的尺寸应根据承重销来确定。承重销常用 I10、I12、I14 号工字钢，则孔的宽度为 100mm，高度为 160～180mm。

小提示

制作柱模时，为了不使预留孔遗漏，可在侧模上预先开孔，用钢卷尺检查位置无误后，在浇混凝土前相对插入两个木楔（见图 5-44）。如果漏放木楔，混凝土会流出来。

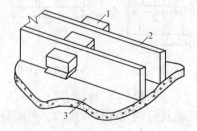

图 5-44　预制柱预留孔留设示意图

1—木楔块；2—预制柱侧模板；3—预制柱底板

柱上预埋件的位置也要正确。对于剪力块承重的埋设件，中线偏移不应超过 5mm，标高偏差不应超过±3mm。预埋铁件表面应平整，不允许有扭曲变形。承剪埋设件的楔口面应与柱面相平，不得凹进，凸出柱面不应超过 2mm。

柱吊装前，应将各层楼板和屋面板的提升环依次叠放在基础杯口上，提升环上的提升孔与柱子上承重销孔方向要相互垂直（见图 5-45）。预制柱可以根据其长度，采用二点或三点绑扎起吊。柱插入杯口后，要用两台经纬仪校正其垂直度并对中，校正完用钢楔临时固定，分两次浇筑细石混凝土，进行最后固定。

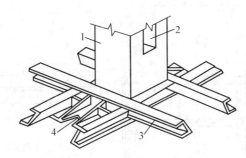

图 5-45　提升环与柱孔关系示意图

1—预制柱；2—柱上预留孔；3—提升环；4—吊杆孔

3. 楼层板制作

楼层板的制作分制作胎模、提升环放置和板混凝土浇筑三个步骤。

（1）胎模制作。胎模就是为了楼板和顶层板制作而铺设的混凝土地坪。要做到地基密实，防止不均匀沉降。面层平整、光滑，提升环处标高偏差不应超过±2mm。胎模设伸缩缝时，伸缩缝与楼板接触处应采取特殊隔离措施，防止楼板受温度影响而开裂。

胎模表面以及板与板之间应设置隔离层。它不仅要防止板相互之间黏结，还应具有耐磨、防水等特点。

（2）提升环放置。提升环是配置在楼板上柱孔四周的构件。它既抗剪又抗弯，故又称剪力环，是升板结构的特有组成部分，也是主要受力构件。提升时，提升环引导楼板沿柱子提升，板的质量由提升环传给吊杆。使用时，提升环把楼板自重和承受的荷载传递给柱，对因开孔而被削弱强度的楼板起到加强作用。常用的提升环，分为有型钢提升环和无型钢提升环两种（见图 5-46）。

（3）板混凝土浇筑。浇筑混凝土前，应对板柱间空隙和板（包括胎模）的预留孔进行填塞。每个提升单元的每块板应一次性浇筑完成，不留施工缝。当下层板混凝土强度达到设计强度30%时，方可浇筑上层板。

密肋板浇筑时，先在底模上弹线，安放好提升环，再砌制填充材料或采用塑料、金属等工具式模壳或混凝土芯模，然后绑扎钢筋及网片，最后浇筑混凝土。密肋板在柱帽区宜做成实心板。这样，不但能增强抗剪抗弯能力，而且适合用无型钢提升环。格梁楼板的制作要点与密肋板相同。预应力平板制作要求与预应力预制构件相同。

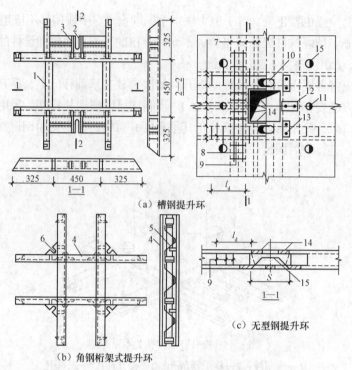

图5-46 提升环构造示意图

1—槽钢；2—提升孔；3—加劲板；4—角钢；5—圆钢；6—提升孔；7—板内原有受力钢筋；8—附加钢筋；9—箍筋；10—提升杆通过孔；11—灌筑销钉孔；12—支承钢板；13—吊耳；14—预埋钢板；15—吊筋

知识链接

其他高层升板方法

（1）升层法。升层法是在准备提升的板面上，先进行内外墙和其他竖向构件的施工（可以包括门窗和一部分装修设备工程的施工），然后整层向上提升，自上而下，逐层进行，直至最下一层就位。升层法的墙体可以采用装配式大板，也可以采用轻质砌块或其他材料、制品。

升层结构在提升过程中重心提高，头重脚轻，迎风面大，必须采取措施解决稳定问题。

（2）分段升板法。分段升板法是为适应高层及超高层建筑而发展起来的一种新升板技术。该法将高层建筑从垂直方向分成若干段，每段的最下一层楼板采用箱形结构作为承重层，在各承重层上浇筑该段的各层楼板，到规定强度后提升，这样，就将高层建筑的许多层楼板分成若干承重层同时进行施工，比通常采用的全部楼板在地面浇筑和提升要快得多。

学习案例

高层建筑中的外墙围护结构，是确保建筑物的隔热、保温、装饰、封闭等功能的重要组成部分，而且高层房屋的体表面积大，隔热保温、降低能耗就显得尤为重要。

想一想：

1. 外墙保温系统按保温层位置可划分为几类？

2. 外墙内保温系统的组成及具体施工措施是什么？

3. 外墙外保温系统的组成及具体施工措施是什么？

案例分析：

1. 外墙保温系统按保温层的位置分为外墙内保温系统和外墙外保温系统两大类。

2. 外墙内保温系统的组成及具体施工措施有：

外墙内保温系统主要由基层、保温层和饰面层构成，其构造如图 5-47 所示。外墙内保温是把保温材料设在外墙内侧的一种施工方法。

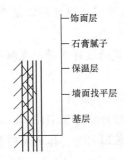

饰面层
石膏腻子
保温层
墙面找平层
基层

图 5-47　复合聚苯保温板外墙内保温基本构造

（1）饰面石膏聚苯板外墙内保温施工。

① 结构墙面清理。凡凸出墙面 20mm 的砂浆、混凝土块，必须剔除并扫净墙面。

② 分档弹线。门窗洞口两侧及其刀把板边各弹一竖筋线，然后依次以板宽间距向两侧分档弹竖筋线，不足一块板宽的留在阴角处。沿地面、顶棚、踢脚上口及门洞上口、窗洞口上下均弹出横筋线。

③ 冲筋。在冲筋位置，用钢丝刷刷出不小于 60mm 宽的洁净面并浇水润湿，刷一道水泥浆。检查墙面是否平整、垂直，找规矩贴饼冲筋，并在须设置埋件处也做出 200mm×200mm 的灰饼。冲筋材料为 1∶3 水泥砂浆，筋宽 60mm，厚度以空气层厚（20mm）为准。

④ 用聚苯胶粘贴踢脚板。在踢脚板内侧，上下各按 200～300mm 的间距布设黏结点同时在踢脚板底面及其相邻已粘贴上墙的踢脚板侧面满刮胶黏剂，按弹线粘贴踢脚板。粘贴时用橡皮锤轻轻敲实，并将碰头缝挤出的胶黏剂随时清理干净。

⑤ 安装聚苯板。按配合比调制聚苯胶胶黏剂，一次调制不宜过多，以 30min 内用完为宜；按梅花形或矩形布设黏结点，间距 250～300mm，直径不小于 100mm。板与冲筋的黏结面以及板的碰头缝必须满刮胶黏剂；抹完胶黏剂，立即将板立起安装；安装时应轻轻地均匀地挤压，碰头缝挤出的胶黏剂应及时刮平清理。黏结过程中须注意检查板的垂直度平整度。

⑥ 抹饰面石膏并内贴一层玻纤布：共分三次抹完。将饰面石膏和细砂按 1∶1 的比例拌匀加水并调制到所需稠度，分两次抹，共厚 5mm，随即横向贴一层玻纤布，擀平压光；过 20min 后再抹一遍，厚度为 3mm。饰面石膏面层不得空鼓、起皮和有裂缝，面层应平整、光滑，总厚度不小于 8mm。玻纤布要去掉硬边，压贴密实，不能有皱折、翘曲、外露现象，交接处搭接不小于 50mm。

⑦ 抹门窗护角：用 1∶3 水泥砂浆或聚合物砂浆抹护角，在其与饰面石膏面层交接处先加铺一层玻纤布条，以减少裂缝。

（2）GRC 内保温复合板外墙内保温施工。GRC 内保温复合板外墙内保温施工应符合下列要求。

① 在主体墙内侧水平方向抹 20mm 厚、60mm 宽的水泥砂浆冲筋带，留出 20mm 厚的空气层，并作为保温板的找平层和黏结带，每面墙自下向上冲 3 或 4 道筋。

② 在板侧、板上端和冲筋上满刮黏结剂；一人将保温板撬起，另一人揉压挤实使板与冲筋贴紧，检查保温板的垂直度和平整度，然后用木楔临时固定保温板，溢出表面的黏结剂要及时清理；板下部空隙内用 C10 细石混凝土填实，达到一定强度后，撤去木楔。撤木楔时应轻轻敲打，防止板缝裂开。

③ 整面墙的内保温板安装后，在两板接缝处的凹槽内刮一道黏结剂，粘贴一层 50mm 宽的玻纤网带，压实粘牢，再用黏结剂刮平。

④ 墙面转角处粘贴一层 200mm 宽的玻纤网带。在板面处理平整后，刮两道石膏腻子，最后作饰面处理。

3. 外墙外保温系统的组成及具体施工措施

（1）聚苯板玻纤网格布聚合物砂浆外墙外保温施工。施工程序为：清理基层→弹线定位→涂刷界面剂→粘贴聚苯板→钻孔及安装固定件→抹底层砂浆→贴玻纤网格布→抹面层砂浆→处理膨胀缝→进行饰面施工。

（2）预制外保温板外保温施工。

① 外墙外保温板安装。保温板就位后，可将 L 形 $\phi 6$ 锚筋按垫块位置穿过保温板，用火烧丝将其两侧与钢丝网及墙体绑扎牢固。L 形 $\phi 6$ 长度为 200mm，弯钩为 30mm，其穿过保温板部分涂防锈漆两道。保温板外侧低碳钢丝网片应在楼层层高分界处断开，外墙阳角、阴角及窗口、阳台底边外，须附加角网及连接平网，搭接长度不小于 200mm。

② 模板安装。钢丝网架与现浇混凝土外墙外保温工程应采用钢制大模板，模板组合配制尺寸及数量应考虑保温板厚度。安装上一层模板时，利用下一层外墙螺栓孔挂三角平台架及金属防护栏。安装外墙钢制大模板前必须在现浇混凝土墙体根部或保温板外侧采取可靠的定位措施，以防模板挤靠保温板。

③ 混凝土浇筑。混凝土可以采用商品混凝土或现场搅拌混凝土。保温板顶面要采取遮挡措施，新、旧混凝土接槎处应均匀浇筑 3～50m 同强度等级的细石混凝土，混凝土应分层浇筑，厚度控制 500mm 以内。

④ 大模板拆除。在常温条件下，墙体混凝土强度不低于 1.0MPa 时方可拆除模板（冬期施工墙体混凝土强度不应低于 7.5MPa），混凝土的强度等级应以现场同条件养护的试块抗压强度为标准。先拆除外墙外侧模板再拆除外墙内侧模板，并及时修补混凝土墙面的缺陷。

（3）胶粉聚苯颗粒外墙外保温施工。胶粉聚苯颗粒复合硅酸盐外墙保温浆料外保温施工要点如下。

① 基层墙体表面应清理干净，无油渍、浮尘，大于 10mm 的凸起部分应铲平。经过处理符合要求的基层墙体表面，均应涂刷界面砂浆，如为砖或砌块，可浇水淋湿。

② 保温浆料每遍抹灰厚度不宜超过 25mm，需分多遍抹灰时，施工的时间间隔应在 24h 以上，抗裂砂浆防护层施工，应在保温浆料干燥固化后进行。

③ 抗裂砂浆中铺设的耐碱玻璃纤维网格布，其搭接长度不小于 100mm，采用加强网格布时，只对接，不搭接（包括阴阳墙角部分）。网格布铺贴应平整、无褶皱。砂浆饱满度 100%，严禁干搭接。饰面如为面砖，则应在保温层表面铺设一层与基层墙体拉牢的四角钢镀锌丝网，

丝径为 1.2mm，孔径为 20mm×20mm，网边搭接 40mm，用双股φ7@150 镀锌钢丝绑扎，再抹抗裂砂浆作为防护层，面砖用胶黏剂粘贴在防护层上。

④ 涂料饰面时，保温层分为一般型和加强型。加强型用于建筑物高度大于 30m，而且保温层厚度大于 60mm，加强型的做法是在保温层中距外表面 20mm 处，铺设一层六角镀锌钢丝网（丝径为 0.8mm，孔径为 25mm×25mm），与基层墙体拉牢。

⑤ 胶粉聚苯颗粒保温浆料保温层设计厚度不宜超过 100mm。必要时应设置抗裂分格缝。

⑥ 墙面变形缝可根据设计要求设置，施工时应符合现行的国家和行业标准、规范、规程的要求。变形缝盖板可采用厚度为 1mm 铝板或厚度为 0.7mm 镀锌薄钢板。凡盖缝板外侧抹灰，均应在与抹灰层相接触的盖缝板部位钻孔，钻孔面积应占接触面积的 25% 左右，增加抹灰层与基础的咬合作用。

⑦ 高层建筑如采用粘贴面砖，面砖质量应不大于 $220kg/m^2$，且面砖面积不大于 $1\,000/mm^2$ 块。涂料饰面层涂抹前，应先在抗裂砂浆抹面层上涂刷高分子乳液弹性底涂层，再刮抗裂柔性耐水腻子。现场应取样检查胶粉聚苯颗粒保温浆料的干密度，但必须在保温层硬化并达到设计要求的厚度之后。其干密度不应大于 $250kg/m^3$，并且不应小于 $180kg/m^3$。现场检查保温层厚度，其值应符合设计要求，不得有负偏差。

⑧ 抹灰、抹保温浆料及涂料的环境温度应大于 5℃，严禁在雨中施工，遇雨或雨季施工应有可靠的保证措施，抹灰、抹保温浆料应避免阳光暴晒和在 5 级以上大风天气施工。

⑨ 分格线、滴水槽、门窗框、管道及槽盒上残存砂浆，应及时清理干净。翻拆架子应防止破坏，已抹好的墙面、门窗洞口、边、角、垛宜采取保护性措施，其他工种作业时不得污染或损坏墙面，严禁踩踏窗口。各构造层在凝结前应防止水冲、撞击、振动。

知识拓展

高层钢筋混凝土结构房屋适用高度

根据《高层建筑混凝土结构技术规程》（JGJ 3—2010）中 3.3 的规定，钢筋混凝土高层建筑结构的最大适用高度应区分为 A 级和 B 级。A 级高度钢筋混凝土乙类和丙类高层建筑的最大适用高度应符合表 5-4 所示的规定，B 级高度钢筋混凝土乙类和丙类高层建筑的最大适用高度应符合表 5-5 所示的规定。

表5-4 　　　　　　　　　　A级高度钢筋混凝土高层建筑的最大适用高度 　　　　　　　　　　m

结构体系		非抗震设计	抗震设防烈度				
			6 度	7 度	8 度		9 度
					0.20g	0.30g	
框架		70	60	50	40	35	
框架—剪力墙		150	130	120	100	80	50
剪力墙	全部落地剪力墙	150	140	120	100	80	60
	部分框支剪力墙	130	120	100	80	50	不应采用

续表

结构体系		非抗震设计	抗震设防烈度				
			6 度	7 度	8 度		9 度
					0.20g	0.30g	
筒体	框架—核心筒	160	150	130	100	90	70
	筒中筒	200	180	150	120	100	80
板住—剪力墙		110	80	70	55	40	不应采用

注：1. 框架不含异形柱框架。

2. 框支剪力墙结构指地面以上有部分框支剪力墙的剪力墙结构。

3. 建筑，6、7、8 度时宜按本地区抗震设防烈度提高一度后宜符合本表的要求，9 度时应专门研究。

4. 结构、板柱—剪力墙结构以及 9 度抗震设防的表列其他结构，当房屋高度超过本表数值时，结构设计应有可靠依据，并采取有效的加强措施。

表5-5　　　　　　　　　　　B级高度钢筋混凝土高层建筑的最大适用高度　　　　　　　　　　m

结构体系		非抗震设计	抗震设防烈度			
			6 度	7 度	8 度	
					0.20g	0.30g
框架—剪力墙		170	160	140	120	100
剪力墙	全部落地剪力墙	180	170	150	130	110
	部分框支剪力墙	150	140	120	100	80
筒体	框架—核心筒	220	210	180	140	120
	筒中筒	300	280	230	170	150

注：1. 部分框支剪力墙结构指地面以上有部分框支剪力墙的剪力墙结构。

2. 甲类建筑，6、7 度时宜按本地区抗震设防烈度提高一度后符合本表的要求，8 度时应专门研究。

3. 当房屋高度超过本表数值时，结构设计应有可靠依据，并采取有效的加强措施。

学习情境小结

本学习情境主要介绍高层钢筋混凝土结构施工方案的选择、现浇钢筋混凝土结构施工和装配式钢筋混凝土结构施工三部分内容。

目前，在高层建筑中常用的结构体系有框架结构体系、剪力墙结构体系、筒体结构体系和楼板结构体系。通过本学习情境内容的学习，学生可了解高层钢筋混凝土结构施工的常用方案，掌握选择结构施工方案的方法。

现浇钢筋混凝土结构高层建筑的施工，与一般多层建筑施工一样，也涉及模板、钢筋和混凝土三个部分。

预制装配式高层建筑的主体结构有多种施工方法体系，如高层预制盒子结构以及升板法施工等。预制装配式高层建筑主体结构施工的关键是处理好装配节点的施工构造。

学习检测

一、填空题

1. 现浇剪力墙结构可采用_____、_____、_____、_____等成套模板施工工艺。

2. 大模板按形状分，有_____、_____、_____和_____等。

3. 钢筋机械连接是通过连接件的_____或_____，将一根钢筋中的力传递至另一根钢筋的连接方法。

4. 高层建筑升板法施工中升板施工阶段主要包括_____、_____、_____等。

5. 盒子构件按材料分，有_____、_____、_____、_____、_____等盒子。

二、选择题

1. 当房屋高度大于60m时，楼板应（　　　）。
   A. 用预制板　　　B. 现浇或用预制板　　　C. 现浇　　　D. 以上都不对

2. 用大模板施工的高层建筑，吊装机械都采用（　　　）。
   A. 塔式起重机　　B. 门式起重机　　C. 桥式起重机　　D. 悬臂式起重机

3. 大模板施工的一个循环大约需要（　　　）d时间。
   A. 4　　　　　B. 5　　　　　C. 6　　　　　D. 7

4. 电梯井、管道井等尺寸较小的筒形构件用（　　　）有较大优势。
   A. 小角模施工　　B. 大角模施工　　C. 平模施工　　D. 筒模施工

5. 划分流水段要力求各流水段内的（　　　）尽量一致，以减少大模板落地次数。
   A. 模板型号和机械型号　　　　　　B. 机械型号和数量
   C. 模板型号和数量　　　　　　　　D. 机械型号和吊运要求

三、简答题

1. 试述目前在高层建筑中常用的结构体系。
2. 高层建筑结构竖向钢筋有哪些连接工艺？其要点有哪些？
3. 泵送混凝土对材料有哪些要求？
4. 高层升板法施工中的现浇柱有哪些施工方法？

学习情境六
钢结构高层建筑施工

♻ 情境导入

某大厦为 38 层综合办公楼，高度为 178m，钢管砼—钢支撑结构。最大钢管 D1300×35，钢管中砼标号为 C80，用钢量 104kg/m^2，结构结算造价 1280 元/m^2。

试分析该建筑钢结构构件的加工制作及安装？

✦ 案例导航

本案涉及钢结构高层建筑施工。

要了解钢结构高层建筑施工，需要掌握下列相关知识。

1. 高层钢结构的加工制作。
2. 高层钢结构安装。

学习单元一　高层钢结构概述

📋 知识目标

1. 了解钢结构高层建筑的结构体系。
2. 掌握钢的种类和钢材品种。
3. 熟悉高层钢结构用构件。

◎ 技能目标

1. 能够了解钢结构高层建筑的结构体系。
2. 明确掌握钢材种类与品种，熟悉高层钢结构用构件。

一、钢结构高层建筑的结构体系

按结构材料及其组合分类，高层钢结构可分为全钢结构、钢—混凝土混合结构、型钢混凝土结构和钢管混凝土结构四大类，常见的高层钢结构见表6-1。

全钢结构有框架结构、框架—支撑结构、错列桁架结构、半筒体结构、筒体结构等几种，如图6-1所示。

表6-1   几种常见的钢结构形式

形式	概念
钢—混凝土混合结构	钢—混凝土混合结构，是指在同一结构物中既有钢构件，又有钢筋混凝土构件。它们在结构物中分别承受水平荷载和重力荷载，最大限度地发挥不同结构材料的效能。钢—混凝土混合结构有：钢筋混凝土框架—筒体—钢框架结构、混凝土筒中筒—钢楼盖结构和钢框架—混凝土核心筒结构
型钢混凝土结构	型钢混凝土结构，在日本又称 SRC 结构，即在型钢外包裹混凝土形成结构构件。这种结构与钢筋混凝土结构相比延性增大，抗震性能提高，在有限截面中可配置大量钢材，承载力提高，截面减小，超前施工的钢框架作为施工作业支架，可扩大施工流水层次，简化支模作业，甚至可不用模板。与钢结构比较，它的耐火性能优异，外包混凝土参与承受荷载，刚度加强，抗屈曲能力提高，减震阻尼性能提高
钢管混凝土结构	钢管混凝土结构，是介于钢结构和钢筋混凝土结构之间的又一种复合结构。钢管和混凝土这两种结构材料在受力过程中相互制约：内填充混凝土可增强钢管壁的抗屈曲稳定性；而钢管对内填混凝土的紧箍约束作用，又使其处于三向受压状态，可提高其抗压强度即抗变形能力。这两种材料采取这种复合方式，使钢管混凝土柱的承载力比钢管和混凝土柱芯的各自承载力之总和提高约 40%

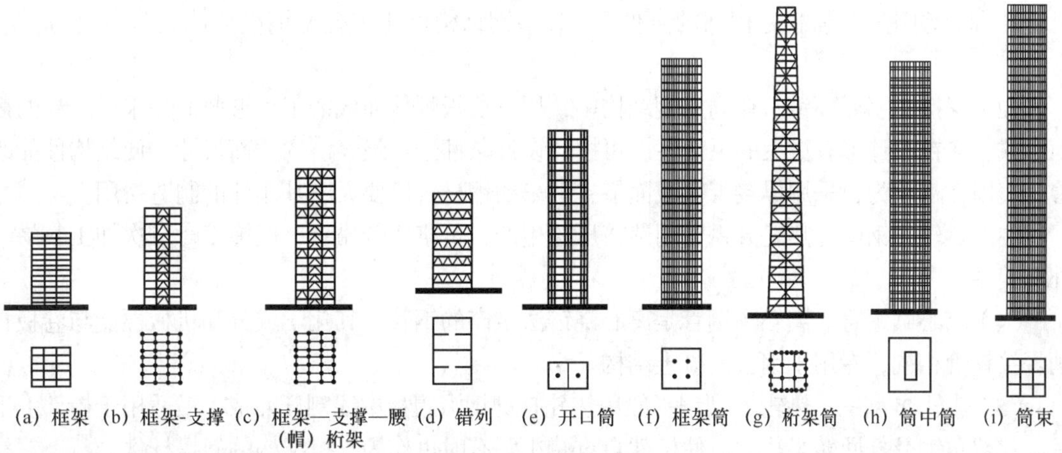

(a) 框架   (b) 框架-支撑   (c) 框架—支撑—腰   (d) 错列   (e) 开口筒   (f) 框架筒   (g) 桁架筒   (h) 筒中筒   (i) 筒束
（帽）桁架

图 6-1   钢结构高层建筑结构体系

二、高层钢结构用钢材

1. 钢的种类

高层建筑钢结构用钢有普通碳素钢、普通低合金钢和热处理低合金钢三大类。大量使用的仍以普通碳素钢为主。我国目前在建筑钢结构中应用最普遍的是 Q235 钢。

（1）基于高层钢结构的重要性，把冷弯试验、冲击韧性、屈服点、抗拉强度和伸长率并列为钢材力学性能的五项基本要求，这五项指标皆合格的钢材方可采用。

（2）对于抗震高层钢结构，钢材的强屈比应不低于 1.2，对 8 度以上设防的钢结构，应不低于 1.5。

（3）有明显的屈服台阶，伸长率应不小于 20%，应具有良好的延性和可焊性。对于钢柱，为防止厚板层状撕裂，对硫、磷含量需作进一步控制，应不大于 0.04%。

国产钢材 Q235 和 16Mn 的屈服点分别为 235N/mm^2 和 345N/mm^2，可用于抗震结构。其他钢种因伸长率不符合要求而未列入。

小 提 示

国外有些钢材的性能与我国钢材类似。类似我国 Q235 钢的有美国的 A36、日本的 SM41、德国的 ST37 以及前苏联的 CT3，类似我国 16Mn 钢的有美国的 A440、日本的 SS50 和 SS51、德国的 ST52 等。采用国外进口钢材时，一定要进行化学成分和机械性能的分析和试验。

---

2. 钢材品种

在现代高层钢结构中，广泛采用了经济合理的钢材截面。选材时应充分利用结构的截面特征值，发挥最大的承载能力。传统的工字钢、槽钢、角钢、扁钢有时仍有使用，但由于其截面力学性能欠佳，已渐被淘汰。目前，常用钢材有以下几种。

（1）热轧 H 型钢。欧美国家称宽翼缘工字钢，日本称 H 型钢。与普通工字钢不同，它沿两轴方向惯性矩比较接近，截面合理，翼缘板内外侧相互平行，连接施工方便。用这种型钢做高层钢结构的框架非常适合。它可直接做梁、柱，加工量很小，而且加工过程易于机械化和自动化。在承载力相同的条件下，H 型钢结构可比传统型钢组合截面节省钢材 20% 左右。

（2）焊接工字截面钢。在高层钢结构中，用三块板焊接而成的工字形截面是采用广泛的截面形式。它在设计上有更大的灵活性，可按照设计条件选择最经济的截面尺寸，使结构性能改善。美国文献认为，采用焊接工字截面节省下来的钢材价值要大于其额外的制造费用。

（3）热轧方钢管。热轧方钢管用热挤压法生产，价格比较昂贵，但施工时二次加工容易，外形美观。

（4）离心圆钢管。离心圆钢管是离心浇铸法生产的钢管，其化学成分和机械性能与卷板自动焊接钢管相同，专用于钢管混凝土结构。

（5）热轧 T 型钢。热轧 T 型钢一般用热轧 H 型钢沿腹板中线割开而成，最适用于桁架上下弦，比双角钢弦杆回转半径大，使桁架自重减小。有时也作为支撑结构的斜撑杆件。

（6）热轧厚钢板。热轧厚钢板在高层钢结构中采用极广。我国标准规定，厚钢板厚度为 4～60mm，大于 60mm 的为特厚钢板。

3. 高层钢结构用构件

（1）柱子。高层钢结构钢柱的主要截面形式有箱形断面、H 形断面和十字形断面，一般都是焊接截面，热轧型钢用得不多。就结构体系而言，筒中筒结构、钢—混凝土混合结构和型钢混凝土结构多采用H形柱，其他多采用箱形柱；十字形柱则用于框架结构底部的型钢混凝土框架部分。

① H形截面。柱子H形截面，可采用热轧H型钢，也可为焊接截面。柱用热轧H型钢通常为宽翼缘（如400mm×100mm），它在两个轴线方向上都有相当大的抗压曲强度。H形截面可以是三块板组焊的焊接截面，也可在热轧H型钢的最大弯矩区域内加焊翼缘板，或在两侧加焊侧板形成封闭的格构式截面（见图6-2）。

 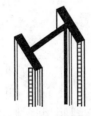 

（a）焊接工字截面　　　　　（b）H型钢加焊翼缘板　　　（c）H型钢和钢板组焊的封闭格构截面

图 6-2　焊接工字截面和H型钢增强截面

② 实心和空心截面（见图 6-3）。这类截面有实心方柱、焊接箱形柱、钢管柱和异形钢管柱。实心钢柱适用于荷载很大而又要求截面很小的场合。此种柱多为正方截面，四角拐圆。由于其截面很小，可获得最大楼层净面积。另外，这种柱耐火性能较好，可不做或只做很薄的防火层。

 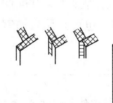

（a）实心方钢柱　　　　　　　（b）焊接箱形柱

（c）钢管柱　　　　　（d）异形钢管柱（一）　　　（e）异形钢管柱（二）

图 6-3　实心和空心截面钢柱

焊接箱形柱为重形柱，可承受很大荷载，具有双向抗弯刚度，抗压曲强度大，截面较小。

钢管柱常用于非矩形柱网，便于柱梁连接。

异形管材（方钢管、长方钢管）有不同规格和壁厚。这类管材除其有利的结构性能外，用作外露钢柱形状美观。

③ 组合截面（见图 6-4）这类截面形式较多，一般来说，其截面并不经济，但它非常适合用作内隔断交叉点钢柱。

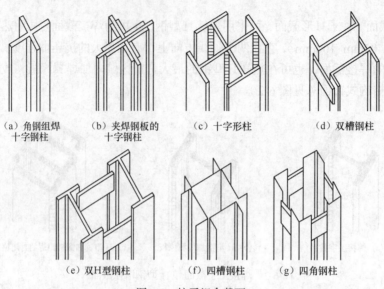

(a) 角钢组焊
十字钢柱
(b) 夹焊钢板的
十字钢柱
(c) 十字形柱
(d) 双槽钢柱

(e) 双 H 型钢柱
(f) 四槽钢柱
(g) 四角钢柱

图 6-4　柱子组合截面

（2）梁和桁架。高层钢结构的梁的用钢量约占结构总用钢量的 65%，其中主梁占 35%～40%。因此梁的布置应力求合理，连接简单，规格少，以利于简化施工和节省钢材。采用最多的梁是工字截面，受力小时也可采用槽钢，受力很大时则采用箱形截面，但其连接非常复杂。截面高度相同时，轧制 H 型钢要比焊接工字截面便宜。对于重荷载或传递弯矩，则采用焊接箱形梁。当净空高度受到限制时，也可采用双槽钢和钢板组焊而成的截面，钢梁内部必须进行防锈处理。

小 提 示

把桁架用于高层钢结构楼盖水平构件，可做到大跨度、小净空，工程管线安装方便。平行弦桁架是用钢量最小的一种水平构件，但制造比较费工费时。楼盖钢桁架一般由平行的上下弦杆和腹杆（斜撑和竖撑或只用斜撑）组成。弦杆和腹杆可采用角钢、槽钢、T 型钢、H 型钢、矩形和正方形截面钢管等钢材。

常用的梁和桁架结构类型有热轧 H 型钢梁、焊接工字钢梁、桁架几种，如图 6-5～图 6-7 所示。

(a) 宽翼缘系列
(b) 翼缘加焊钢板
(c) 上翼缘用槽钢加强

图 6-5　热轧 H 型钢梁

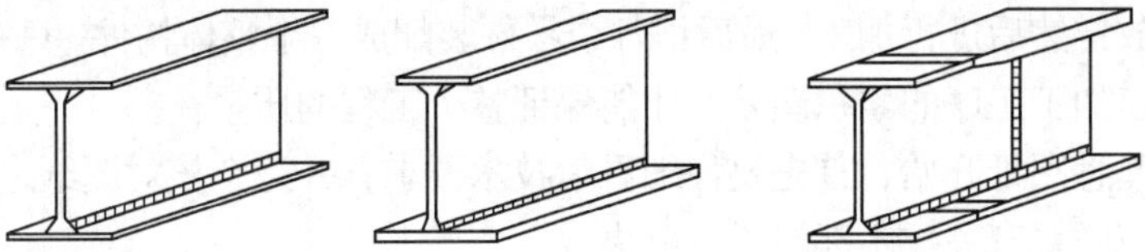

(a) 对称截面　　　　　(b) 非对称截面　　　　(c) 变翼缘宽度和腹板厚度钢梁

图 6-6　焊接工字钢梁

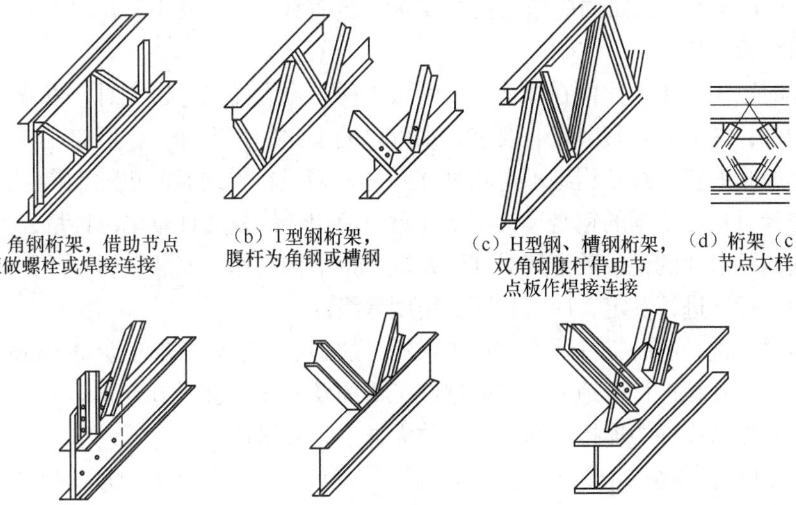

（a）角钢桁架，借助节点　　（b）T型钢桁架，　　（c）H型钢、槽钢桁架，　　（d）桁架（c）的
板做螺栓或焊接连接　　　腹杆为角钢或槽钢　　双角钢腹杆借助节　　　节点大样
　　　　　　　　　　　　　　　　　　　　　　点板作焊接连接

（e）双槽钢桁架　　　　　（f）H型钢桁架　　　　（g）H型钢、槽钢混合桁架

图 6-7　几种楼盖水平桁架

学习单元二　高层钢结构加工制作

知识目标

1. 了解高层钢结构加工制作的工序。
2. 熟悉放样与号料、切割、制孔加工、钢结构的热处理和组装加工的具体制作方法。

技能目标

1. 可以进行钢结构的加工制作。
2. 能够具备钢结构热处理的操作能力。

基础知识

一、放样与号料

1. 放样

放样是整个钢结构制作工艺中的第一道工序，也是至关重要的一道工序，所有的工件尺寸和形状都必须先放样然后进行加工，最后把各个零件装配成一个整体构件。只有放样尺寸精确，才能避免以后各道加工工序的累积误差，才能保证整个工程的质量。

（1）放样从熟悉图纸开始，首先要仔细看清技术要求，并逐个核对图纸之间的尺寸和相互关系，有疑问时应联系有关技术部门予以解决。

（2）放样作业人员应熟悉整个钢结构加工工艺，了解工艺流程及加工过程，以及加工过程中需要的机械设备性能及规格。

（3）放样台应平整，其四周应作出互相成90°的直线，再在其中间作出一根平行线及垂直线，以供校对样板之用。

（4）放样时以1：1的比例在样板台上弹出大样。当大样尺寸过大时，可分段弹出。对一些三角形的构件，如果只对其节点有要求，则可以缩小比例弹出样子，但应注意其精度。

（5）放样所画的实笔线条粗细不得超过0.5mm，粉线在弹线时的粗细不得超过1mm。

（6）用作计量长度依据的钢盘尺，特别注意应使用经授权的计量单位计量，且附有偏差卡片，使用时按偏差卡片的记录数值校对其误差数。钢结构制作、安装、验收及土建施工用的量具，必须用同一标准进行鉴定，应有相同的精度等级。

（7）放样时，铣、刨的工件要考虑加工余量，加工边一般要留加工余量5mm。

（8）倾斜杆件互相连接的地方，应根据施工详图及展开图进行节点放样，并且需要放构件大样，如果没有倾斜杆件的连接，则可以不放大样，直接做样板。

（9）实样完成后应做一次检查，主要检查其中心距、跨度、宽度及高度等尺寸，如果发现差错应及时进行改正。对于复杂的构件，其线条很多而不能都画在样台上时，可用孔的中心线代替。

2. 样板、样杆

样板一般采用厚度0.3～0.5mm的薄钢板或薄塑料板制成，样杆一般用钢皮或扁铁制作，当长度较短时可用木尺杆。

样板、样杆上应注明加工符号、图号、零件号、数量及加工边、坡口部位、弯折线和弯折方向、孔径和滚圆半径等。

样板一般分为：号孔样板，是专用于号孔的样板；覆盖样板，按照放样图上或实物图形，用覆盖方法所放出的实样，用于连接构件；卡形样板，分为内卡形样板和外卡形样板，是用于撇曲或检查构件弯曲形状的样板；弧形样板，用于检查各种圆弧及圆的曲率大小的样板；撇成型样板，用于撇曲或检查弯曲件平面形状的样板；平面样板，用于在板料及型钢平面进行线下料的样板；号料样板，供号料或号料同时号孔的样板。

对不需要展开的平面形零件的号料样板有如下两种制作方法。

（1）画样法：即按零件图的尺寸直接在样板料上做出样板。

（2）过样法：这种方法又叫做移出法，分为不覆盖过样和覆盖过样两种方法。

① 不覆盖过样法是通过作垂线或平行线，将实样图中的零件形状过到样板料上；

② 覆盖过样法是把样板料覆盖在实样图上，再根据事前作出的延长线，画出样板。

为了保存实样图，一般采用覆盖过样法而当不需要保存实样图时，可采用画样法制作样板。对单一的产品零件，可以直接在所需厚度的平板材料（或型材）上进行画线下料，不必在放样台上画出放样图和另行制出样板。对于较复杂带有角度的结构零件，不能直接在板料型钢上号料时，可用覆盖过样的方法制出样板，利用样板进行画线号料，如图 6-8 所示。

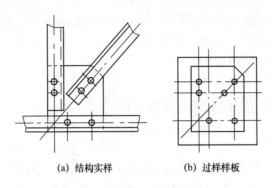

(a) 结构实样   (b) 过样样板

图 6-8 覆盖过样法示意图

覆盖过样法的步骤如下：

（a）按施工设计图样的结构连接尺寸画出实样。

（b）以实样上的型钢件和板材件的重心线或中心线为基准并适当延长，如图 6-8（a）所示。

（c）把所用样板材料覆盖在实样上面，用直尺或粉线以实样的延长线在样板面上画出重心线或中心线。

（d）再以样板上的重心线或中心线为准画出连接构件所需的尺寸，最后将样板的多余部分剪掉，做成过样样板，如图 6-8（b）所示。

3. 号料

号料是以样板、样杆或图纸为根据，在原材料上做出实样，并打上各制造厂内部约定的加工记号。号料的一般工作内容包括：检查核对材料；在材料上画出切割、铣、刨、弯曲、钻孔等加工位置；打冲孔；标注出零件的编号。

─ 小 提 示 ─

为了合理使用和节约原材料，应最大限度地提高原材料的利用率，一般常用的号料方法有集中号料法、套料法、统计计算法和余料统一号料法等，见表 6-2。

表6-2   常用的号料方法

序号	方法	内容说明
1	集中号料法	由于钢材的规格多种多样，为减少原材料的浪费，提高生产效率，应把同厚度的钢板零件和相同规格的型钢零件集中在一起进行号料
2	套料法	在号料时，精心安排板料零件的形状位置，把同厚度的各种不同形状的零件和同一形状的零件进行套料
3	统计计算法	统计计算法是在型钢下料时采用的一种方法。号料时应将所有同规格型钢零件的长度归纳在一起，先把较长的排出来，再算出余料的长度，然后把和余料长度相同或略短的零件排上，直至整根料被充分利用为止
4	余料统一号料法	将号料后剩下的余料按厚度、规格与形状基本相同的集中在一起，把较小的零件放在余料上进行号料

二、切割

钢材的切割下料应根据钢材的截面形状、厚度及切割边缘的质量要求而采用不同的切割方法。钢材的切割可以通过冲剪、切削、气体切割、锯切、摩擦切割和高温热源来实现。

目前，常用的切割方法有机械切割、气割等。

1. 机械切割

根据切割原理，机械切割分为三类，见表6-3。

表6-3 机械切割

序号	方法	内容说明
1	利用上下两剪刀的相对运动切割	该法所用机械应能剪切厚度小于30mm的钢材，具有剪切速度快、效率高的优点，但切口略粗糙，下端有毛刺。剪板机、联合冲剪机等机械属于此类。 （1）剪刀必须锋利，剪刀的材料用碳工具钢和合金工具钢。 （2）剪刀间隙应根据板厚调整，除薄板应调制在0.3mm以下之外，一般为0.5～0.6mm。 （3）材料剪切后的弯扭变形必须进行矫正。发现断面粗糙或带有毛刺，必须修磨光洁。 （4）剪切过程中，坡口附近的金属因受剪力而发生挤压和弯曲，从而引起硬度提高，材料变脆的冷作硬化现象。因此重要的结构构件和焊缝的接口位置，一定要用铣、刨或者砂轮磨削的方法将硬化表面加工清除
2	利用锯片的切削运动切割	该法所用机械主要用于切割角钢、圆钢和各类型钢，切割精度好，弓锯床、带锯床和圆盘锯床等机械属于此类。 （1）弓锯床仅用于切割中小型的型钢、圆钢、扁钢等 （2）带锯床用于切断型钢、圆钢、方钢等，具有效率高、切断面质量较好的特点 （3）圆盘锯床的锯片呈圆形，在圆盘的周围只有锯齿，锯切工件时，电动机带动圆锯片旋转便可进刀锯断各种型钢。其能够切割大型的H型钢，因此在钢结构制造厂的加工过程中常被用来进行柱、梁等型钢构件的下料切割
3	锯割	该法所用机械有摩擦锯、砂轮锯等。 （1）摩擦锯能够锯割各类型钢，也可以用来切割管子和钢板等。其具有速度快、效率高的特点，切削速度可达到120～140m/s，进刀速度为200～500mm/min；但是切口不光滑、噪声大，仅适用于锯切精度要求较低的构件，或者下料时留有加工余量需进行精加工的构件 （2）砂轮锯是利用砂轮片高速旋转时与工件摩擦生热并使工件熔化而完成切割。砂轮锯适用于锯切薄壁型钢，具有切口光滑、毛刺较薄且容易消除的特点，但噪声大、粉尘多 锯割机械施工中应注意型钢应预先经过校直；所选用的设备和锯片规格必须满足构件所要求的加工精度；单件锯割的构件，先画出号料线，然后对线锯割；加工精度要求较高的重要构件，应考虑留出适当的精加工余量，以供锯割后进行端面精铣

2. 气割

气割可以切割较大厚度范围的钢材，而且设备简单、费用经济、生产效率较高，并能实现空间各种位置的切割，所以在金属结构制造与维修中得到广泛的应用。尤其对于本身不便移动的巨大金属结构，应用气割更能显示其优越性。

供气割用的可燃气体种类很多，常用的有乙炔气、丙烷气和液化石油气等，但目前使用最多的还是乙炔气。这是因为乙炔气价廉、方便，而且火焰的燃烧温度也高。火焰切割也可使用混合气体。气割前，应去除钢材表面的油污、油脂，并在下面留出一定的空间，以利于熔渣的吹出。气割时，应匀速移动割炬，割件表面距离焰心尖端以 2～5mm 为宜，距离太近会使切口边沿熔化，太远则热量不足，易使切割中断。气割时，还应调节好切割氧气射流（风线）的形状，使其保持轮廓清晰、风线长和射力高。气割时应该正确选择割嘴型号、氧气压力、气割速度和预热火焰的能率等工艺参数。

氧—乙炔气割是根据某种金属被加热到一定温度时在氧气流中能够剧烈燃烧氧化的原理、用割炬来进行切割的。金属材料只有满足下列条件，才能进行气割。

① 金属材料的燃点必须低于其熔点。这是保证切割在燃烧过程中进行的基本条件。否则，切割时金属先熔化变为熔割过程，使割口过宽，而且不整齐。

② 燃烧生成的金属氧化物的熔点应低于金属本身的熔点，同时流动性要好。否则，就会在割口表面形成固态氧化物，阻碍氧气流与下层金属的接触，使切割过程不能正常进行。

③ 金属燃烧时应能放出大量的热，而且金属本身的导热性要低。这是为了保证下层金属有足够的预热温度，使切割过程能连续进行。

满足上述条件的金属材料有纯铁、低碳钢、中碳钢和普通低合金钢。而铸铁、高碳钢、高合金钢及铜、铝等有色金属及其合金，均难以进行氧-乙炔气割。

气割时必须防止回火。回火的实质是氧-乙炔混合气体从割嘴内流出的速度小于混合气体的燃烧速度。造成回火的原因：

① 皮管太长，接头太多或皮管被重物压住。

② 割炬连接工作时间过长或割嘴过于靠近钢板，使割嘴温度升高，内部压力增加，影响气体流速，甚至使混合气体在割嘴内自燃。

③ 割嘴出口通道被熔渣或杂质阻塞，氧气倒流入乙炔管道。

④ 皮管或割炬内部管道被杂物堵塞，增加了流动阻力。

发生回火时，应及时采取措施，将乙炔皮管折拢并捏紧，同时紧急关闭气源，一般先关闭乙炔阀，再关闭氧气阀，使回火在割炬内迅速熄灭，稍待片刻，再开启氧气阀，以吹掉割炬内残余的燃气和微粒，然后再点火使用。

小 提 示

为了防止气割变形，在其各操作中应遵循下列程序。

① 大型工件的切割，应先从短边开始。

② 在钢板上切割不同尺寸的工件时，应先割小件，后割大件。

③ 在钢板上切割不同形状的工件时，应先割较复杂的，后割较简单的。

④ 窄长条形板的切割，长度两端留出 50mm 不割，待割完长边后再割断，或者采用多割炬对称气割的方法。

三、制孔加工

在钢结构制作中，常用的加工方法有钻孔、冲孔、扩孔、铰孔等，施工时也可根据不同的技术要求合理选用。

　　构件制作应优先采取钻孔。钻孔在钻床上进行，可以钻任何厚度的钢材。其原理是切削，所以孔壁损伤较小，质量较高。厚度在 5 mm 以下的所有普通结构钢及厚度小于 12mm 的次要结构允许冲孔，材料在冲切后仍保留有相当韧性，冲切孔上才可焊接施工，否则不得随后施焊。如果需要在所冲的孔上再钻大时，冲孔必须比指定的直径小 3mm。冲孔采用转塔式多工位数控冲床可大大提高加工效率。

　　1. 钻孔加工

　　（1）画线钻孔。钻孔前先在构件上画出孔的中心和直径，在孔的圆周上（90° 位置）打四只冲眼，可供钻孔后检查用。孔中心的冲眼应大而深，在钻孔时作为钻头定心用。画线工具一般用画针和钢直尺。

> **小 提 示**
>
> 　　为提高钻孔效率，可将数块钢板重叠起来一齐钻孔，但一般重叠板厚度不应超过 50mm，重叠板边必须用夹具夹紧或定位焊固定。

　　厚板和重叠板钻孔时要检查平台的水平度，以防止孔的中心倾斜。

　　（2）钻模钻孔。当批量大、孔距精度要求较高时，应采用钻模钻孔。钻模有通用型、组合式和专用钻模。通用型钻模，可在当地模具出租站订租。组合式和专用钻模则由本单位设计制造。图 6-9 和图 6-10 所示为两种不同钻模的做法。

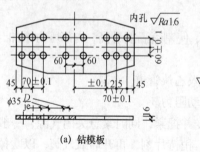
(a) 钻模板

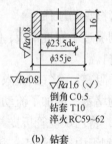
(b) 钻套

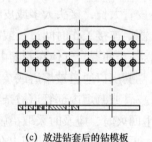
(c) 放进钻套后的钻模板

图 6-9　节点板钻模

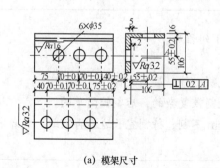
(a) 模架尺寸

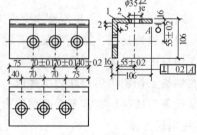
(b) 钻套和模架

图 6-10　角钢钻模

1—模架；2—钻套

对无镗孔能力的单位，可先在钻模板上钻较大的孔眼，由钳工对钻套进行校对，符合公差要求后，拧紧螺钉，然后将模板大孔与钻套外圆间的间隙灌铅固定（见图 6-11）。钻模板材料一般为 Q235 钢，钻套使用材料可为 T10A（热处理 55～60HRC）。

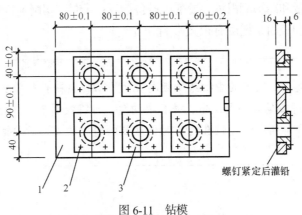

图 6-11　钻模
1—模板；2—螺钉；3—钻套

2. 冲孔加工

冲孔是在冲孔机（冲床）上进行的，一般只能在较薄的钢板或型钢上冲孔。孔径一般不应小于钢材的厚度，多用于不重要的节点板、垫板、加强板、角钢拉撑等小件的孔加工，其制孔效率较高。但由于孔的周围产生冷作硬化，孔壁质量差，孔口下塌，故在钢结构制作中已较少直接采用。

冲孔的操作要点如下：

（1）冲孔的直径应大于板厚，否则易损坏冲头。冲孔下模上平面的孔应比上模的冲头直径大 0.8～1.5mm。

（2）构件冲孔时，应装好冲模，检查冲模之间间隙是否均匀一致，并用与构件相同的材料试冲，经检查质量符合要求后，再正式冲孔。

（3）大批量冲孔时，应按批抽查孔的尺寸及孔的中心距，以便及时发现问题，及时纠正。

（4）环境温度低于-20℃时禁止冲孔。

3. 扩孔加工

扩孔是用麻花钻或扩孔钻将工件上原有的孔进行全部或局部扩大，主要用于构件的拼装和安装，如叠层连接板孔，常先把零件孔钻成比设计小 3mm 的孔，待整体组装后再行扩孔，以保证孔眼一致，孔壁光滑；或用于钻直径 30mm 以上的孔，先钻成小孔，后扩成大孔，以减小钻端阻力，提高工效。

用麻花钻扩孔时，由于钻头进刀阻力很小，极易切入金属，引起进刀量自动增大，从而导致孔面粗糙并产生波纹，所以用时须将其后角修小。由于切削刃外缘吃刀，避免了横刃造成不良影响，因而切屑少且易排除，可提高孔的表面光洁度。

扩孔钻是扩孔的理想刀具。扩孔钻切屑少，容屑槽做得较小而浅，增多刀齿（3 或 4 齿），加粗钻心，从而提高扩孔钻的刚度。这样扩孔时导向性好，切削平稳，可增大切削用量并改善加工质量。扩孔钻的切削速度可为钻孔的 0.5 倍，进给量为钻孔的 1.5～2 倍。扩孔前，可先用

0.9 倍孔径的钻头钻孔，再用等于孔径的扩孔钻头进行扩孔。

4. 铰孔加工

铰孔是用铰刀对已经过粗加工的孔进行精加工，可降低孔的表面粗糙度和提高精度。铰孔时必须选择好铰削用量和冷却润滑液。铰削用量包括铰孔余量、切削速度（机铰时）和进给量，这些都对铰孔的精度和表面粗糙度有很大影响。

> **小 提 示**
>
> 铰孔时工件要夹正，铰刀的中心线必须与孔的中心保持一致；手铰时用力要均匀，转速为 20～30r/min，进刀量大小要适当，并且要均匀，可将铰削余量分为两三次铰完，铰削过程中要加适当的冷却润滑液，铰孔退刀时仍然要顺转。铰刀用后要擦干净，涂上机油，刀刃勿与硬物磕碰。

四、边缘加工

为了保证焊缝质量和焊透以及装配的准确性，不仅需要将钢板边缘刨成或铲成坡口，还需将边缘刨直或铣平。

常用的边缘加工方法主要有铲边、刨边、铣边、碳弧气刨和气割坡口等。

1. 铲边

对加工质量要求不高，并且工作量不大的边缘加工，可采用铲边。铲边有手工铲边和机械铲边（风动铲锤）两种，手工铲边的工具有手锤和手铲等，机械铲边的工具有风动铲锤和铲头等。风动铲锤是用压缩空气作动力的一种风动工具。它由进气管、扳机、推杆、阀柜和锤体等主要部分组成，使用时将输送压缩空气的橡皮管接在进气管上，按动扳机，即可进行铲削工作。

用手工铲边应将零件卡在老虎钳上，施工人员须戴平光眼镜和手套以防铁片弹出伤目和擦破手指，但拿小锤的手不宜戴手套。进行铲边时在铲到工件边缘尽头时，应轻敲凿子，以防凿子突然滑脱而擦伤手指。

一般手动铲边和机械铲边的构件，其铲线尺寸与施工图纸尺寸要求不得相差 1mm。铲边后的棱角垂直误差不得超过弦长的 1/3 000，且不得大于 2mm。

铲边时应注意以下事项：

（1）开动空气压缩机前，应放出储风罐内的油、水等混合物。

（2）铲前应检查空气压缩机设备上的螺栓、阀门是否完整，风管是否破裂漏风等。

（3）铲边时，铲头要注机油或冷却液，以防止铲头退火。

（4）铲边结束后应卸掉铲锤，并妥善保管，冬期施工后应盘好铲锤风带放入室内，以防止带内存水冻结。

（5）铲边时，对面不应有人或障碍物。

（6）高空铲边时，施工人员应系好安全带。

2. 刨边

刨边要在刨边机上进行。需切削的板材固定在作业台上，由安装在移动刀架上的刨刀来切削板材的边缘。刀架上可以同时固定两把刨刀，以同方向进刀切削，也可在刀架往返行程时正反向切削。

刨边加工有刨直边和刨斜边两种。刨边加工的加工余量随钢材的厚度、钢板的切割方法的不同而不同，一般的刨边加工余量为 2～4mm，下料时可参考表 6-4 所示预放刨削余量，并应用符号注明刨斜边或刨直边。

表6-4　　　　　　　　　　　　　　　　　　刨边加工余量

钢板性质	边缘加工形式	钢板厚度/mm	最小余量/mm
低碳钢	剪切机剪切	≤16	2
低碳钢	气割	>16	3
各种钢材	气割	各种厚度	4
优质低合金钢	气割	各种厚度	>3

被刨削的钢板放上机床后，可用刀架上的划线盘测定其刨削线，并予调整，然后用千斤顶压牢钢板。刨刀的中心线应略高于被刨钢板的中心线，这样可在刨削时，使刨刀的力向下压紧钢板而不使钢板颤动，以防止损坏刨刀和机床。刨直边的钢板可以将数块叠在一起进行，以提高生产效率。

小 提 示

刨边机的刨削长度一般为 3～15m，当构件较薄时，可采用多块钢板同时刨边。如果构件长度大于刨削长度，可用移动构件的方法进行刨边。如果条形构件的侧弯曲较大，刨边前应先校直。必须将气割加工的构件边缘的残渣消除干净再刨边，从而减少切削量并提高刀具寿命。刨削时的进刀量和走刀速度可参考表 6-5 所示确定。

表6-5　　　　　　　　　　　刨削时的进刀量和走刀速度

钢板厚度/mm	进刀量/mm	走刀速度/（m·min⁻¹）	钢板厚度/mm	进刀量/mm	走刀速度/（m·min⁻¹）
1～2	2.5	15～25	13～18	1.5	10～15
3～12	2.0	15～25	19～30	1.2	10～15

3. 铣边

对于有些构件的端部，可采用铣边（端面加工）的方法代替刨边，铣边是为了保持构件的精度。如起重机梁、桥梁等接头部分，钢柱或塔架等金属抵撑部位，能使其力由承压面直接传至底板支座，以减少连接焊缝的焊脚尺寸，其加工质量优于刨边的加工质量。

此种铣边加工，一般是在端面铣床或铣边机上进行的。端面铣削亦可在铣边机上进行。铣边机的结构与刨边机相似，但加工时用盘形铣刀代替刨边机走刀箱上的刀架和刨刀。其生产效率较高。刨边与铣边的加工质量标准比较，见表 6-6。

表6-6　　　　　　　　　　　刨边与铣边的加工质量标准比较

序号	加工方法	宽度、长度/mm	直线度	坡度（°）	对角差（四边加工）/mm
1	刨边	±1.0	1/3 000，且不得大于2.0mm	±2.5	2
2	铣边	±1.0	0.30mm	—	1

4. 碳弧气刨

碳弧气刨的切割原理是直流反接（工件接负极），通电后电弧将工件熔化，压缩空气将熔化金属吹掉，从而达到刨削或切削金属的目的。碳弧气刨专用碳棒用石墨制造，为提高导电能力外镀纯铜皮。碳棒的规格主要有 $\phi6$、$\phi7$、$\phi8$、$\phi10$ 及 5mm×15mm 等。

碳弧气刨就是把碳棒作为电极，与被刨削的金属间产生电弧。此电弧具有 6 000℃左右高温，足以把金属加热到熔化状态，然后用压缩空气的气流把熔化的金属吹掉，达到刨削或切削金属的目的。

碳弧气刨的应用范围：用碳弧气刨挑焊根，比采用风凿生产率高，特别适用于仰位和立位的刨切，噪声比风凿小，并能减轻劳动强度；采用碳弧气刨翻修有焊接缺陷的焊缝时，容易发现焊缝中各种细小的缺陷；碳弧气刨还可以用来开坡口，清除铸件上的毛边和浇冒口，以及铸件中的缺陷等，同时还可以切割金属如铸铁、不锈钢、铜、铝等。

当用碳弧气刨方法加工坡口或清焊根时，刨槽内的氧化层、淬硬层、顶碳或铜迹必须彻底打磨干净。但碳弧气刨在刨削过程中会产生一些烟雾，如施工现场通风条件差，对操作者的健康有影响，所以施工现场必须具备良好的通风条件和通风措施。

5. 气割坡口

气割坡口包括手工气割和用半自动、自动气割机进行坡口切割。其操作方法和使用的工具与气割相同。所不同的是，气割坡口将割炬嘴偏斜成所需要的角度，对准要开坡口的地方运行割炬。由于此种方法简单易行、效率高，能满足开 V 形、X 形坡口的要求，所以已被广泛采用，但要注意切割后须清理干净氧化铁残渣。气割机切割坡口时割嘴的位置见表 6-7。

表6-7 气割机切割坡口时割嘴的位置

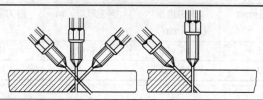

材料厚度 /mm	割嘴位置示意图	材料厚度 /mm	割嘴位置示意图
<50		>60（上坡口）	
≥50		>60（下坡扣）	

五、钢结构热处理

焊接构件时，由于焊缝的收缩产生很大的内应力，构件容易产生疲劳的时效变形，由于低碳钢和低合金钢的塑性好，可由应力重分配抵消部分疲劳影响，时效变形在一般构件中影响不大，因此不需进行很大处理，但是对于精度要求较高的机械骨架、齿轮箱体等，需进行退火处理。

退火操作要点

① 构件必须先矫正平直，方能进行退火。

② 退火时构件必须垫平，一般应单层放置，多层放置时上、下垫块应在同一垂线上并应尽量放在加劲板处。

③ 加热必须均匀，一般应用大型台车式炉为好。

随着厚板结构在钢结构中的采用，一些工程设计对厚板焊接件提出了焊缝区局部热处理的要求。焊缝区局部热处理可采用履带式红外线电加热器进行加热和保温，加热宽度一般为焊缝两侧各距焊缝 240mm 以上的范围。

焊缝区局部热处理，300℃以下为自由升温，从 300℃开始控制升温速度，升温速度不大于 150℃/h，升至规定温度时进行保温，保温时间一般按每毫米板厚 2～3min 进行计算，但不小于 1h。保温结束后，开始降温并控制降温速度，降温速度不大于 150℃/h，直到降至 300℃以下，可于空气中自然冷却。

 课堂案例

组装是将制备完成的零件或半成品，按要求运输、安装单元，并通过焊接或螺栓连接工序装配成部件或构件，然后将其连接成整体的过程。某高层建筑结构的钢结构用零件现在需要进行组装加工。

问题：

1. 选择构件组装方法时应根据什么进行？

2. 简述组装构件时的各类方法及具体内容。

分析：

1. 选择构件组装方法时，应根据构件的结构特性和技术要求，结合制造厂的加工能力、机械设备等情况选择能有效控制组装精度、耗工少、效益高的方法进行。

2. 组装构件时各类方法即具体内容如下：

（1）地样法。地样法也称画线法组装，是钢构件组装中最简便的装配方法。其是用 1:1 的比例在装配平台上放出构件实样，然后根据零件在实样上的位置，分别组装起来成为构件。此装配方法适用于桁架、构架等小批量结构的组装。

（2）仿形复制装配法。此法是先用地样法组装成单面（单片）的结构，然后把定位点焊牢固，将其翻身，作为复制胎模，在其上面装配另一单面的结构，往返两次组装。此种装配方法适用于横断面对称的桁架结构。

（3）立装。立装是根据构件的特点及其零件的稳定位置选择自上而下或自下而上的装配。此种装配方法适用于放置平稳、高度不大的结构或者大直径的圆筒。

（4）卧装。卧装是将构件卧倒放置进行的装配。此种装配方法适用于断面不大但长度较大的细长构件。

（5）胎模装配法。胎模装配法是目前制作大批量构件组装中普遍采用的组装方法之一，具有装配质量高、工效快的特点，是将构件的零件用胎模定位在其装配位置上的组装方法。此种装配方法适用于制造构件批量大、精度高的产品。

胎模装配法主要用于表面形状比较复杂，又不便于定位和夹紧结构或大批量生产的焊接结构的装配与焊接。胎模装配法可以简化零件的定位工作，改善焊接操作位置，从而可以提高装配与焊接的生产效率和质量。

学习单元三　高层钢结构安装

知识目标

1. 了解高层结构的安装特点和安装前的准备工作。
2. 熟悉钢结构构件的链接和连接节点。
3. 掌握钢结构构件的安装工艺。
4. 掌握高层钢框架的校正及安全施工措施。

技能目标

1. 能充分了解高层钢结构的安装特点及安装前的准备工作。
2. 明确钢结构构件的安装技术。
3. 能够具备对高层钢框架及时进行校正的能力。

基础知识

一、高层钢结构安装的特点

高层建筑钢结构安装的独有施工特点：

（1）由于结构复杂而使施工复杂化。钢结构安装的精确度要求高，允许误差小，为保证这些精度要采取一些特殊措施。而当建筑物采用钢—混凝土组合结构时，钢筋混凝土结构为现场浇筑，允许误差较大，两者配合，往往产生矛盾。同时，钢结构高层建筑要进行防火和防腐处理，为减轻建筑物自重要采用一些新型的轻质材料和轻型结构，这也给施工增加了新的内容。因此，要求有严密的施工组织，否则会引起混乱和造成浪费。

（2）高空作业受天气的影响较大。钢结构高层建筑的结构安装作业属高空作业，受风的影响很大，当风速达到某一限值时，起重安装工作就难以进行，会被迫停工。所以，在高空可进行工作的时间要比一般情况更短，在安排施工计划时必须考虑这一因素。

（3）高空作业工作效率低。随着建筑物高度的增大，工作效率也有所降低。这主要表现在两个方面：一是人的工作效率降低，主要是恶劣天气（风、雨、寒冷等）的影响，以及高处工作不安全感的心理影响。二是起重安装效率降低，起重高度增大后，一个工作循环的时间延长，单位时间内的吊次减少，工效随之降低。

（4）施工安全问题十分突出。由于高度高，材料、工具、人员一旦坠落，会造成重大安全事故。尤其是钢结构电焊量大，防火十分重要，必须引起高度重视。

二、高层钢结构安装前的准备工作

1. 安装机械选择

高层钢结构安装都用塔式起重机，这就要求塔式起重机的臂杆足够长以使其具有足够的覆盖面；要有足够的起重能力，满足不同部位构件起吊要求；钢丝绳容量要满足起吊高度要求；起吊速度要有足够档位，满足安装需要；多机作业时，相互要有足够的高差，互不碰撞。

> **小 提 示**
>
> 如用附着式塔式起重机，锚固点应选择钢结构中便于加固、有利于形成框架整体结构和有利于玻璃幕墙安装的部位，对锚固点应进行计算。
>
> 如用内爬式塔式起重机，爬升位置应满足塔身自由高度和每节柱单元安装高度的要求。

塔式起重机所在位置的钢结构，在爬升前应焊接完毕，形成整体。

2. 安装流水段划分

高层钢结构安装需按照建筑物平面形状、结构形式、安装机械数量和位置等划分流水段。总体原则是：平面流水段划分应考虑钢结构安装过程中的整体稳定性和对称性，安装顺序一般由中央向四周扩展，以减少焊接误差。立面流水段划分，一般以一节钢柱高度内所有构件作为一个流水段。

在高层钢结构中，由于楼层使用要求不同和框架结构受力因素，其钢构件的布置和规则也相应不同。例如，底层用于公共设施，则楼层较高；受力关键部位则设置水平加强结构的楼层；管道布置集中区则增设技术楼层等。这些楼层的钢构件的布置都是不同的。但是多数楼层的使用要求是一样的，钢结构的布置也基本一致，称为钢结构框架的"标准节框架"。

一个立面安装流水段内的安装顺序如图 6-12 所示，钢结构标准单元施工顺序如图 6-13 所示。

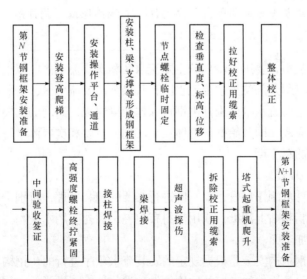

图 6-12　一个立面安装流水段内的安装顺序

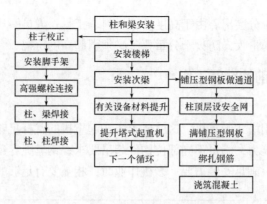

图 6-13 钢结构标准单元施工顺序

标准节框架安装方法具体见表6-8。

表6-8 标准节框架安装方法

方法	内容
节间综合安装法	此法是在标准节框架中，先选择一个节间作为标准间。安装4根钢柱后立即安装框架梁、次梁和支撑等，构成空间标准间，并进行校正和固定。然后以此标准间为基准，按规定方向进行安装，逐步扩大框架，每立2根钢柱，就安装1个节间，直至该施工层完成。国外多采用节间综合安装法，随吊随运，现场不设堆场，每天提出构件需求清单，当天安装完毕。这种安装方法对现场管理要求严格，运输交通必须确保畅通，在构件运输保证的条件下能获得最佳的效果
按构件分类大流水安装法	此法是在标准节框架中先安装钢柱，再安装框架梁，然后安装其他构件，按层进行，从下到上，最终完成框架。国内目前多数采用此法，原因是：影响钢构件供应的因素多，不能按照综合安装法供应钢构件；在构件不能按计划供应的情况下尚可继续进行安装，有机动的余地；管理和生产工人容易适应

小提示

两种不同的安装方法各有利弊，只要构件供应能够保证，构件质量又合格，其生产工效的差异不大，就可根据实际情况进行选择。

在标准节框架安装中，要进一步划分主要流水区和次要流水区。以框架可进行整体校正为划分原则，塔式起重机爬升部位为主要流水区，其余为次要流水区，安装施工工期的长短取决于主要流水区。一般主要流水区内构件由钢柱和框架梁组成，其间的次要构件可后安装，主要流水区构件一经安装完成，即开始框架整体校正。划分主要和次要流水区的目的是争取交叉施工，以缩短安装施工的总工期。

3．钢构件运输和堆放

（1）运输。钢构件从制作厂发运前，应进行必要的包装处理，特别是构件的加工面、轴孔和螺纹，均应涂以油脂和贴上油纸，或用塑料布包裹，螺孔应用木楔塞住。装运时要防止相互挤压变形，避免损伤加工面。

（2）中转。现场钢结构安装是根据规定的安装流水顺序进行的。钢构件必须按照流水顺序的要求供货到现场，但是构件加工厂是按构件的种类分批生产供货的，与结构安装流水顺序不一致。因此，宜设置钢构件中转堆场调节。中转堆场的主要作用是：

① 储存制造厂的钢构件（工地现场没有条件储存大量构件）。

② 根据安装施工流水顺序进行构件配套，组织供应。

③ 对钢构件质量进行检查和修复，保证把合格的构件送到现场。中转堆场应尽量靠近工程现场，同市区公路相通，符合运输车辆的运输要求，要求电源、水源和排水管道畅通，场地平整。堆场的规模，应根据钢构件储存量、堆放措施、起重机行走路线、汽车道路、辅助材料堆场、构件配套用地、生活用地等情况确定。

（3）配套。配套是指按安装流水顺序，以一个结构安装流水段为单元，将所有钢构件分别从堆场整理出来，集中到配套场地，在数量和规格齐全之后进行构件预检和处理修复然后根据安装顺序，分批将合格的构件由运输车辆供应到工地现场。配套中应特别注意附件（如连接板等小型构件）的配套。

（4）现场堆放。钢构件应按安装流水顺序配套运入现场，利用现场的装卸机械尽量将其就位到安装机械的回转半径内。因运转造成的构件变形，在施工现场均要加以矫正。一般情况下，结构安装用地面积宜为结构工程占地面积的 1.0～1.5 倍。

4. 钢构件预检

（1）出厂检验。钢构件在出厂前，制造厂应根据制作规范、规定及设计图的要求进行产品检验，填写质量报告和实际偏差值。钢构件交付结构安装单位后，结构安装单位在制造厂质量报告的基础上，根据构件性质分类，再进行复核或抽检。

（2）计量工具。预检钢构件的计量工具和标准应事先统一，质量标准也应统一。特别是对钢卷尺的标准要十分重视，有关单位（业主、土建、安装、制造厂）应各执统一标准的钢卷尺，制造厂按此尺制造钢构件，土建施工单位按此尺进行柱基定位施工，安装单位按此尺进行结构安装，业主按此尺进行结构验收。标准钢卷尺由业主提供，钢卷尺需同标准基线进行足尺比较，确定各地钢卷尺的误差值以及尺长方程式，应用时按标准条件实施。钢卷尺应用的标准条件为：拉力用弹簧秤称量，30m 钢卷尺拉力值用 98.06N，50m 钢卷尺拉力值用 147.08N；温度为 20℃；水平丈量时钢卷尺要保持水平，挠度要加托。使用时，实际读数按上述条件，根据当时气温按其误差值、尺长方程式进行换算。实际应用时，如全部按上述方法进行，计算量太大，所以一般是关键性构件（如柱、框架大梁）的长度复检和长度大于 8m 的构件计量按上法，其余构件均可以实际读数为依据。

（3）预检。结构安装单位对钢构件预检的项目，主要是与施工安装质量和工效直接有关的数据，如几何外形尺寸、螺孔大小和间距、预埋件位置、焊缝坡口、节点摩擦面、附件数量规格等。构件的内在制作质量应以制造厂质量报告为准。预检数量一般是关键构件全部检查，其他构件抽检 10%～20%，应记录预检数据。

钢构件预检是项复杂而细致的工作，并需一定的条件。预检放在钢构件中转堆场配套时进行。这样可省去因预检而进行构件翻堆所耗费的机械和人工，不足之处是发现问题进行处理的时间比较紧迫。

构件预检宜由结构安装单位和制造厂联合派人参加，同时也应组织构件处理小组，对预检出的偏差及时给予修复，严禁不合格的构件运到工地现场，更不应该将不合格构件送到高空去处理。

现场施工安装应根据预检数据，采取相应措施，以保证安装顺利进行。

小提示

　　钢构件的质量对施工安装有直接关系，要充分认识钢构件预检的必要性，具体做法应根据工程的不同条件而定，如由结构安装单位派驻厂代表来掌握制作加工过程中的质量，将质量偏差清除在制作过程中是可取的办法。

---

　　5. 柱基检查

　　第一节钢柱是直接安装在钢筋混凝土柱基底顶上的。钢结构的安装质量和工效同柱基的定位轴线、基准标高直接相关。安装单位对柱基的预检重点是定位轴线间距、柱基顶面标高和地脚螺栓预埋位置。

　　（1）定位轴线检查。定位轴线从基础施工起就应重视，先要做好控制桩。待基础浇筑混凝土后，再根据控制桩将定位轴线引测到柱基钢筋混凝土底板面上，然后检查定位轴线是否同原定位轴线重合、封闭，每根定位轴线总尺寸误差值是否超过控制数，纵横定位轴线是否垂直、平行。定位轴线检查在弹过线的基础上进行。检查应由业主、土建、安装三方联合进行，对检查数据要统一认可签证。

　　（2）柱间距检查。柱间距检查是在定位轴线认可后进行的。采用标准尺实测柱距。柱距偏差值应严格控制在±3mm范围内，绝不能超过±5mm。若柱距偏差超过±5mm，则必须调整定位轴线。原因是定位轴线的交点是柱基中心点，是钢柱安装的基准点，钢柱竖向间距以此为准。框架钢梁连接螺孔的孔洞直径一般比高强度螺栓直径大1.5～2.0mm，若柱距过大或过小，将直接影响框架梁的安装连接和钢柱的垂直。

　　（3）单独柱基中心线检查。检查单独柱基的中心线同定位轴线之间的误差，调整柱基中心线使其同定位轴线重合，然后以柱基中心线为依据，检查地脚螺栓的预埋位置。

　　（4）柱基地脚螺栓检查。检查柱基地脚螺栓，其内容有：检查螺栓的螺纹长度是否能保证钢柱安装后螺母拧紧的需要；检查螺栓垂直度是否超差，超过规定必须矫正，矫正方法包括冷校法和火焰热校法；检查螺纹有否损坏，检查合格后在螺纹部分涂上油，盖好帽盖加以保护；检查螺栓间距，实测独立柱地脚螺栓组间距的偏差值，绘制平面图表明偏差数值和偏差方向；检查地脚螺栓相对应的钢柱安装孔，根据螺栓的检查结果进行调查，如有问题，应事先扩孔，以保证钢柱的顺利安装。

　　地脚螺栓预埋的质量标准：任何两只螺栓之间的距离允许偏差为1mm；相邻两组地脚螺栓中心线之间距离的允许偏差值为3mm。实际上由于柱基中心线的调整修改，工程中有相当一部分地脚螺栓不能达到上述标准，但可通过地脚螺栓预埋方法的改进来实现这一指标。

　　目前高层钢结构工程柱基地脚螺栓的预埋方法有直埋法和套管法两种。直埋法就是用套板控制地脚螺栓相互之间的距离，立固定支架控制地脚螺栓群不变形，在柱基底板绑扎钢筋时将地脚螺柱埋入控制位置，同钢筋连成一体，整浇混凝土，一次固定，缺点是难以再调整。采用此法实际上产生的偏差较大。套管法就是先安套管（内径比地脚螺栓大2～3倍），在套管外制作套板，焊接套管并立固定架，将其埋入浇筑的混凝土中，待柱基底板上的定位轴线和柱中心线检查无误后，再在套管内插入螺栓，使其对准中心线，通过附件或焊接加以固定，最后在套管内注浆锚固螺栓（见图6-14）。注浆材料按一定级配制成。此法对保证地脚螺栓的定位质量有利，但施工费用较高。

（5）基准标高实测。在柱基中心表面和钢柱底面之间，考虑到施工因素，设计时都考虑有一定的间隙作为钢柱安装时的标高调整，该间隙一般规定为50mm。基准标高点一般设置在柱基底板的适当位置，四周加以保护，作为整个高层钢结构工程施工阶段标高的依据。以基准标高点为依据，对钢柱柱基表面进行标高实测，将测得的标高偏差绘制平面图，作为临时支承标高块调整的依据。

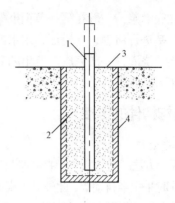

图6-14　套管法预埋地脚螺栓

1—套埋螺栓；2—无收缩砂浆；3—混凝土基础面；4—套管

6. 标高块设置及柱底灌浆

（1）标高块设置。柱基表面采取设置临时支承标高块的方法来保证钢柱安装控制标高，要根据荷载大小和标高块材料强度确定标高块的支承面积。标高块一般用砂浆、钢垫板和无收缩砂浆制作。一般砂浆强度低，只用于装配钢筋混凝土柱杯形基础；钢垫块耗钢多、加工复杂；无收缩砂浆是高层钢结构标高块的常用材料，它有一定的强度，柱底灌浆也用无收缩砂浆，传力均匀。

临时支承标高块的埋设方法，如图6-15所示。柱基边长小于1m时，设一块；柱基边长为1～2m时，设十字形块；柱基边长大于2m时，设多块。标高块的形状为圆、方、长方、十字形均可。为了保证表面平整，标高块表面可增设预埋钢板。标高块用无收缩砂浆时，其材料强度应不小于30N/mm^2。

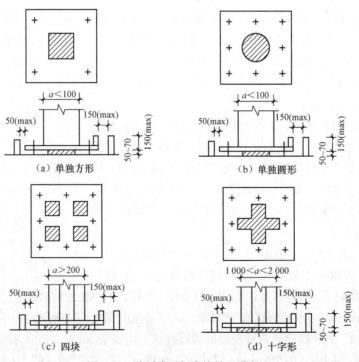

图6-15　临时支承标高块的埋设方法

（2）柱底灌浆。一般在第一节钢框架安装完成后即可开始紧固地脚螺栓并进行灌浆。灌浆前必须对柱基进行清理，立模板，用水冲洗基础表面，排除积水，螺孔处必须擦干，然后用自流平砂浆连续浇灌，一次完成。流出的砂浆应清除干净，加盖草包养护。砂浆必须做试块，到时试压，作为验收资料。

三、钢结构构件的链接

1. 焊接连接

现场焊接方法一般为手工焊接和半自动焊接两种。焊接母材厚度不大于30mm时采用手工焊，大于30mm时采用半自动焊，此外尚需根据工程焊接量的大小和操作条件等来确定。手工焊的最大优点是灵活方便，机动性大；缺点是对焊工技术素质要求高，劳动强度大，影响焊接质量的因素多。半自动焊接质量可靠，工效高，但操作条件相应比手工焊要求高，并且需要同手工焊结合使用。

> **小提示**
>
> 高层钢结构构件接头的施焊顺序，比构件的安装顺序更为重要。焊接顺序不合理，会使结构产生难以挽回的变形，甚至会因内应力而使焊缝拉裂。

（1）柱与柱的对接焊，应由两名焊工在两相对面等温、等速对称焊接。加引弧板时，先焊第一个两相对面，焊层不宜超过4层，然后切除引弧板，清理焊缝表面，再焊第二个两相对面，焊层可达8层，再换焊第一个两相对面，如此循环，直到焊满整个焊缝。

（2）梁、柱接头的焊缝，一般先焊H型钢的下翼缘板，再焊上翼缘板。梁的两端先焊一端，待其冷却至常温后再焊另一端。

只有在一个垂直流水段（一节柱段高度范围内）的全部构件吊装、校正和固定后，才能施焊。

（3）柱与柱、梁与柱的焊缝接头，应试验测出焊缝收缩值，反馈到钢结构制作单位，作为加工的参考。要注意焊缝收缩值随周围已安装柱、梁的约束程度的不同而变化。

焊接的设备选用、工艺要求以及焊缝质量检验等按现行施工验收规范执行。

2. 高强度螺栓连接

钢结构高强度螺栓连接，一般是指摩擦连接（见图6-16）。它借助螺栓紧固产生的强大轴力夹紧连接板，靠板与板接触面之间产生的抗剪摩擦力传递同螺栓轴线方向相垂直的应力。因此，螺栓只受拉不受剪。施工简便而迅速，易于掌握，可拆换，受力好，耐疲劳，较安全，已成为取代铆接和部分焊接的一种主要的现场连接手段。

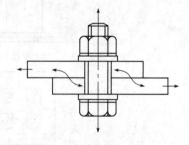

图6-16　高强度螺栓摩擦连接

国家标准（GB/T 1228～GB/T 1231—2006 和 GB/T 3632—2008）规定，大六角头高强度螺栓的性能等级分为 8.8S 级和10.9S 级，前者用45 号钢或35 号钢制作，后者用 20MnTiB、ML20MnTiB 或 35VB 钢制作。扭剪型螺栓只有 10.9 级，用 20MnTiB 钢制作。我国高强度螺栓性能等级的表示方法是，小数点前的"8"或"10"表示螺栓经热处理后的最低抗拉强度属于 800N/mm^2（实际为 830N/mm^2）或 1 000N/mm^2（实际为 1 010N/mm^2）这一级；小数点后的"8"或"9"表示螺栓经热处理后的屈强比，即屈服强度与抗拉强度的比值。

高强度螺栓的类型，除了大六角头普通型外，广泛采用的是扭剪型高强度螺栓（见图 6-17）。扭剪型高强度螺栓是在普通大六角头高强度螺栓的基础上发展起来的。区别仅是外形和施工方法不同，其力学性能和紧固后的连接性能完全相同。

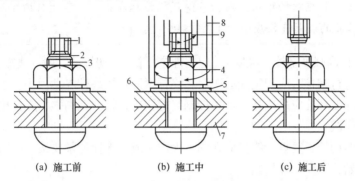

(a) 施工前　　　　　(b) 施工中　　　　　(c) 施工后

图 6-17　扭剪型高强度螺栓及其施工

1—十二角梅花形卡头；2—扭断沟槽；3—高强度螺栓；4—螺母；5—垫圈；

6—被连接钢板 1；7—被连接钢板 2；8—紧固扳手外套筒；9—内套筒

扭剪型螺栓的螺头与铆钉头相似，螺尾多了一个梅花形卡头和一个能够控制紧固扭矩的环形切口。在螺栓组成上，它较普通高强度螺栓少一个垫圈，因为在螺头一边把垫圈与螺头的功能结合成一体。在施工方法上，只是紧固扭矩的控制方法不同。普通高强螺栓施加于螺母上的紧固扭矩靠扭矩扳手控制，而扭剪型高强度螺栓施加于螺母上的紧固扭矩，则是由螺栓本身环形切口的扭断力矩来控制的，即所谓自标量型螺栓。

扭剪型高强度螺栓的紧固是用一种特殊的电动扳手（TC 扳手）进行的。扳手有内外两个套筒。紧固时，内套筒套在梅花卡头上，外套筒套在螺母上，紧固过程中产生的反力矩通过内套筒由梅花卡头承受。扳手内外套筒间形成大小相等、方向相反的一对力偶。螺栓切口部分承受纯扭转。当施加于螺母上的扭矩增加到切口扭断力矩时，切口扭断，紧固完毕高强度螺栓连接的运输、装卸、保管过程中，要防止损坏螺纹，并应按包装箱上注明的批号、规格分类保管，在安装使用前严禁任意开箱。

高强度螺栓施工包括摩擦面处理、螺栓穿孔、螺栓紧固等工序。

（1）摩擦面处理。对高强度螺栓连接的摩擦面一般在钢构件制作时进行处理，处理方法是采用喷砂、酸洗后涂无机富锌漆或贴塑料纸加以保护。但是由于运输或长时间暴露在外安装前应进行检查，如摩擦面有锈蚀、污物、油污、油漆等，需加以清除处理，使之达到要求。常用的处理工具有铲刀、钢丝刷、砂轮机、除漆剂等，可结合实际情况选用。施工中应十分重视对摩擦面的处理，摩擦面将直接影响节点的传力性能。

（2）螺栓穿孔。安装高强度螺栓时用尖头撬棒及冲钉对正上下或前后连接板的螺孔，将螺栓自由穿入。安装临时螺栓可用普通标准螺栓或冲钉，高强度螺栓不宜作为临时安装螺栓使用。临时螺栓穿入数量应由计算确定，并应符合下述规定。

① 不得少于安装孔总数的 1/3。

② 至少应穿两个临时螺栓。

③ 如穿入部分冲钉，则其数量不得多于临时螺栓的 30%。

（3）螺栓紧固。高强度螺栓一经安装，应立即进行初拧，初拧值一般取终拧值的 60%～80%，在一个螺栓群中进行初拧时应规定先后顺序。终拧紧固采用终拧电动扳手。根据操作要求，大六角头普通型高强度螺栓应采用扭矩扳手控制终拧扭矩；扭剪型高强度螺栓尾端螺杆的梅花卡头扭断，终拧即完成。

高强度螺栓的初拧、复拧、终拧应在同一天内完成。螺栓拧紧要按一定顺序进行，一般应由螺栓群中央开始，顺序向外拧紧。

（4）螺栓紧固后的检查。观察高强度螺栓末端梅花卡头是否扭下，连接板接触面之间是否有空隙，螺纹是否穿过螺母露出 3 扣螺纹，垫圈是否安装在螺母一侧，用测力扳手紧固的螺栓是否有标记，然后再在此基础上进行抽查。

四、钢结构的连接节点

连接节点是钢结构中极其重要的结构部位，它把梁、柱等构件连接成整体结构系统，使其获得空间刚度和稳定性，并通过它把一切荷载传递给基础。连接节点本身应有足够的强度、延性和可靠性，应能按照设计要求工作，制作和安装应当简单。

连接节点按其传力情况分为铰接、刚接和介于两者之间的半刚接。设计中主要采用前两者，半刚接采用较少。在实际工程中，真正的铰接和刚接是不容易做到的，只能是接近于铰接或刚接。按连接的构件分，主要有钢柱柱脚与基础的连接、柱—柱连接、柱—梁连接、柱梁—支撑连接、梁—梁连接（梁与梁对接和主梁与次梁连接）、梁—混凝土筒连接等。

1. 钢柱柱脚与基础的连接

对于不传递弯矩的铰接柱，柱脚与基础的连接是用轻型地脚螺栓。如果柱子要传递轴力和弯矩给基础，则需有可靠的锚固措施，此时地脚螺栓则需用角钢、槽钢等锚固（见图 6-18）。

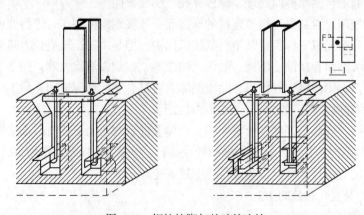

图 6-18　钢柱柱脚与基础的连接

2. 柱—柱连接

（1）平板临时固定焊接连接。当柱—柱连接为焊接连接时，需预先在柱端焊上安装耳板（见图 6-19），用作撤去吊钩后的临时固定。耳板用普通钢板做成，厚度应不小于 10mm。节点焊缝焊到其 1/3 厚度时，用火焰把耳板割掉。对于 H 型钢柱，耳板应焊在翼缘两侧的边缘上，这样既有利于提高临时固定的稳定性，又有利于施焊。

（2）螺栓连接。在高层钢结构中，柱子通常从下到上是贯通的。柱—柱连接即把预制柱段（2～4 个楼层高度）在现场垂直地对接起来，可采取螺栓连接（见图 6-20），也可采用焊接连接。

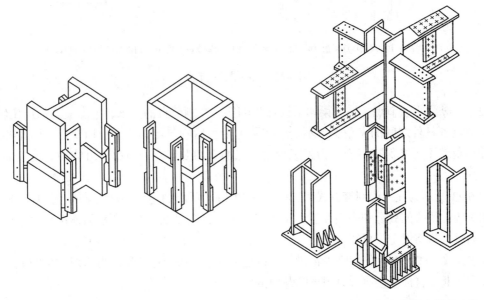

图 6-19　柱段用耳板临时固定焊接连接　　　　图 6-20　采用 H 型钢柱的全螺栓连接

（3）十字形柱与箱形柱的焊接连接。柱的焊接连接如图 6-21 所示。

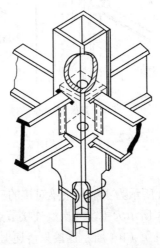

图 6-21　十字形柱与箱形柱的焊接连接

3. 柱—梁连接

（1）柱—梁铰接节点。柱与梁如果设计为铰接，一般只是将梁的腹板与柱子相连，或者将梁置于柱子的牛腿上（见图 6-22）。这些连接只能传递剪力，不能传递弯矩。

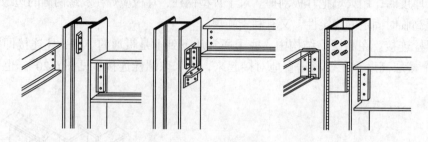

(a) 用焊在柱上的扁钢作连接板　(b) 用一对垂直角钢及角钢支座连接　(c) 用焊在梁上的对接板连接

图 6-22　柱—梁铰接节点

（2）柱—梁刚接节点。柱与梁如果设计为刚接，按刚节点的要求，节点受力后产生转动，但要求节点各杆件之间的夹角保持不变。实际上受力后刚节点必然有剪切变形，因此各杆件之间的夹角就不可能保持不变。为了减少刚节点的剪切变形，一般都尽可能加大连接部分的截面尺寸。

图 6-23 所示为柱—梁刚接方式。其中图 6-23（a）所示的连接，是把梁同预先焊在柱上的梁头相对接，梁头的翼缘和腹板在工厂预先焊在柱上；图 6-23（b）所示的连接，是通过焊在梁端部的对接板将梁上的弯矩传给柱子，对接板利用高强度螺栓与柱子连接；图 6-23（c）所示为焊接连接，安装时，先用螺栓将梁与焊在柱上的连接板连接，然后再施焊，梁的上、下翼缘全焊到柱上，这种连接通常只用于厚壁型钢柱。

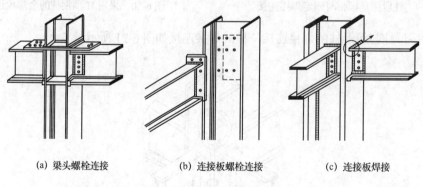

(a) 梁头螺栓连接　　　　　(b) 连接板螺栓连接　　　　　(c) 连接板焊接

图 6-23　柱—梁刚接方式

4. 梁—梁连接

（1）主梁与主梁对接。图 6-24 所示为主梁与主梁对接的三种节点形式。

（2）主梁与次梁连接。图 6-25 所示为主梁与次梁连接节点形式。图 6-26 所示为主梁与次梁连接的立体视图，其中图 6-26（a）、（b）所示连接只传递剪力，图 6-26（c）、（d）所示的连接不仅传递剪力还同时传递弯矩。

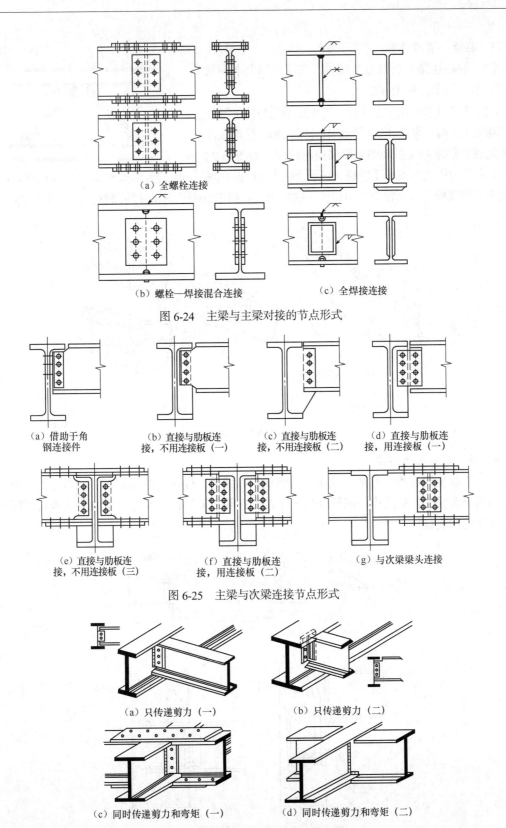

（a）全螺栓连接

（b）螺栓—焊接混合连接　　　（c）全焊接连接

图 6-24　主梁与主梁对接的节点形式

（a）借助于角
钢连接件

（b）直接与肋板连
接，不用连接板（一）

（c）直接与肋板连
接，不用连接板（二）

（d）直接与肋板连
接，用连接板（一）

（e）直接与肋板连
接，不用连接板（三）

（f）直接与肋板连
接，用连接板（二）

（g）与次梁梁头连接

图 6-25　主梁与次梁连接节点形式

（a）只传递剪力（一）　　　　　　（b）只传递剪力（二）

（c）同时传递剪力和弯矩（一）　　（d）同时传递剪力和弯矩（二）

图 6-26　主梁与次梁连接的立体视图

5. 柱梁—支撑连接

（1）偏心连接。当偏心连接时，支撑只与上下钢梁连接，节点简单（见图6-27）。

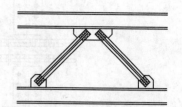

图6-27 人字形偏心支撑（H型钢）连接

（2）中心连接。当中心连接（即支撑轴线与柱梁轴线交点相交汇）时，则需在工厂把钢柱、梁头和支撑连接件预先组拼并焊接好，拼装中应严格控制精度，如图6-28所示。在受力中支撑不承受弯矩，只承受轴力，因此现场拼装多采用螺栓连接而较少采用焊接。这样做，有利于结构几何尺寸的调整，施工也较方便。

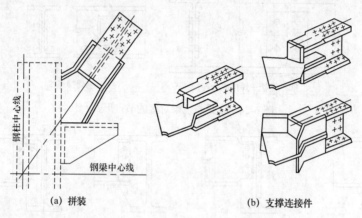

(a) 拼装　　　　　　　　(b) 支撑连接件

图6-28 中心支撑拼装及支撑连接件

6. 梁—混凝土筒连接

梁—混凝土筒连接，通常为铰接。预埋钢板可借助于栓钉、弯钩钢筋、钢筋环、角钢等，埋设锚固于混凝土筒壁之中，钢板应与筒壁表面齐平，如图6-29所示。常采用的栓钉锚固件可用作受弯受剪连接件。

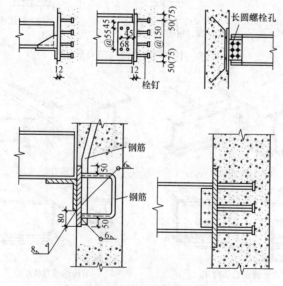

图6-29 几种预埋钢板的锚固方法

　　在筒壁混凝土浇筑过程中，预埋钢板在三个方向上都会产生位移，误差较大。因此，除了在设计上充分考虑施工因素外，施工时应在模板技术、混凝土浇捣技术方面高度重视。

五、钢结构构件的安装工艺

1. 钢柱安装

　　第一节钢柱是安装在柱基临时标高支撑块上的，钢柱安装前应将登高扶梯和挂篮等临时固定好。钢柱起吊后对准中心轴线就位，固定地脚螺栓，校正垂直度。其他各节钢柱都安装在下节钢柱的柱顶（采用对接焊），钢柱两侧装有临时固定用的连接板，上节钢柱对准下节钢柱柱顶中心线后，即用螺栓固定连接板作临时固定。

　　钢柱起吊有两种方法（见图6-30）：一种是双机抬吊法，特点是用两台起重机悬高起吊柱根部不能着地摩擦；另一种是单机吊装法，特点是钢柱根部必须垫以垫木，以回转法起吊，严禁柱根拖地。钢柱就位后，先对钢柱的垂直度、轴线、牛腿面标高进行初校，然后安装临时固定螺栓，再拆除吊索。

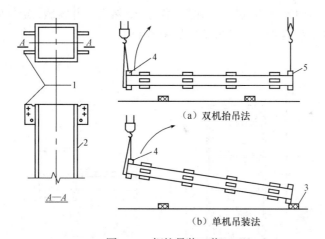

（a）双机抬吊法

（b）单机吊装法

图6-30　钢柱吊装工艺

1—钢柱吊耳（接柱连接板）；2—钢柱；3—垫木；4—上吊点；5—下吊点

2. 框架钢梁安装

　　钢梁在吊装前，应于柱子牛腿处检查标高和柱子间距。主梁吊装前，应在梁上装好扶手杆和扶手绳，待主梁吊装就位后，将扶手绳与钢柱系牢，以保证施工人员的安全。

　　钢梁采用两点起吊，一般在钢梁上翼缘处开孔，作为吊点。吊点位置取决于钢梁的跨度。为加快吊装进度，对质量较小的次梁和其他小梁，常利用多头吊索一次吊装数根。

　　水平桁架的安装基本同框架梁，但吊点位置选择应根据桁架的形状而定，需保证起吊后平直，便于安装连接。安装连接螺栓时严禁在情况不明的情况下任意扩孔，连接板必须平整。

3. 墙板安装

　　装配式剪力墙板安装在钢柱和楼层框架梁之间，剪力墙板有钢制墙板和钢筋混凝土墙板两种，有两种安装方法：

（1）先安装好框架，然后再装墙板。进行墙板安装时，选用索具吊到就位部位附近临时搁置，然后调换索具，在分离器两侧同时下放对称索具绑扎墙板，再起吊安装到位。此法安装效率不高，临时搁置需采取一定的措施（见图6-31）。

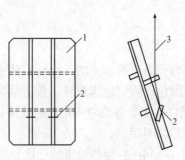

图 6-31　剪力墙板吊装方法之一

1—墙板；2—吊点；3—吊索

（2）先将上部框架梁组合，然后再安装。剪力墙板的四周与钢柱和框架梁用螺栓连接再用焊接固定，安装前在地面先将墙板与上部框架梁组合，然后一并安装，定位后再连接其他部位。组合安装效率高，是个较合理的安装方法（见图6-32）。

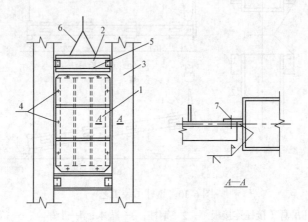

图 6-32　剪力墙板吊装方法之二

1—墙板；2—框架梁；3—钢柱；4—安装螺栓；5—框架梁与墙板连接处（在地面先组合成一体）；

6—吊索；7—墙板安装时与钢柱连接部位

剪力支撑安装部位与剪力墙板吻合，安装时也应采用剪力墙板的安装方法，尽量组合后再进行安装。

4．钢扶梯安装

钢扶梯一般以平台部分为界限分段制作，构件是空间体，与框架同时进行安装，然后再进行位置和标高的调整。在安装施工中常作为操作人员在楼层之间的工作通道，安装工艺简便，但定位固定较复杂。

六、高层钢框架的校正

1. 框架校正的基本原理

（1）校正流程。框架整体校正是在主要流水区安装完成后进行的。一节标准框架的校正流程如图 6-33 所示。

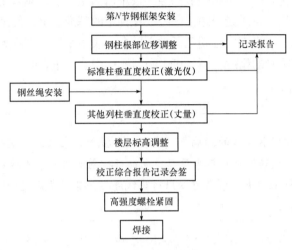

图 6-33　一节标准框架的校正流程

（2）校正时的允许偏差。目前只能针对具体工程，由设计单位参照有关规定提出校正的质量标准和允许偏差，供高层钢结构安装实施。

（3）标准柱和基准点选择。标准柱是能控制框架平面轮廓的少数柱子，用它来控制框架结构安装的质量。一般选择平面转角柱为标准柱。如正方形框架取 4 根转角柱；长方形框架当长边与短边之比大于 2 时取 6 根柱；多边形框架取转角柱为标准柱。

基准点的选择以标准柱的柱基中心线为依据，从 X 轴和 Y 轴分别引出距离为 l 的补偿线其交点作为标准柱的测量基准点。对基准点应加以保护，防止损坏，l 值大小由工程情况确定。

进行框架校正时，采用激光经纬仪以基准点为依据对框架标准柱进行垂直度观测，对钢柱顶部进行垂直度校正，使其在允许范围内。

框架其他柱子的校正不用激光经纬仪，通常采用丈量测定法。具体做法是以标准柱为依据，用钢丝组成平面封闭状方格，用钢尺丈量距离，超过允许偏差者需调整偏差，在允许范围内者只记录不调整。框架校正完毕要调整数据列表，进行中间验收鉴定，然后才能开始高强度螺栓紧固工作。

2. 高层钢框架结构的校正方法

（1）轴线位移校正。任何一节框架钢柱的校正，均以下节钢柱顶部的实际柱中心线为准。安装钢柱的底部对准下节钢柱的中心线即可。控制柱节点时需注意四周外形，尽量平整以利焊接。实测位移，按有关规定作记录。校正位移时应特别注意钢柱的扭矩。钢柱扭转对框架安装极为不利，应引起重视。

（2）柱子标高调整。每安装一节钢柱后，应对柱顶作一次标高实测，根据实测标高的偏差值来确定调整与否（以设计±0.000 为统一基准标高）。标高偏差值不大于 6mm 时，只记录不调整，超过 6 mm 需进行调整。调整标高时用低碳钢板垫到规定要求。钢柱标高调整应注意下列事项：

偏差过大（＞2mm）不宜一次调整，可先调整一部分，待下一步再调整。因为一次调整过大，会影响支撑的安装和钢梁表面的标高；中间框架柱的标高宜稍高些，通过实际工程的观察证明，中间列柱的标高一般均低于边柱标高，这主要是因为钢框架安装工期长，结构自重不断增大，中间列柱承受的结构荷载较大，因此中间列柱的基础沉降值也大。

（3）垂直度校正。垂直度校正用一般的经纬仪难以满足要求，应采用激光经纬仪来测定标准柱的垂直度。测定方法是将激光经纬仪中心放在预定的基准点上，使激光经纬仪光束射到预先固定在钢柱上的靶标上，光束中心同靶标中心重合，表明钢柱垂直度无偏差。激光经纬仪须经常检验，以保证仪器本身的精度。当光束中心与靶标中心不重合时，表明有偏差。偏差超过允许值时应校正钢柱。

小技巧

测量时，为了减少仪器误差的影响，可采用 4 点投射光束法来测定钢柱的垂直度。就是在激光经纬仪定位后，旋转经纬仪水平度盘，向靶标投射四次光束（按 0°、90°、180°、270° 的位置），将靶标上四次光束的中心用对角线连接，其对角线交点即为正确位置。以此为准检验钢柱是否垂直，决定钢柱是否需要校正。

（4）框架梁平面标高校正。用水平仪、标尺实测框架梁两端标高误差情况。超过规定时应做校正，方法是扩大端部安装连接孔。

262

学习案例

该工程为化工厂钢结构储罐外壁防腐工程，位于某地区。此防腐工程要求对钢结构储罐设备进行外壁防腐，主要是化工大气腐蚀和在-20℃左右的储罐外壁进行防腐。要求防腐年限为 5～8 年。一年内表面不变色。

想一想：

1. 简述重防腐涂料选型及施工工艺流程。

2. 对于本工程来说工程质量保证和控制标准有什么？

案例分析：

1. 涂料选型及施工工艺流程

涂料选型根据腐蚀介质的防腐要求，建议选用二底二面的施工方式。

① 底漆选用 XHDAC301 型，其特点是：①稳锈能力好；②涂层性能优；③使用方便，常温固化。

② 面漆选用 XHDAC305 型，其特点是：①互穿网状耐磨涂层；②防腐性能优；③施工方便，单组份。

施工工艺流程：

① 搭建脚手架。

② 基材处理：采用手工或动力工具除锈，则应达到 St2 级以上。

③ 底漆的涂装：将 XHDAC301 型按说明书配制好，充分搅拌均匀，采用无气喷涂（或有气

喷涂或刷涂）形式在整个基材表面均匀地涂装两遍，该产品双组份包装，涂料：固化剂=10∶1。

④ 面漆的涂装：将 XHDAC305 型按说明书配制好，充分搅拌均匀，采用无气喷涂（或有气喷涂或刷涂）形式在整个基材表面均匀地涂装两遍，该产品单组份包装。

2．工程质量保证和控制标准

（1）质量方针忠实合同、精心施工、顾客满意。

（2）质量目标工程合格率达 100%，优良率达 90%。

（3）质量控制措施

① 严格按《质量计划》执行各项操作每一道工序完成后都要做质量检查，并请业主代表确认；

② 每道施工结束都要进行填补、刮平、打磨、清理工作，保证涂层外观平整、无针孔、气泡、漏涂等涂装病态，并且无明显的纹路和阴影。

知识拓展

安全施工措施

钢结构高层和超高层建筑施工，安全问题十分突出，应该采取有力措施以保证安全施工。

（1）在柱、梁安装后而未设置压型钢板的楼板，为便于人员行走和施工方便，需在钢梁上铺设适当数量的走道板。

（2）在钢结构吊装期间，为防止人员、物料和工具坠落或飞出造成安全事故，需铺设安全网。安全网分平网和竖网（见图 6-34）。

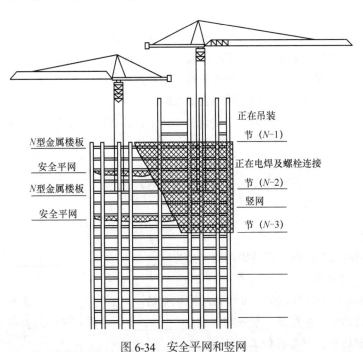

图 6-34　安全平网和竖网

① 安全平网设置在梁面以上 2m 处，当楼层高度小于 4.5m 时，安全平网可隔层设置安全平网要在建筑平面范围内满铺。

② 安全竖网铺设在建筑物外围，防止人、物飞出造成安全事故。竖网铺设的高度一般为两节柱的高度。

（3）为便于接柱施工，并保证操作工人的安全，在接柱处要设操作平台，平台固定在下节柱的顶部。

（4）钢结构施工需要许多设备，如电焊机、空气压缩机、氧气瓶、乙炔瓶等，这些设备需随着结构安装而逐渐升高。为此，需在刚安装的钢梁上设置存放施工设备用的平台。固定平台钢梁的临时螺栓数要根据施工荷载计算确定，不能只投入少量的临时螺栓。

（5）为便于施工登高，吊装钢柱前要先将登高钢梯固定在钢柱上。为便于对柱梁节点进行紧固高强度螺栓和焊接，需在柱梁节点下方安装吊篮脚手架。

（6）施工用的电动机械和设备均需接地，绝对不允许使用破损的电线和电缆，严防设备漏电。施工用电器设备和机械的电缆，需集中在一起，并随楼层的施工而逐节升高。每层楼面须分别设置配电箱，供每层楼面施工用电需要。

（7）高空施工时，当风速达 10m/s 时，有些吊装工作要停止；当风速达到 15m/s 时，一般应停止所有的施工工作。

（8）施工期间应该注意防火，配备必要的灭火设备和消防人员。

学习情境小结

钢结构高层建筑施工从施工部署上看，仍然是一种预制装配施工体系，但由于材料不同，也就有其独有的特点，如构件和安装施工的精度要求比混凝土结构高，节点连接的方式多采用焊接和高强螺栓连接，楼面一般采用压型钢板现浇叠合楼板，墙面则采用轻质墙，并且，钢结构的防火和防腐是必须高度重视的施工项目。本学习情境主要从钢结构的加工制作、安装、防火与防腐三方面进行阐述，通过本章的学习，要能编制高层建筑施工方案，具有组织高层钢结构施工的能力。

学习检测

一、填空题

1. 按结构材料及其组合，高层钢结构可分为_____、_____、_____和_____四大类。

2. 高层钢结构的梁的用钢量约占结构总用钢量的_____，其中主梁占_____。

3. 高层钢结构加工中样板一般采用厚度_____的薄钢板或薄塑料板制成。

4. 钢结构制作中，常用的加工方法有_____、_____、_____、_____等，施工时也可根据不同的技术要求合理选用。

二、选择题

1. 高层钢结构钢柱的主要截面形式有箱形断面、H形断面和十字形断面，一般都是焊接截面, ( ) 用得不多。

  A. 热轧方钢管   B. 离心圆钢管   C. 热轧型钢   D. 焊接工字截面

  2. 对不需要展开的平面形零件的号料样板, 当不需要保存实样图时, 可采用 ( ) 制作样板。

  A. 画样法   B. 移出法   C. 过样法   D. 覆盖过样法

  3. 为提高钻孔效率, 可将数块钢板重叠起来一齐钻孔, 但一般重叠板厚度不应超过 ( ) 重叠板边必须用夹具夹紧或定位焊固定。

  A. 30mm   B. 40mm   C. 50mm   D. 60mm

  4. 现场焊接方法一般有用手工焊接和半自动焊接两种。焊接母材厚度不大于 ( ) 时采用手工焊, 否则应采用半自动焊。

  A. 30mm   B. 35mm   C. 40mm   D. 45mm

  5. 用 ( ) 的方法对钢结构进行防腐, 是用得最多的一种防腐方法。

  A. 镀锌   B. 涂油漆

  C. 现浇一定厚度的混凝土覆面层   D. 喷涂水泥砂浆层

三、简答题

1. 常见的钢结构有哪些种类? 各自的定义是什么?

2. 试述钢材的品种及其性能。

3. 什么是连接节点? 按连接构件的不同可分为哪几类?

4. 试述钢结构构件的连接方式。

5. 试述高层钢框架结构的校正方法。

学习情境七
高层建筑防水工程施工

♻ 情境导入

某住宅顶层雨天时，屋顶位于水落口周边渗漏，并沿着预制板缝扩散，导致内装饰层脱落。登上屋面检查，发现卷材防水层开裂。

✦ 案例导航

本案的关键是屋面防水工程施工。

目前，常采用的屋面防水形式多为合成高分子卷材防水、聚氨酯涂抹防水组成的符合防水构造以及刚性防水屋面几种。本案例中涉及的是卷材屋面防水。

要了解屋面防水施工，需要掌握下列相关知识。

1. 地下室防水工程施工。
2. 屋面及特殊部位防水施工。
3. 外墙及厕浴间防水施工。

学习单元一　地下室防水工程施工

📋 知识目标

1. 了解地下卷材防水层施工材料及施工要求。
2. 熟悉混凝土结构自防水施工方法。
3. 掌握刚性防水附加层和涂抹防水施工的施工工艺。
4. 掌握架空地板及离壁衬套墙内排水施工。

技能目标

通过对本单元学习能够了解各种材质防水施工方法，掌握地下室工程防水施工的能力。

 基础知识

一、地下卷材防水层施工

1. 材料

在高层建筑的地下室及人防工程中，采用合成高分子卷材作全外包防水，能较好地适应钢筋混凝土结构沉降、开裂、变形的要求，并具有抵抗地下水化学侵蚀的能力。

小 提 示

防水卷材的品种规格和层数，应根据地下工程防水等级、地下水位高低及水压力作用状况、结构构造形式和施工工艺等因素确定。卷材防水层的卷材品种可按表7-1选用。卷材防水层的厚度应符合表7-2所示的规定。

表7-1　　　　　　　　　　卷材防水层的卷材品种

类别	品种名称
高聚物改性沥青类防水卷材	弹性体改性沥青防水卷材
	改性沥青聚乙烯胎防水卷材
	自粘聚合物改性沥青防水卷材
合成高分子类防水卷材	三元乙丙橡胶防水卷材
	聚氯乙烯防水卷材
	聚乙烯丙纶复合防水卷材
	高分子自粘胶膜防水卷材

表7-2　　　　　　　　　　不同品种卷材的厚度要求

卷材品种	高聚物改性沥青类防水卷材			合成高分子类防水卷材			
	弹性体改性沥青防水卷材、改性沥青聚乙烯胎防水卷材	自粘聚合物改性沥青防水卷材		三元乙丙橡胶防水卷材	聚氯乙烯防水卷材	聚乙烯丙纶复合防水卷材	高分子自粘胶膜防水卷材
		聚酯毡胎体	无胎体				
单层厚度/mm	≥4	≥3	≥1.5	≥1.5	≥1.5	卷材：≥0.9 黏结料：≥1.3 芯材厚度≥0.6	≥1.2
双层总度/mm	≥（4+3）	≥（3+3）	≥（1.5+1.5）	≥（1.2+1.2）	≥（1.2+1.2）	卷材：≥（0.7+0.7） 黏结料：≥（1.3+1.3） 芯材度≥0.5	—

2. 施工工艺

（1）高层建筑采用箱形基础时，地下室一般多采用整体全外包防水做法。

① 外贴法。外贴法是将立面卷材防水层直接粘贴在需要防水的钢筋混凝土结构外表面上。采用外防外贴法铺贴卷材防水层时，应符合下列规定。

- 应先铺平面，后铺立面，交接处应交叉搭接。

- 临时性保护墙宜采用石灰砂浆砌筑，内表面宜做找平层。

- 从底面折向立面的卷材与永久性保护墙的接触部位，应采用空铺法施工；卷材与临时性保护墙或围护结构模板的接触部位，应将卷材临时贴附在该墙上或模板上，并应将顶端临时固定。

- 当不设保护墙时，从底面折向立面的卷材接槎部位应采取可靠的保护措施。

- 混凝土结构完成，铺贴立面卷材时，应先将接槎部位的各层卷材揭开，并将其表面清理干净，如卷材有局部损伤，应及时进行修补；卷材接槎的搭接长度，高聚物改性沥青类卷材应为 150mm，合成高分子类卷材应为 100mm；当使用两层卷材时，卷材应错槎接缝，上层卷材应盖过下层卷材。

卷材防水层甩槎、接槎构造如图 7-1 所示。

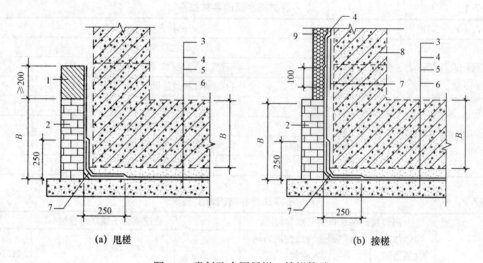

(a) 甩槎　　　(b) 接槎

图 7-1　卷材防水层甩槎、接槎构造

1—临时保护墙；2—永久保护墙；3—细石混凝土保护层；4—卷材防水层；
5—水泥砂浆找平层；6—混凝土垫层；7—卷材加强层；8—结构墙体；9—卷材保护层

② 内贴法（见图 7-2）。内贴法是在施工条件受到限制，外贴法施工难以实施时，不得不采用的一种防水施工法，它的防水效果不如外贴法。其做法是先做好混凝土垫层及找平层在垫层混凝土边沿上砌筑永久性保护墙，并在平、立面上同时抹砂浆找平层后，刷基层处理剂，完成卷材防水层粘贴，然后在立面防水层上抹一层 15～20mm 厚的 1∶3 水泥砂浆平面铺设一层 30～50mm 厚的 1∶3 水泥砂浆或细石混凝土，作为防水卷材的保护层。最后进行地下室底板和墙体钢筋混凝土结构的施工。

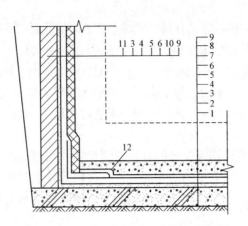

图 7-2　地下室工程内贴法卷材防水构造

1—素土夯实；2—素混凝土垫层；3—水泥砂浆找平层；4—基层处理剂；5—基层胶黏剂；

6—卷材防水层；7—沥青油毡保护隔离层；8—细石混凝土保护层；9—地下室钢筋混凝土结构；

10—5mm 厚聚乙烯泡沫塑料保护层；11—永久性保护墙；12—填嵌密封膏

（2）卷材铺贴要求。地下防水层及结构施工时，地下水位要设法降至底部最低标高下300mm，并防止地面水流入，否则应设法排除。卷材防水层施工时，气温不宜低于 5℃最好在10℃～25℃时进行。铺贴各类防水卷材应符合下列规定。

① 应铺设卷材加强层。

② 结构底板垫层混凝土部位的卷材可采用空铺法或点粘法施工，其黏结位置、点粘面积应按设计要求确定；侧墙采用外防外贴法的卷材及顶板部位的卷材应采用满粘法施工。

③ 卷材与基面、卷材与卷材间的黏结应紧密、牢固；铺贴完成的卷材应平整顺直，搭接尺寸应准确，不得产生扭曲和皱折。

④ 卷材搭接处和接头部位应粘贴牢固，接缝口应封严或采用材性相容的密封材料封缝。

⑤ 铺贴立面卷材防水层时，应采取防止卷材下滑的措施。

⑥ 铺贴双层卷材时，上下两层和相邻两幅卷材的接缝应错开 1/3～1/2 幅宽，且两层卷材不得相互垂直铺贴。

3. 质量要求

（1）所选用的合成高分子防水卷材的各项技术性能指标，应符合标准规定或设计要求，并应有现场取样进行复核验证的质量检测报告或其他有关材料的质量证明文件。

（2）卷材的搭接缝宽度和附加补强胶条的宽度，均应符合设计要求。一般搭接缝宽度不宜小于 100mm，附加补强胶条的宽度不宜小于 120mm。

（3）卷材的搭接缝以及与附加补强胶条的黏结必须牢固，封闭严密，不允许有皱折、孔洞、翘边、脱层、滑移或存在渗漏水隐患的其他外观缺陷。

（4）卷材与穿墙管之间应黏结牢固，卷材的末端收头部位必须封闭严密。

二、混凝土结构自防水施工

混凝土结构自防水是以工程结构本身的密实性和抗裂性来实现防水功能的一种防水做法，

它使结构承重和防水合为一体。它具有材料来源丰富、造价低廉、工序简单、施工方便等特点。防水混凝土是以自身壁厚及其憎水性和密实性来达到防水目的的。

防水混凝土一般分为普通防水混凝土、集料级配防水混凝土、外加剂（密实剂、防水剂等）防水混凝土和特种水泥（大坝水泥、防水水泥、膨胀水泥等）防水混凝土。不同类型的防水混凝土具有不同的特点，应根据工程特征及使用要求进行选择。

1. 外加剂防水混凝土

外加剂防水混凝土是依靠掺入少量的有机或无机物外加剂来改善混凝土的和易性，提高密实性和抗渗性，以适应工程需要的防水混凝土。按所掺外加剂种类的不同，外加剂防水混凝土可分为减水剂防水混凝土、氯化铁防水混凝土、加气剂防水混凝土、三乙醇胺防水混凝土等。

（1）减水剂防水混凝土。减水剂对水泥具有强烈的分散作用，它借助于极性吸附作用，大大降低了水泥颗粒间的吸引力，有效地阻碍和破坏了颗粒间的凝聚作用，并释放出凝聚体中的水，从而提高了混凝土的和易性。在满足施工和易性的条件下就可大大降低拌和用水量，使硬化后孔结构的分布情况得以改变，孔径及总孔隙率均显著减小，毛细孔更加细小、分散和均匀，混凝土的密实性、抗渗性得到提高。在大体积防水混凝土中，减水剂可使水泥水化热峰值推迟出现，这就减少或避免了在混凝土取得一定强度前因温度应力而开裂，从而提高了混凝土的防水效果。

小技巧

减水剂防水混凝土配制的技术要求

① 应根据工程要求、施工工艺和温度及混凝土原材料组成、特性等，正确选用减水剂品种。对所选用的减水剂，必须经过试验，求得减水剂适宜掺量。

② 根据工程需要调节水灰比。当工程需要混凝土坍落度为 80～100mm 时，可不减少或稍减少拌和用水量；当要求坍落度为 30～50mm 时，可大大减少拌和用水量。

③ 由于减水剂能增大混凝土的流动性，故掺有减水剂的防水混凝土，其最大施工坍落度可不受 50mm 的限制，但也不宜过大，以 50～100mm 为宜。

④ 混凝土拌合物泌水率大小对硬化后混凝土的抗渗性有很大影响。由于加入不同品种减水剂后，均能获得降低泌水率的良好效果，一般有引气作用的减水剂（如 MF、木钙）效果更为显著，故可采用矿渣水泥配制防水混凝土。

（2）氯化铁防水混凝土。氯化铁防水混凝土是在混凝土拌合物中加入少量氯化铁防水剂拌制而成的，具有高抗渗性和密实度的混凝土。氯化铁防水混凝土依靠化学反应的产物氢氧化铁等胶体的密实填充作用，新生的氯化钙对水泥熟料矿物的激化作用，将易溶性物质转化为难溶性物质，再加上降低析水性等作用而增强混凝土的密实性和提高其抗渗性的。

① 氯化铁防水剂的准备。目前制备氯化铁防水剂常用的含铁原料为轧钢时脱落下来的氧化铁皮。其制备方法是：先将一份质量的氧化铁皮投入耐酸容器（常用陶瓷缸）中，然后注入两份质量的盐酸，用压缩空气或机械等方法不断搅拌，使其充分反应，反应进行 2h 左右，向溶液中加入 0.2 份质量的氧化铁皮，继续反应 4～5h 后，逐渐变成深棕色浓稠的酱油状氯化铁溶液。

静置 3～4h，吸出上部清液，再向清液中加入相当于清液质量 5%的硫酸铝，经搅拌至完全溶解，并使其相对密度达到 1.4 以上，即成为氯化铁防水剂。

② 氯化铁防水混凝土配制注意事项。

● 氯化铁防水剂的掺量以水泥质量的 3%为宜，掺量过多对钢筋锈蚀及混凝土收缩有不良影响；如果采用氯化铁砂浆抹面，掺量可增至 3%～5%。

● 氯化铁防水剂必须符合质量标准，不得使用市场上出售的化学试剂氯化铁。

● 配料要准确。配制防水混凝土时，首先称取需用量的防水剂，并用 80%以上的拌和水稀释，搅拌均匀后，再将该水溶液拌和砂浆或混凝土，最后加入剩余的水。严禁将防水剂直接倒入水泥砂浆或混凝土拌合物中，也不能在防水基层面上涂刷纯防水剂。

当采用机械搅拌时，必须先注入水泥及粗细集料，而后再注入氯化铁水溶液，以免搅拌机遭受腐蚀。搅拌时间应多于 2min。

③ 氯化铁防水混凝土施工注意事项。

● 施工缝要用 10～15mm 厚防水砂浆胶结。防水砂浆的质量配合比为水泥：砂：氯化铁防水剂 1：0.5：0.03，水灰比为 0.55。

● 氯化铁防水混凝土必须认真进行养护。养护温度不宜过高或过低，以 25℃左右为宜。自然养护时，不得低于 10℃，浇筑 8h 后即用湿草袋等覆盖，24h 后浇水养护 14d。

（3）加气剂防水混凝土。加气剂防水混凝土是在混凝土拌合物中掺入微量加气剂配制而成的防水混凝土。

① 加气剂防水混凝土的主要特征。

● 加气剂防水混凝土中存在适宜的闭孔气泡组织，故可提高混凝土的抗渗性和耐久性。

● 加气剂防水混凝土抗渗性能较好，水不易渗入，从而提高了混凝土抗冻胀破坏能力。一般抗冻性最高可为普通混凝土的 3～4 倍。

● 加气剂防水混凝土的早期强度增长较慢，7d 后强度增长比较正常。但这种混凝土的抗压强度随含气量增加而降低，一般含气量增加 1%，28d 强度下降 3%～5%，但加气剂改善了混凝土的和易性，在保持和易性不变的情况下可减少拌和用水量，从而可补偿部分强度损失。

┌─ 小 提 示 ───┐

加气剂防水混凝土适用于抗渗、抗冻要求较高的防水混凝土工程，特别适用于恶劣的自然环境工程。目前常用的加气剂有松香酸钠和松香热聚物，此外还有烷基磺酸钠、烷基苯磺酸钠等，以前者采用较多。

└───┘

② 加气剂防水混凝土的配制。

（a）加气剂掺量。加气剂防水混凝土的质量与含气量密切相关。从改善混凝土内部结构提高抗渗性及保持应有的混凝土强度出发，加气剂防水混凝土含气量以 3%～6%为宜。此时，松香酸钠掺量为 0.1%～0.3%，松香热聚物掺量约为 0.1%。

（b）水灰比。控制水灰比在某一适宜范围内，混凝土可获得适宜的含气量和较高的抗渗性。实践证明，水灰比最大不得超过 0.65，以 0.5～0.6 为宜。

（c）砂子细度。砂子细度对气泡的生成有不同程度的影响，宜采用中砂或细砂，特别是采用细度模数在 2.6 左右的砂子效果较好。

③ 加气剂防水混凝土的施工注意事项。

（a）加气剂防水混凝土宜采用机械搅拌。搅拌时首先将砂、石、水泥倒入混凝土搅拌机加气剂应预先加入混凝土拌和水中搅拌均匀后，再加入搅拌机内。加气剂不得直接加入搅拌机，以免气泡集中而影响混凝土质量。

（b）搅拌过程中，应按规定检查拌合物的和易性（坍落度）与含气量，使其严格控制在规定的范围内。

（c）宜采用高频振动器振捣，以排除大气泡，保证混凝土的抗冻性。

（d）宜在常温条件下养护，冬期施工必须特别注意温度的影响。养护温度越高，对提高防水混凝土抗渗性越有利。

（4）三乙醇胺防水混凝土。三乙醇胺防水混凝土是在混凝土拌合物中随拌和水掺入适量的三乙醇胺而配制成的混凝土。

依靠三乙醇胺的催化作用，混凝土在早期生成较多的水化产物，部分游离水结合为结晶水，相应地减少了毛细管通路和孔隙，从而提高了混凝土的抗渗性，且具有早强作用。当三乙醇胺和氯化钠、亚硝酸钠等无机盐复合时，三乙醇胺不仅能促进水泥本身的水化，还能促进氯化钠、亚硝酸钠等无机盐与水泥的反应，所生成的氯铝酸盐等络合物，体积膨胀，能堵塞混凝土内部的孔隙，切断毛细管通路，增大混凝土的密实性。

三乙醇胺防水混凝土的配制：

① 当设计抗渗压力为 $0.8\sim1.2\,\text{N/mm}^2$ 时，水泥用量以 300kg/m^3 为宜。

② 砂率必须随水泥用量降低而相应提高，使混凝土有足够的砂浆量，以确保其抗渗性。当水泥用量为 $280\sim300\text{kg/m}^3$ 时，砂率以 40% 左右为宜。掺三乙醇胺早强防水剂后灰砂比可以小于普通防水混凝土 1：2.5 的限值。

③ 对石子级配无特殊要求，只要在一定水泥用量范围内并保证有足够的砂率，无论采用哪一种级配的石子，都可以使混凝土有良好的密实度和抗渗性。

④ 三乙醇胺早强防水剂对不同品种水泥的适应性较强，特别是能改善矿渣水泥的泌水性和黏滞性，明显地提高其抗渗性。因此，对要求低水化热的防水工程，使用矿渣水泥为好。

⑤ 三乙醇胺防水剂溶液随拌和水一起加入，比例约为 50kg 水泥加 2kg 防水剂溶液。

2. 补偿收缩防水混凝土

补偿收缩混凝土以膨胀水泥或在水泥中掺入膨胀剂，使混凝土产生适度膨胀，来补偿混凝土的收缩。

（1）主要特征。

① 具有较高的抗渗功能。补偿收缩混凝土是依靠膨胀水泥或水泥膨胀剂在水化反应过程中形成钙矾石为膨胀源，这种结晶是稳定的水化物，填充于毛细孔隙中，使大孔变小孔总孔隙率大大降低，从而增加了混凝土的密实性，提高了补偿收缩混凝土的抗渗能力，其抗渗能力比同强度等级的普通混凝土提高 2～3 倍。

② 能抑制混凝土裂缝的出现。补偿收缩混凝土在硬化初期产生体积膨胀，在约束条件下，它通过水泥石与钢筋的黏结，使钢筋张拉，被张拉的钢筋对混凝土本身产生压应力（称为化学预应力或自应力），可抵消由于混凝土干缩和徐变时产生的拉应力。也就是说补偿收缩混凝土的拉应变接近于零，从而达到补偿收缩和抗裂防渗的双重效果。因此，补偿收缩混凝土是结构自

防水技术的新发展。

③ 后期强度能稳定上升。由于补偿收缩混凝土的膨胀作用主要发生在混凝土硬化的早期，所以补偿收缩混凝土的后期强度能稳定上升。

具有膨胀特性的水泥及外掺剂主要有明矾石膨胀水泥、石膏矾土水泥及 UEA 微膨胀剂等。

（2）施工注意事项。

① 补偿收缩混凝土具有膨胀可逆性和良好的自密作用，必须特别注意加强早期潮湿养护。养护时间太晚，则可能因强度增长较快而抑制了膨胀。在一般常温条件下，补偿收缩混凝土浇筑后 8～12h 即应开始浇水养护，待模板拆除后则应大量浇水。养护时间一般不应小于 14d。

② 补偿收缩混凝土对温度比较敏感，一般不宜在低于 5℃或高于 35℃的条件下进行施工。

3. 防水混凝本土施工

① 施工要点。防水混凝土施工除严格按现行《混凝土结构工程施工质量验收规范（2011 年版）》（GB 50204—2002）的要求进行施工作业外，还应注意：

● 施工期间，应做好基坑的降、排水工作，使地下水位低于施工底面 30cm 以下，严防地下水或地表水流入基坑造成积水，影响混凝土的施工和正常硬化，导致防水混凝土强度及抗渗性能降低。在主体混凝土结构施工前，必须做好基础垫层混凝土，使其起到辅助防水的作用。

● 模板应表面平整，拼缝严密，吸水性小，结构坚固。浇筑混凝土前，应将模板内部清理干净。模板固定一般不宜采用螺栓拉杆或铁丝对穿，以免在混凝土内部造成引水通路当固定模板必须采用螺栓穿过防水混凝土结构时，应采取有效的止水措施，如图 7-3～图 7-5 所示。

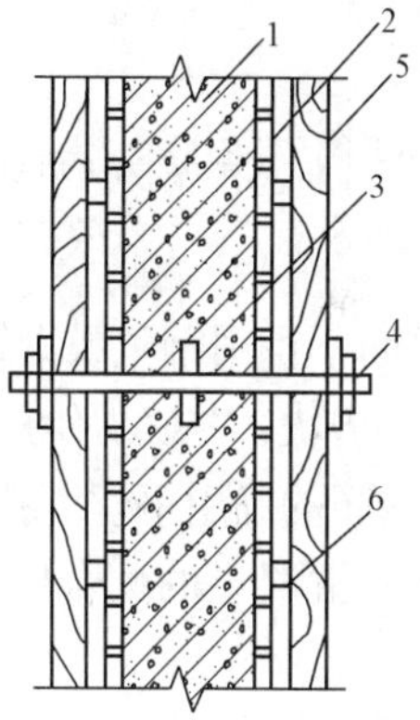

图 7-3　螺栓加止水环

1—防水结构；2—模板；3—止水环；4—螺栓；
5—大龙骨；6—小龙骨

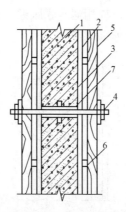

图 7-4　预埋套管加止水环

1—防水结构；2—模板；3—止水环；4—螺栓；5—大龙骨；6—小龙骨；

7—预埋套管（拆模后将螺栓拔出，套管内用膨胀水泥砂浆封堵）

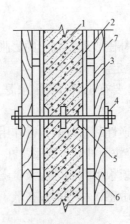

图 7-5　螺栓加堵头

1—防水结构；2—模板；3—止水环；4—螺栓；

5—堵头（拆模后将螺栓沿平凹坑底割去，再用膨胀水泥砂浆封堵）；

6—小龙骨；7—大龙骨

- 钢筋不得用钢丝或钢钉固定在模板上，必须采用与防水混凝土同强度等级的细石混凝土或砂浆块作垫块，并确保钢筋保护层的厚度不小于 30mm，不允许出现负误差。例如，结构内部设置的钢筋的确用钢丝绑扎时，绑扎丝均不得接触模板。

- 防水混凝土的配合比应通过试验选定。选定配合比时，应按设计要求的抗渗等级提高 $0.2N/mm^2$。

- 防水混凝土应连续浇筑，尽量不留或少留施工缝，一次性连续浇筑完成。对于大体积的防水混凝土工程，可采取分区浇筑、使用发热量低的水泥或掺外加剂（如粉煤灰）等相应措施。

地下室顶板、底板混凝土应连续浇筑，不应留置施工缝。墙一般只允许留置水平施工缝，其位置不应留在剪力与弯矩最大处或底板与侧壁交接处，一般宜留在高出底板上表面不小于 200mm 的墙身上。当墙体设有孔洞时，施工缝距孔洞边缘不宜小于 300mm。

如必须留垂直施工缝，应尽量与变形缝结合，按变形缝进行防水处理，并应避开地下水和裂隙水较集中的地段。在施工缝中推广应用遇水膨胀橡胶止水条代替传统的凸缝、阶梯缝或金属止水片进行处理（见图 7-6），其止水效果更佳。

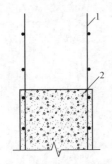
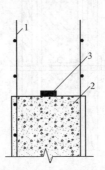
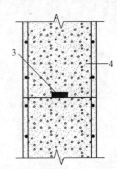

(a) 上一工序浇筑的混凝土施工缝平面　(b) 在施工缝平面处粘贴遇水膨胀橡胶止水条　(c) 施工缝处前后浇筑的混凝土

图 7-6　地下室防水混凝土施工缝的处理顺序

1—钢筋；2—已浇筑混凝土；3—膨胀橡胶止水条；4—后浇筑混凝土

- 防水混凝土不宜过早拆模，拆模时混凝土表面温度与周围气温之差不得超过15℃～20℃以防止混凝土表面出现裂缝。
- 防水混凝土浇筑后严禁打洞，所有预埋件、预留孔都应事先埋设准确。
- 防水混凝土工程的地下室结构部分，拆模后应及时回填土，以利于混凝土后期强度的增长并获得预期的抗渗性能。

小技巧

回填土前，也可在结构混凝土外侧铺贴一道柔性防水附加层或抹一道刚性防水砂浆附加防水层。当为柔性防水附加层时，防水层的外侧应粘贴一层5～6mm厚的聚乙烯泡沫塑料片材（花贴固定即可）作软保护层，然后分步回填三七灰土，分步夯实。同时做好基坑周围的散水坡，以免地面水入侵。一般散水坡宽度大于800mm，横向坡度大于5%。

② 局部构造处理。防水混凝土结构内的预埋铁件、穿墙管道以及结构的后浇缝部位均为防水薄弱环节，应采取有效的措施，仔细施工。

（a）预埋铁件的防水做法。用加焊止水钢板（见图7-7）的方法或加套遇水膨胀橡胶止水环（见图7-8）的方法，既简便又可获得一定的防水效果。施工时，注意将铁件及止水钢板或遇水膨胀橡胶止水环周围的混凝土浇捣密实，保证质量。

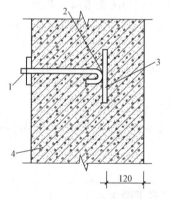

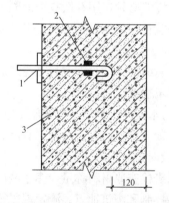

图 7-7　预埋件防水处理　　　　　图 7-8　遇水膨胀橡胶止水环处理
1—预埋螺栓；2—焊缝；　　　　　1—预埋螺栓；2—遇水膨胀橡胶止水环；
3—止水钢板；4—防水混凝土结构　　　　　3—防水混凝土

（b）穿墙管道的处理。在管道穿过防水混凝土结构时，预埋套管上应加套遇水膨胀橡胶止水环或加焊钢板止水环。如为钢板止水环，则应满焊严密，止水环的数量应符合设计规定。安装穿墙管时，先将管道穿过预埋管，并找准位置临时固定，然后将一端用封口钢板将套管焊牢，再将另一端套管与穿墙管间的缝隙用防水密封材料嵌填严密，最后用封口钢板封堵严密。

（c）后浇缝。后浇缝主要用于大面积混凝土结构，是一种混凝土刚性接缝，适用于不允许设置柔性变形缝的工程及后期变形已趋于稳定的结构，施工时应注意以下几点。

- 后浇缝留设的位置及宽度应符合设计要求，缝内的结构钢筋不能断开。
- 后浇缝可留成平直缝、企口缝或阶梯缝（见图7-9）。

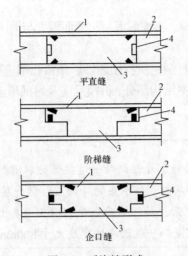

图 7-9　后浇缝形式

1—钢筋；2—先浇混凝土；

3—后浇混凝土；4—遇水膨胀橡胶止水条

- 后浇缝混凝土应在其两侧混凝土浇筑完毕，待主体结构达到标高或间隔六个星期后，再用补偿收缩混凝土进行浇筑。

- 后浇缝必须选用补偿收缩混凝土浇筑，其强度等级应与两侧混凝土相同。

- 浇筑补偿收缩混凝土前，应将接缝处的表面凿毛，清洗干净，保持湿润，并在中心位置粘贴遇水膨胀橡胶止水条。

- 后浇缝的补偿收缩混凝土浇筑后，其湿润养护时间不应少于四个星期。

③ 质量检查。

（a）防水混凝土的质量应在施工过程中按下列规定检查：

- 必须对原材料进行检验，不合格的材料严禁在工程中应用。当原材料有变化时，应取样复验，并及时调整混凝土配合比。

- 每班检查原材料称量应多于两次。

- 在拌制和浇筑地点，测定混凝土坍落度，每班应多于两次。

- 测定加气剂防水混凝土含气量，每班应多于一次。

（b）连续浇筑混凝土量为 $500m^3$ 以下时，应留两组抗渗试块；每增加 $250\sim500m^3$ 混凝土时应增留两组。试块应在浇筑地点制作，其中一组在标准情况下养护，另一组应在与现场相同条件下养护。试块养护期很多于 28d，不超过 90d。使用的原材料、配合比或施工方法有变化时，均应另行留置试块。

三、刚性防水附加层施工

1. 水泥砂浆防水层的分类及适用范围

（1）分类。

① 刚性多层抹面水泥砂浆防水层。这种防水层利用不同配合比的水泥浆和水泥砂浆分层施工，相互交替抹压密实，充分切断各层次毛细孔网的渗水通道，使其构成一个多层防线的整体

防水层。

② 掺外加剂水泥砂浆防水层。

（a）掺无机盐防水剂。在水泥砂浆中掺入占水泥质量 3%～5%的防水剂，可以提高水泥砂浆的抗渗性能，其抗渗压力一般在 0.4N/mm^2 以下，故只适用于水压较小的工程或作为其他防水层的辅助措施。

（b）掺聚合物。掺入各种橡胶或树脂乳液组成的水泥砂浆防水层，其抗渗性能优异，是一种刚柔结合的新型防水材料，可单独用于防水工程，并能获得较好的防水效果。

（2）适用范围。

① 水泥砂浆防水，适用于埋置深度不大，使用时不会因结构沉降、温度和湿度变化以及受振动等产生有害裂缝的地下防水工程。

② 除聚合物水泥砂浆外，其他均不宜用在长期受冲击荷载和较大振动作用下的防水工程，也不适用于受腐蚀、高温（100℃以上）以及遭受反复冻融的砌体工程。

由于聚合物水泥砂浆防水层的抗渗性能优异，与混凝土基层黏结牢固，抗冻融性能以及抗裂性能好，因此在地下防水工程中的应用前景广阔。

2. 聚合物水泥沙浆防水层

聚合物水泥防水砂浆由水泥、砂和一定量的橡胶乳液或树脂乳液以及稳定剂、消泡剂等化学助剂，经搅拌混合均匀配制而成。它具有良好的防水抗渗性、胶粘性、抗裂性、抗冲击性和耐磨性。由于在水泥砂浆中掺入了各种合成高分子乳液，能有效地封闭水泥砂浆中的毛细孔隙，从而提高了水泥砂浆的抗渗透性能，有效地降低了材料的吸水率。

与水泥砂浆掺和使用的聚合物品种繁多，主要有天然和合成橡胶乳液、热塑性及热固性树脂乳液等，其中常用的聚合物有阳离子氯丁胶乳（简称CR胶乳）和聚丙烯酸乳液等。阳离子氯丁胶乳水泥砂浆不但可用于地下建筑物和构筑物，还可用于屋面、墙面做防水、防潮层和修补建筑物裂缝等。

（1）阳离子氯丁胶乳砂浆防水层。

① 砂浆配制。根据配方，先将阳离子氯丁胶乳混合液和一定量的水混合搅拌均匀。另外，按配方将水泥和砂子干拌均匀后，再将上述混合乳液加入，用人工或砂浆搅拌机搅拌均匀，即可进行防水层的施工。胶乳水泥砂浆人工拌和时，必须在灰槽或铁板上进行，不宜在水泥砂浆地面上进行，以免胶乳失水、成膜过快而失去稳定性。配制时要注意以下几点。

● 严格按照材料配方和工艺进行配制。

● 胶乳凝聚较快，因此配制好的胶乳水泥砂浆应在 1h 内用完。最好随用随配制，用多少配制多少。

● 胶乳砂浆在配制过程中，容易出现越拌越干结的现象，此时不得任意加水，以免破坏胶乳的稳定性而影响防水功能。必要时可适当补加混合胶乳，经搅拌均匀后再进行涂抹施工。

② 基层处理。

● 基层混凝土或砂浆必须坚固并具有一定强度，一般不应低于设计强度的 70%。

● 基层表面应洁净，无灰尘、无油污，施工前最好用水冲刷一遍。

● 基层表面的孔洞、裂缝或穿墙管的周边应凿成 V 形或环形沟槽，并用阳离子氯丁胶乳水泥砂浆填塞抹平。

• 如有渗漏水的情况，应先采用压力灌注化学浆液堵漏或用快速堵漏材料进行堵漏处理后，再抹胶乳水泥砂浆防水层。

• 氯丁胶乳防水砂浆的早期收缩虽然较小，但大面积施工时仍难避免因收缩而产生的裂纹，因此在抹胶乳砂浆防水层时应进行适当分格，分格缝的纵横间距一般为 20～30m，分格缝宽度宜为 15～20mm，缝内应嵌填弹塑性的密封材料封闭。

③ 胶乳水泥砂浆的施工。

• 在处理好的基层表面上，由上而下均匀涂刷或喷涂胶乳水泥浆一遍，其厚度以 1mm 左右为宜。它的作用是封堵细小孔洞和裂缝，并增强胶乳水泥砂浆防水层与基层表面的黏结能力。

• 在涂刷或喷涂胶乳水泥浆 15～30min 后，即可将混合好的胶乳水泥砂浆抹在基层上，并要求顺着一个方向边压实边抹平。一般垂直面每次抹胶乳砂浆的厚度为 5～8mm，水平面为 10～15mm，施工顺序原则上为先立墙后地面，阴阳角处的防水层必须抹成圆弧或八字坡。因胶乳容易成膜，故在抹压胶乳砂浆时必须一次完成，切勿反复揉搓。

• 胶乳砂浆施工完后，须进行检查，如发现砂浆表面有细小孔洞或裂缝，应用胶乳水泥浆涂刷一遍，以提高胶乳水泥砂浆表面的密实度。

• 在胶乳水泥砂浆防水层表面还需抹普通水泥砂浆做保护层，一般宜在胶乳砂浆初凝（7h）后终凝（9h）前进行。

• 胶乳水泥砂浆防水层施工完成后，前 3d 应保持潮湿养护，有保护层的养护时间为 7d，在潮湿的地下室施工时，则不需要再采用其他的养护措施，在自然状态下养护即可。在整个养护过程中，应避免振动和冲击，并防止风干和雨水冲刷。

（2）有机硅水泥砂浆防水层。有机硅防水剂的主要成分是甲基硅醇钠（钾），当它的水溶液与水泥砂浆拌和后，可在水泥砂浆内部形成一种具有憎水功能的高分子有机硅物质，它能防止水在水泥砂浆中的毛细作用，使水泥砂浆失去浸润性，提高抗渗性，从而起到防水作用。

① 砂浆配制。将有机硅防水剂和水按规定比例混合，搅拌均匀制成的溶液称为硅水。根据各层施工的需要，将水泥、砂和硅水按配合比混合搅拌均匀，即配制成有机硅防水砂浆。各层砂浆的水灰比应以满足施工要求为准。若水灰比过大，砂浆易产生离析；水灰比过小，则不易施工。因此，严格控制水灰比对确保砂浆防水层的施工质量十分重要。

② 施工要点。

• 先将基层表面的污垢、浮土杂物等清除干净，进行凿毛，用水冲洗干净并排除积水。基层表面如有裂缝、缺棱掉角、凹凸不平等，应用聚合物水泥素浆或砂浆修补，待固化干燥后再进行防水层施工。

• 喷涂硅水。在基层表面喷涂一道硅水（配合比为有机硅防水剂：水=1：7），并在潮湿状态下进行刮抹结合层施工。

• 刮抹结合层。在喷涂硅水湿润的基层上刮抹 2～3mm 厚的水泥浆膏，使基层与水泥浆膏牢固地黏合在一起。水泥浆膏需边配制边刮抹，待其达到初凝时，再进行下道工序施工。

• 抹防水砂浆。应分别进行底层和面层两遍抹法，间隔时间不宜过短，以防开裂。底层厚度一般为 5～6mm，待底层达到初凝时再进行面层施工。抹防水砂浆时，应首先把阴阳角抹成小圆弧，然后进行底层和面层施工。抹面层时，要求抹平压实，收水后应进行两次压光，以提高防水层的抗渗功能。

● 养护。待防水层施工完后，应及时进行湿润养护，以免防水砂浆中的水分过早蒸发而引起干缩裂缝，养护时间不宜小于14d。

> **小提示**
>
> 施工注意事项：①雨天或基底表面有明水不得施工。②有机硅防水剂为强碱性材料，稀释后的硅水仍呈碱性，使用时应避免防水剂与人体皮肤接触，并要特别注意对眼睛的保护。施工完成后应及时把施工机具清洗干净。

课堂案例

某工程屋面防水采用一道80mm厚C20配筋刚性防水混凝土的做法，刚性防水面层设分格缝，缝内下部填砂，上部填专用密封膏。工程竣工后遇到第一个雨季时就发现顶层楼板有渗漏现象。后返工，把渗漏处周围$200m^2$的配筋混凝土剔除，重新涂刷3mm后改性沥青涂膜，才能解决问题。

问题：

1. 试分析本工程在第一个雨季出现渗漏现象的原因？

2. 刚性防水面层为何要设置分格缝？主要在什么部位设置？

分析：

1. 出现渗漏现象的原因

（1）砼的抗渗标号达不到设计的要求；

（2）分格缝没有处理好，雨水顺着分格缝进入到第二道防水；

（3）刚性防水砼出现贯穿裂缝。这也是最易出现和最难避免的质量通病。

2. 本案例包含两部分内容

（1）刚性防水面层对温度较敏感，热胀冷缩明显，容易产生不规则的裂缝，渗漏难于防范。按一定距离设分格缝后，把胀缩变形控制在一定量内，即使变形裂缝，也是被控在规则的分格缝中，在缝中填入柔性防水材料，就能防止渗漏。

（2）通常分格缝用在屋面、路面等露天环境的刚性面层。

四、涂膜防水施工

涂膜防水具有质量轻，耐候性、耐水性、耐蚀性优良，适用性强，冷作业，易于维修等优点；又有涂布厚度不易均匀、抵抗结构变形能力差、与潮湿基层黏结力差、抵抗动水压力能力差等缺点。

目前防水涂料的种类较多，按涂料类型可分为溶剂型、水乳型、反应型和粉末型四大类；按成膜物质可分为合成树脂类、合成橡胶类、聚合物-水泥复合材料类、高聚物改性石油沥青类等。高层建筑地下室防水工程施工中常用的防水涂料应以化学反应固化型材料为主，如聚氨酯防水涂料、硅橡胶防水涂料等。

1. 聚氨酯涂膜防水施工

聚氨酯涂膜防水材料是双组分化学反应固化型的高弹性防水涂料，其中甲组分是以聚醚树脂和二异氰酸酯等原料，经过氢转移加成聚合反应制成的含有端异氰酸酯基的氨基甲酸酯预聚物；乙组分是由交联剂（或称硫化剂）、促进剂（或称催化剂）、抗水剂（石油沥青等）、增韧剂、稀释剂等材料，经过脱水、混合、研磨、包装等工序加工制成。

（1）施工准备工作。

① 为了防止地下水或地表滞水的渗透，确保基层的含水率能满足施工要求，在基坑的混凝土垫层表面上，应抹 20mm 左右厚度的无机铝盐防水砂浆【配合比为水泥：中砂：无机铝盐防水剂：水=1：3：0.1：（0.35～0.40）】，要求抹平压光，不应有空鼓、起砂、掉灰等缺陷。立墙外表面的混凝土如有水泡、气孔、蜂窝、麻面等现象，应采用加入水泥量 15% 的高分子聚合物乳液调制成的水泥腻子填充刮平。阴、阳角部位应抹成小圆弧。

② 通有穿墙套管部位，套管两端应带法兰盘，并要安装牢固，收头圆滑。

③ 涂膜防水的基层表面应干净、干燥。

（2）防水构造。聚氨酯涂膜防水构造如图 7-10 所示。

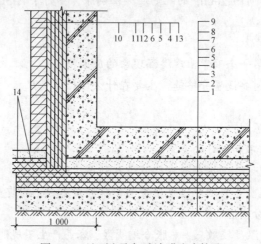

图 7-10　地下室聚氨酯涂膜防水构造

1—夯实素土；2—素混凝土垫层；3—防水砂浆找平层；4—聚氨酯底胶；

5—第一、二度聚氨酯涂膜；6—第三度聚氨酯涂膜；7—油毡保护隔离层；

8—细石混凝土保护层；9—钢筋混凝土底板；10—聚乙烯泡沫塑料软保护层；

11—第五度聚氨酯涂膜；12—第四度聚氨酯涂膜；13—钢筋混凝土立墙；14—聚酯纤维无纺布增强层

（3）聚氨酯涂膜防水的施工工序。聚氨酯涂膜防水的施工顺序：清理基层→平面涂布底胶→平面防水层涂布施工→平面部位铺贴油毡隔离层→平面部位浇筑细石混凝土保护层→钢筋混凝土地下结构施工→修补混凝土立墙外表面→立墙外侧涂布底胶和防水层施工→立墙防水层外粘贴聚乙烯泡沫塑料保护层→基坑回填。

2. 硅橡胶涂膜防水施工

硅橡胶防水涂料是以硅橡胶乳液及其他乳液的复合物为主要基料，掺入无机填料及各种助剂配制而成的乳液型防水涂料，该涂料兼有涂膜防水和浸透性防水材料两者的优良性能，具有良好的防水性、渗透性、成膜性、弹性、黏结性和耐高低温性。

硅橡胶防水涂料分为 1 号及 2 号，均为单组分，1 号用于底层及表层，2 号用于中间层作加强层。

（1）硅橡胶涂膜防水施工顺序及要求。

① 一般采用涂刷法，用长板刷、排笔等软毛刷进行。

② 涂刷的方向和行程长短应一致，要依次上、下、左、右均匀涂刷，不得漏刷，涂刷层次一般为四道，第一、四道用1号材料，第二、三道用2号材料。

③ 首先在处理好的基层上均匀地涂刷一道1号防水涂料，待其渗透到基层并固化干燥后再涂刷第二道。

④ 第二、三道均涂刷2号防水涂料，每道涂料均应在前一道涂料干燥后再施工。

⑤ 当第四道涂料表面干固时，再抹水泥砂浆保护层。

⑥ 其他与聚氨酯涂膜防水施工相同。

（2）硅橡胶涂膜防水施工注意事项。

① 由于渗透性防水材料具有憎水性，因此抹砂浆保护层时，其稠度应小于一般砂浆，并注意压实、抹光，以保证砂浆与防水材料黏结良好。

② 砂浆层的作用是保护防水材料。因此，应避免砂浆中混入小石子及尖锐的颗粒，以免在抹砂浆保护层时，损伤涂层。

③ 施工温度宜在5℃以上。

④ 使用时涂料不得任意加水。

五、架空地板及离壁衬套墙内排水施工

在高层建筑中，如果地下室的标高低于最高地下水位或使用上的需要（如车库冲洗车辆的污水、设备运转冷却水排入地面以下）以及对地下室干燥程度要求十分严格时，可以在外包防水做法的前提下，利用基础底板反梁或在底板上砌筑砖地垄墙，在反梁或地垄墙上铺设架空的钢筋混凝土预制板，并可在钢筋混凝土结构外墙的内侧砌筑离壁衬套墙，以达到排水的目的。

具体做法：在底板的表面浇筑C20混凝土并形成0.5%的坡度（见图7-11）在适当部位设置深度大于500mm的集水坑，使外部渗入地下室内部的水顺坡度流入集水坑中。再用自动水泵将集水坑中的积水排出建筑物的外部，从而保证架空板以上的地下室处于干燥状态，以满足地下室使用功能的要求。

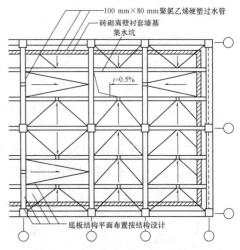

图7-11 结构底板平面找坡示意图

学习单元二　外墙及厕浴间防水施工

📖 知识目标

1. 了解厕浴间的几种构造防水施工。

2. 熟悉构造防水的施工方法。

3. 掌握外墙及厕浴间防水施工方法和质量控制措施。

 技能目标

1. 能够对外墙及厕浴间防水常用的几种防水材料的构造有所了解。

2. 明确掌握外墙及厕浴间防水施工方法和质量控制措施。

基础知识

一、构造防水施工

构造防水又称空腔防水，即在外墙板的四周设置线型构造，加滴水槽、挡水台等，放置防寒挡风（雨）条，形成压力平衡空腔，利用垂直或水平减压空腔的作用切断板缝毛细管通路，根据水的重力作用，通过排水管将渗入板缝的雨水排除，以达到防水目的。这是早期预制外墙板板缝防水的做法。

1. 防水构造

常用的防水构造有垂直缝、水平缝和十字缝几种。

（1）垂直缝。两块外墙板安装后，所形成的垂直缝如图 7-12 所示。垂直缝内设滴水槽一或两道。滴水槽内放置软塑料挡风（雨）条，在组合柱混凝土浇筑前，放置油毡聚苯板，用以防水和隔热、保温。塑料条与油毡聚苯板之间形成空腔。设一道滴水槽形成一道空腔的，被称为单腔；设两道滴水槽形成两道空腔的，被称为双腔。空腔腔壁要涂刷防水胶油，使进入腔内的雨水利用水的重力作用，顺利地沿着滴水槽流入十字缝处的排水管而排出。塑料条外侧的空腔要勾水泥砂浆填实。垂直缝宽度应为 3mm。

（2）水平缝。上、下外墙板之间所形成的缝隙称为水平缝，缝高为 3mm，一般做成企口形式。外墙板的上部设有挡水台和排水坡，下部设有披水，在披水内侧放置油毡卷，外侧勾水泥砂浆，这样，油毡卷以内即形成水平空腔（见图 7-13）。顺墙面流下的雨水，一部分在风压下进入缝内，由于披水和挡水台的作用，仍顺排水坡和十字缝处的排水管排出。

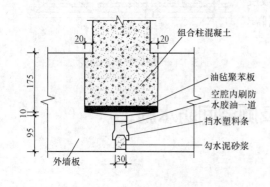

图 7-12　垂直缝防水构造

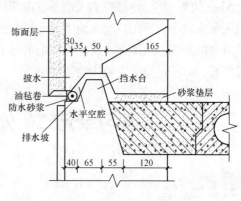

图 7-13　水平缝防水构造

（3）十字缝。十字缝位于垂直缝和水平缝相交处。在十字缝正中设置塑料排水管，使进入立缝和水平缝的雨水通过排水管排出，如图 7-14 所示。

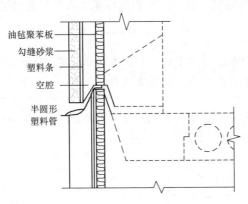

图 7-14　十字缝防水构造

由于防水构造比较复杂，构造防水的质量取决于防水构造的完整无损和外墙板的安装质量，应确保其缝隙大小均匀一致。因此，在施工中如有碰坏应及时修理。

另外，在安装外墙板时要防止披水高于挡水台，防止企口缝向里错位太大，将水平空腔挤严，水平空腔或垂直空腔内不得堵塞砂浆和混凝土等，以免形成毛细作用而影响防水效果。

2．构造防水施工方法

（1）外墙板进场后必须进行外观检查，确保防水构造的完整。如有局部破损，应进行修补。修补方法是：先在破损部位刷一道高分子聚合物乳液，然后用高分子聚合物乳液分层抹实。配合比按质量比为水泥∶砂子∶108 胶=1∶2∶0.2，加适量水拌和。每次抹砂浆不应太厚，否则将会出现下坠而造成裂缝，达不到修补目的。低温施工时可在砂浆中掺入水泥质量 0.6%～0.7% 的玻璃纤维和 3% 的氯化钠，以减少开裂和防止冻结。

（2）吊装前，应将垂直缝中的灰浆清理干净，保持平整光滑，并对滴水槽和空腔侧壁满涂防水胶油一道。

（3）首层外墙板安装前，应按防水构造要求，沿外墙做好现浇混凝土挡水台，即在地下室顶板圈梁中预埋插铁，配纵向钢筋，支模板后浇筑混凝土（见图 7-15）。待混凝土强度达到 5N／mm² 以上时，再安装外墙板。

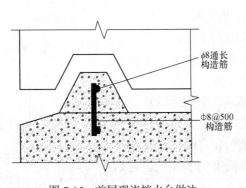

图 7-15　首层现浇挡水台做法

（4）外墙板安装前，应做好油毡聚苯板的裁制粘贴工作和塑料挡水条的裁制工作。泡沫聚苯板应按设计要求进行裁制，其长度可比层高长 50mm；油毡条的裁制长度比楼层高度长100mm，宽度比泡沫聚苯板略宽一些，然后将泡沫聚苯板粘贴在油毡条上。

> **小 提 示**
>
> 塑料条应选用 15～20mm 厚软塑料，其宽度比立缝宽 25mm，可采用"量缝裁条"的办法，或事先裁制不等宽度的塑料条，按缝宽选用。

十字缝采用分层排水方案时，应事先将塑料管裁成图 7-16 所示的形状，或用 24 号镀锌薄钢板做成图 7-17 所示形状的金属簸箕，以备使用。

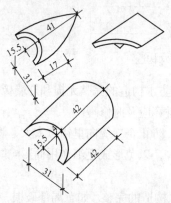

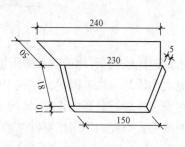

图 7-16　塑料排水管示意图　　　　　　图 7-17　金属簸箕示意图

（5）每层外墙板安装后，应立即插放油毡聚苯板和挡水塑料条，然后再进行现浇混凝土组合柱施工。

插放挡水塑料条前，应将空腔内杂物清除干净。插放时，可采用 $\phi13$ 电线管，一端焊上 $\phi4$ 钢筋钩子，钩住挡水塑料条，沿垂直空腔壁自上而下插入，使塑料条下端放在下层排水披上，上端搭在挡水台阶上，搭接要顺槎，以保证流水畅通，其搭接长度不小于 150mm。

油毡聚苯板的插放，要保证位置准确，上下接槎严密，紧贴在空腔后壁上。浇筑和振捣混凝土组合柱时，要注意防止油毡聚苯板位移和破损。

上下外墙板之间的连接键槽，在灌混凝土时要在外侧用油毡将缝隙堵严，防止混凝土挤入水平空腔内，如图 7-18 所示。

相邻外墙板挡水台和披水之间的缝隙要用砂浆填空，然后将下层塑料条搭放其上，如交接不严，可用油膏密封。在上下两塑料条之间放置塑料排水管和排水簸箕，外端伸出墙面 1～1.5cm，应主要注意其坡度，以保证排水畅通。

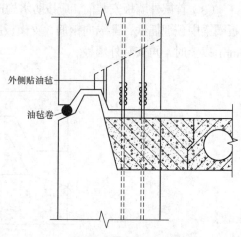

图 7-18　外墙板键槽防水示意图

（6）外墙板垂直、水平缝的勾缝施工，可采用屋面移动悬挑车或吊篮。

小技巧

在勾缝前，应将缝隙清理干净，并将校正墙板用的木楔和铁楔从板底拔出，不得遗留或折断在缝内。勾水平缝防水砂浆前，先将油毡条嵌入缝内。防水砂浆的配合比为：水泥：砂子：防水粉＝1∶2∶0.02（质量比）。调制时先以干料拌和均匀后，再加水调制，以利防水。

为防止垂直缝砂浆脱落，勾缝时，一定要将砂浆挤进立槽内，但不得用力过猛，防止将塑料条挤进减压空腔里。要严禁砂浆或其他杂物落入空腔里。水平缝外口防水砂浆需分2或3次勾严。板缝外口的防水砂浆要求勾得横平竖直、深浅一致，力求美观。

为防止和减少水泥砂浆的开裂，勾缝用的砂浆应掺入水泥质量0.6%～0.7%的玻璃纤维。低温施工时，为防止冻结，应掺适量氯盐。

（7）为了提高板缝防水效果，宜在勾缝前先进行缠缝，且材料应做防水处理。

二、材料防水及厕浴间防水施工

1. 材料防水施工

材料防水即预制外墙板板缝及其他部位的接缝，采用各种弹性或弹塑性的防水密缝膏嵌填，以达到板缝严密堵塞雨水通路的方法。其工艺简单，操作方便。

（1）材料种类及性能。材料种类及性能见表7-3。

表7-3　　　　　　　　　　　　　　　材料种类及性能

种类		性能
防水密封膏		防水密封膏依其价格和性能不同分为高、中、低三档。高档密封膏如硅酮、聚硫、聚氨酯类等适用于变形大、时间长、造价高的工程；中档密封膏如丙烯酸、氯丁橡胶、氯磺化聚乙烯类等；低档密封膏有干性油、塑料油膏等。因材料不同，其施工方法有嵌填法、涂刷法和压接法三种
背衬材料		主要有聚苯乙烯或聚乙烯泡沫塑料棒材（或管材）
基层处理剂（涂料）		基层涂料一般采用稀释的密封膏，其含固量在25%～30%为宜
接缝要求和基层处理	接缝要求	外墙板安装的缝隙宽度应符合设计规定，如设计无规定，一般不应超过30mm。缝隙过宽则容易使密封膏下垂，且用量太大；过窄则无法嵌填。缝隙过深，则材料用量大；过浅则不易黏结密封。一般要求缝的宽深比为2∶1，接缝边缘宜采取斜坡面。缝隙过大、过小均应进行修补。 修补方法如下： （1）缝隙过大：先在接缝部位刷一道高分子聚合物乳液，然后在两侧壁板上抹高分子聚合物乳液，每次厚度不得超过1cm，直至修补合适为止。 （2）缝隙过小：需人工剔凿开缝，要求开缝平整、无毛槎
	基层处理	嵌填密封膏的基层必须坚实、平整、无粉尘。如果有油污，应用丙酮等清洗剂清洗干净。要求基层要干燥，含水率不超过9%

（2）施工方法

① 嵌填法与刷涂法施工。除丁基密封胶适用涂刷法外，多数密封膏适用嵌填法，即用挤压枪将筒装密封膏压入板缝中。

（a）填塞背衬材料。将背衬材料按略大于缝宽（4～6mm）的尺寸裁好，用小木条或开刀塞严，沿板缝上下贯通，不得有凹陷或凸出。通过填塞背衬材料借以确定合理的宽深比。处理后的板缝深度在1.5cm左右。

（b）粘贴胶黏带防污条。防污条可采用自粘性胶粘带或用108胶粘贴牛皮纸条，沿板缝两例连续粘贴，在密封膏嵌填并修整后再予揭除。其目的是防止刷底层涂料及嵌、刷密封膏时污染墙面，并使密封膏接缝边沿整齐美观。

（c）刷底层涂料。刷底层涂料的目的在于提高密封膏与基层的黏结力，并可防止混凝土或砂浆中碱性成分的渗出。

依据密封膏的不同，底层涂料的配制也不同，丙烯酸类可用清水将膏体稀释，氯磺化聚乙烯需用二甲苯将膏体稀释，丁基橡胶类需用120号汽油稀释，聚氨酯类则需用二甲苯稀释。涂刷底层涂料时要均匀盖底，不漏刷，不流坠，不得污染墙面。

（d）嵌填（刷涂）密封膏。嵌填（刷涂）双组合的密封膏，按配合比经搅拌均匀后先装入塑料小筒内，要随用随配，防止固化。

> **小 技 巧**
>
> 嵌填时将密封膏筒装入挤压枪内，根据板缝的宽度，将筒口剪成斜口，扳动扳机，将膏体徐徐挤入板缝内填满。一条板缝嵌好后，立即用特制的圆抹子将密封膏表面压成弧形，并仔细检查所嵌部位，将其全部压实。
>
> 刷涂时，用棕刷涂缝隙。涂刷密封膏要超出缝隙宽度2～3cm，涂刷厚度应在2mm以上。

（e）清理。密封膏嵌填、修补完毕后，要及时揭掉防污条。如果墙面粘上密封膏，可用与膏体配套的溶剂将其清理干净。所用工具应及时清洗干净。

（f）成品保护。密封膏嵌完后，经过7～15d才能固化，在此期间要防止触碰及污染。

② 压入法施工。压入法是将防水密封材料事先轧成片状，然后压入板缝之中。这种做法可以节约筒装密封膏的包装费，降低材料消耗。目前适合于压入法的密封材料不多，只有XM-43丁基密封膏。

（a）首先将配制好的底胶均匀涂刷于板缝中，自然干燥0.5h即可压入密封膏。

（b）将轧片机调整至施工所需密封腻子厚度，将轧辊用水润湿，防止粘辊。将密封膏送入轧辊，即可轧出所需厚度的片材。然后裁成适当的宽度，放在塑料薄膜上备用。

（c）将膏片贴在清理干净的墙板接缝中，用手持压辊在板缝两侧压实、贴牢。

（d）最后在表面涂刷691涂料，用以保护密封腻子，增强防水效果，并增加美感。691涂料要涂刷均匀，全部盖底。

2. 厕浴间防水施工

建筑工程中的厕浴间一般都布置有穿过楼地面或墙体的各种管道，这些管道具有形状复杂、面积较小、变截面等特点。在这种情况下，如果继续沿用石油沥青纸胎油毡或其他卷材类材料进行防水的传统做法，则因防水卷材在施工时的剪口和接缝多，很难黏结牢固和封闭严密，难以形成一个弹性与整体的防水层，比较容易发生渗漏等工程质量事故，影响厕浴间装饰质量及其使用功能。为了确保高层建筑中厕浴间的防水工程质量，现在多用涂膜防水或抹聚合物水泥砂浆防水取代各种卷材做厕浴间防水的传统做法，尤其是选用高弹性的聚氨酯涂膜、弹塑性的高聚物改性沥青涂膜或刚柔结合的聚合物水泥砂浆等新材料和新工艺，可以使厕浴间的地面和墙面形成一个连续、无缝、封闭严密的整体防水层，从而保证了厕浴间的防水工程质量。

总之，从施工技术的角度看，高层建筑的厕浴间防水与一般多层建筑并无区别，只要结构设计合理，防水材料运用适当，严格按规程施工，确保工程质量也不是难事。

三、阳台、雨罩板及屋面女儿墙防水要点

1. 阳台、雨罩板部位防水

（1）平板阳台板上部平缝全长和下部平缝两端 30mm 处以及两端立缝，均应嵌填防水油膏，相互交圈密封。槽形阳台板只在下侧两端嵌填防水油膏。

防水油膏应具有良好的防水性、黏结性、耐老化，高温不流淌、低温柔韧等性能。基层应坚硬密实，表面不得有粉尘。嵌防水油膏前，应先刷冷底子油一道，待冷底子油晾干后再嵌入油膏。如遇瞎缝，应剔凿出 20mm×30mm 的凹槽，然后刷冷底子油、嵌防水油膏。嵌填时，可将油膏搓成 $\phi20$ 的长条，用溜子压入缝内。油膏与基层一定要黏结牢固不得有剥离、下垂、裂缝等现象，然后在油膏表面再涂刷冷底子油一道。为便于操作，可在手上、溜子上沾少量鱼油，以防油膏与手及溜子黏结。

阳台板的泛水做法要正确，确保使用期间排水畅通。

（2）雨罩板与墙板压接及其对接接缝部位，先用水泥砂浆嵌缝，并抹出防水砂浆帽。防水砂浆帽的外墙板垂直缝内要嵌入防水油膏，或将防水卷材沿外墙向上铺设 30cm 高。

2. 屋面女儿墙防水

屋面女儿墙部位的现浇组合柱混凝土与预制女儿墙板之间容易产生裂缝，雨水会顺缝隙流入室内。因此，首先应尽量防止组合柱混凝土的收缩（宜采用干硬性混凝土或微膨胀混凝土）。混凝土浇筑在组合柱外侧，沿竖缝嵌入防水油膏，外抹水泥砂浆加以保护。女儿墙外墙板立缝用油膏和水泥砂浆填实。另外，还应增设女儿墙压顶，压顶两侧留出滴水槽防止雨水沿缝隙顺流而下。

质量检查与验收标准：

（1）质量检查。外墙防水在施工过程中和施工后，均应进行认真的质量检查，发现问题应及时解决。完工后应进行淋水试验。试验方法：用长 1m 的 $\phi25$ 的水管，表面钻若干 1mm 的孔，接通水源后，放在外墙最上部位，沿每条立缝进行喷淋。喷淋时间：无风天气为 2h，五、六级风时为 0.5h。发现渗漏应查明原因和部位并进行修补。

（2）验收标准。

① 外墙接缝部位不得有渗漏现象。

② 缝隙宽窄一致，外观平整光滑。

③ 防水材料与基层嵌填牢固，不开裂、不翘边、不流坠、不污染墙面。

④ 采用嵌入法时宽厚比应一致，最小厚度不小于 10mm；采用刷涂法的涂层厚度不小于 2mm；压入法密封腻子厚度不小于 3mm。

四、屋面及特殊建筑部位防水施工

1. 屋面防水施工

高层建筑的屋面防水等级一般为二级，其防水耐用年限为 15 年，如果继续采用原有的传统石油沥青纸胎油毡防水，已远远不能适应屋面防水基层伸缩或开裂变形的需要，而应采用各种拉伸强度较高、抗撕裂强度较好、延伸率较大、耐高低温性能优良、使用寿命长的弹性或弹塑性的新型防水材料做屋面的防水层。屋面一般宜选用合成高分子防水卷材、高聚物改性沥青防水卷材和合成高分子防水涂料等进行两道防水设防，其中必须有一道卷材防水层。施工时应根据屋面结构特点和设计要求选用不同的防水材料或不同的施工方法，以达到较为理想的防水效果。

目前，常采用的屋面防水形式多为合成高分子卷材防水、聚氨酯涂膜防水组成的复合防水构造，或与刚性保护层组成的复合防水构造，其施工工艺与一般多层建筑的屋面防水施工工艺相同。

2. 特殊建筑部位防水施工

在现代化的建筑工程中，往往在楼地面或屋面上设有游泳池、喷水池、四季厅、屋顶（或室内）花园等，从而增加了这些工程部位建筑防水施工的难度。在这些特殊建筑部位中如果防水工程设计不合理、选材不当或施工作业不精心，则有发生水渗漏的可能。这些部位一旦发生水渗漏，不但不能发挥其使用功能，而且会损坏下一层房间的装饰装修材料和设备，甚至会破坏到不能使用的程度。为了确保这些特殊部位的防水工程质量，最好采用现浇的防水混凝土结构做垫层，同时选用高弹性无接缝的聚氨酯涂膜与三元乙丙橡胶卷材或其他合成高分子卷材相复合，进行刚柔并用、多道设防、综合防水的施工做法。

（1）防水构造。楼层地面或屋顶游泳池及喷水池的防水构造和池沿防水构造分别如图 7-19 和图 7-20 所示（花园等的防水构造也基本相同）。

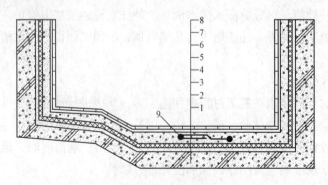

图 7-19　楼层地面或屋顶游泳池防水构造

1—现浇防水混凝土结构；2—水泥砂浆找平层；3—聚氨酯涂膜防水层；4—三元乙丙橡胶卷材防水层；

5—卷材附加补强层；6—细石混凝土保护层；7—瓷砖胶黏剂；8—瓷砖面层；9—嵌缝密封膏

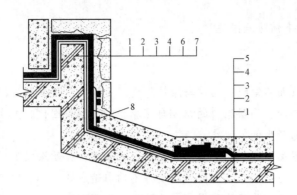

图 7-20　楼层地面或屋顶喷水池池沿防水构造

1—现浇防水混凝土结构；2—水泥砂浆找平层；3—聚氨酯涂膜防水层；4—三元乙丙橡胶卷材防水层；

5—细石混凝土保护层；6—水泥砂浆黏结层；7—花岗岩护壁饰面层；8—嵌缝密封膏

（2）施工要点。

① 对基层的要求及处理。楼层地面或屋顶游泳池、喷水池、花园等基层应为全现浇的整体防水混凝土结构，其表面要抹水泥砂浆找平层，要求抹平压光，不允许有空鼓、起砂、掉灰等缺陷存在，凡穿过楼层地面或立墙的管件（如进出水管、水底灯电线管、池壁爬梯、池内挂钩、制浪喷头、水下音响以及排水口等），都必须安装牢固、收头圆滑。做防水层施工前，基层表面应全面泛白无水印，并要将基层表面的尘土杂物彻底清扫干净。

② 涂膜防水层的施工。涂膜防水层应选用无污染的石油沥青聚氨酯防水涂料施工，该品种的材料固化形成的涂膜防水层不但无毒无味，而且各项技术性能指标均优于煤焦型聚氨酯涂膜。

③ 三元乙丙橡胶卷材防水层的施工。在聚氨酯涂膜防水层施工完毕并完全固化后，把排水口和进出水管等管道全部关闭，放水至游泳池或喷水池的正常使用水位，蓄水 24h 以上，经认真检查确无渗漏现象后，即可把水全部排放掉。待涂膜表面完全干燥，再按合成高分子卷材防水施工的工艺，进行三元乙丙橡胶卷材防水层的施工。

④ 细石混凝土保护层与瓷砖饰面层的施工。在涂膜与卷材复合防水层施工完毕，经质监部门认真检查验收合格后，即可按照设计要求或标准的规定，浇筑细石混凝土保护层，并抹平压光，待其固化干燥后，再选用耐水性好、抗渗能力强和黏结强度高的专用胶黏剂粘贴瓷砖饰面层。

要特别注意的是，在进行保护层施工的过程中，绝对不能损坏复合防水层，以免留下渗漏的隐患。

学习案例

某屋面防水材料选用彩色焦油聚氨酯，涂膜厚度 2mm。施工时因进货渠道不同，底层与面层涂料两家不同生产厂的产品。施工后发现三个质量问题：一是大面积涂膜呈龟裂状，部分涂膜表面不结膜；二是整个屋面颜色不均，面层厚度普遍不足；三是局部（约 3%）涂膜有皱折、剥离现象。

想一想：

1. 产生上述问题的原因是什么？

2. 针对以上问题有何防治措施?

案例分析:

1. 原因分析

(1) 涂抹开裂和表面不结膜:主要与涂抹厚度不足有关。用针刺法检查,涂抹厚度平均小于 0.5mm。由于厚度较薄,面层涂料的初期自然养护时,材料固化时产生的收缩应力大于涂膜的结膜强度,所以容易产生龟裂现象。

另外,如果厚度不足,聚氨酯中的两组无法充分反映,导致涂膜不固化,表面粘手。

(2) 屋面颜色不均匀:主要进行配置时搅拌不均匀造成的。如果搅拌时间不足,搅拌不充分,涂料结膜后就会产生色泽不均匀现象。此外,本工程因底层与面层涂料来自不同生产厂,所以两种材料之间的覆盖程度、颜色均匀性与厚度大小、涂刷相隔时间有关。

(3) 涂膜皱折、剥离:主要与施工时基层潮湿有关。本工程采用水泥膨胀珍珠岩预制块保温层,基层内部水分较多。涂抹施工后,在阳光照射下,多余水分因温度上升会产生巨大蒸汽压力,使涂膜黏结不结实的部位出现皱折或剥离现象。这些部位如果不及时修补,就会丧失防水功能。

2. 防治措施

(1) 涂抹厚度。在施工时,确保材料用量与分层涂刷,同时还应加强基层平整的检查,对个别有严重缺陷的地方,应该用同类材料的胶泥嵌补平整。

(2) 施工工艺。彩色焦油聚氨酯防水涂料是双组反应型材料。因此,在施工时应严格按配合比施工,并且加强搅拌。特别是 B 组分中有粉状填料,更应适当延长搅拌时间,最好采用电动搅拌器搅拌,否则,氨酯防水涂料结膜后强度不足以影响它的使用功能。

(3) 材料品种。从理论上分析,同一品种的防水材料不应存在相容性的问题。但工程实践证明,焦油氨脂防水涂料与水泥类基层的黏结性一般很好,剥离强度较高;而底涂层与面涂层之间剥离强度相对较低。另外,从本工程来看,表面颜色不均匀问题,还与采用不同生产厂的材料有关,在今后类似工程中应该避免。

还有,不同品种的涂料在工程中一般不应混用。即使性能相近的品种,也应进行材料相容性试验,既要试验两种材料的剥离强度,还应测定两种材料涂刷的最佳相隔时间。这种试验主要是为了确保防水涂膜的整体性与水密性,提高工程的使用年限。

知识拓展

游泳池防水施工

1. 施工操作工艺要点

(1) 基层清理。在验收合格基层上将杂物、浮灰等清扫干净。

(2) 基层处理。将按照比例配制好的基层处理剂搅拌均匀,待用。涂刷方法如下:

① 底板。在大面积涂刷前用油漆蘸底胶在阴阳角、穿墙管道根部等部位均匀涂刷 1 道。

② 外侧墙。在大面积涂刷前用油漆刷蘸底胶在阴阳角、穿墙管道根部等部位均匀涂刷 1 道;穿墙螺杆处,首先采用聚氨酯密封胶密封,然后用聚合物砂浆抹平,再涂刷基层处理剂。

③ 大面积施工采用刮涂。纵横刮涂时涂层薄厚要均匀,不得见白露底。一般刮涂 6h 后即

可进行下到工序施工。

（3）配料。在"水皮优"防水涂料中掺加 15% 的水和 6%～8% "水皮优"专用配套粉料（以加快涂膜固化速度），电动搅拌 2～3min。

（4）将搅拌好的涂料均匀刮涂于基面，施工环境温度为 5℃～25℃，每遍刮涂间隔时间为 4～6h，后一道刮涂以前一道涂层基本不粘手，涂料固化结膜为准。

（5）刮涂顺序。先低处、后高处，先地梁沟、承台、电梯井等特殊部位，后大面积刮涂。涂刮大面"水皮优"涂膜通常分为 3 层涂刮，每层厚度不宜超过 0.7mm。分层涂刮时应注意用力适度，不漏底、不堆积，晾放 4～6h（视基层及现场环境潮湿程度而异）后才可涂刮下一层。

（6）每遍涂刷时纵横交替改变涂层的涂刷方向，同层涂膜的先后搭茬宽度为 60～80mm。

（7）涂料防水层的施工缝（甩槎）要及时保护，搭接缝宽度大于 100mm，接涂前将其甩槎表面处理干净。

（8）检查和修补施工缺陷。

2. 施工注意事项与产品保护

"水皮优"防水涂料施工时必须特别注意成膜厚度及均匀度。基层允许潮湿，但不得有明显渗漏或明水。"水皮优"涂膜应涂刷多遍完成，涂刷应待前遍涂层干燥成膜后进行，每层涂刷时交替改变涂层的涂刷方向。"水皮优"涂料防水层的施工缝（甩槎）应注意保护，搭接缝宽度应大于 100mm，按涂前应将甩槎表面处理干净。"水皮优"涂膜防水层收头采用防水涂料多遍涂刷或用密封材料封严。

涂膜施工程序：先节点、后大面，即所有节点附加层涂刮好后，方可涂刮大面防水层；先远处、后近处，使操作人员不过多踩踏已完成的涂膜。施工区域应采取必要的、醒目的围护措施（周围提供必要的通道），禁止无关人员行走践踏。"水皮优"防水涂料防水层采用冷施工。由于有溶剂挥发，施工现场及材料存放处必须保持阴凉通风，严禁烟火，配备必要的消防器材。在施工休息或结束时，应及时用清水清洗粘有涂料的工具及衣物。

学习情境小结

本学习情境包括地下室防水工程施工和外墙及厕浴间防水施工两部分内容。

高层建筑防水比一般建筑工程的防水要求更严格，既关系到人们居住和使用的环境、卫生条件，也直接影响着建筑物的使用寿命。高层建筑的防水按其工程部位可分为地下室、屋面、外墙面、室内厨房、浴厕间及楼层游泳池、屋顶花园等防水工程。

防水工程的质量在很大程度上取决于防水材料的技术性能，因此防水材料必须具有一定的耐候性、抗渗透性、抗腐蚀性以及对温度变化和外力作用的适应性与整体性。施工中的基层处理、材料选用、各种细部构造（如落水口、出入口、卷材收头做法等）的处理及对防水层的保护措施，均对防水工程的质量优劣有着极为重要的影响。另外，防水设计不周，构造做法欠妥，也是影响防水工程质量的重要因素。

学习检测

一、填空题

1. 防水卷材的品种规格和层数, 应根据地下工程防水_____、_____以及_____、_____和施工工艺等因素确定。

2. 混凝土结构防水是以工程结构本身的_____和_____来实现防水功能的一种防水做法。

3. 防水混凝土不宜过早拆模, 拆模时混凝土表面温度与周围气温之差不得超过_____, 以防止混凝土表面出现裂缝。

4. 涂膜防水层的总厚度小于_____的为薄质涂料, 总厚度大于_____的为厚质涂料。

5. 材料防水即预制外墙板板缝及其特殊部位的接缝, 采用各种弹性或弹塑性的_____, 以达到板缝严密堵塞雨水通路的方法。

二、选择题

1. 高层建筑采用箱形基础时, 地下室一般多采用 ( )。

   A. 整体内贴防水做法　　　　　　　　B. 部分内贴防水做法

   C. 整体全外包防水做法　　　　　　　D. 部分全外包防水做法

2. 防水混凝土不宜过早拆模, 拆模时混凝土表面温度与周围气温之差不得超过 ( ), 以防止混凝土表面出现裂缝。

   A. 10℃～15℃　　　B. 15℃～20℃　　　C. 20℃～25℃　　　D. 25℃～30℃

3. 铺贴双层卷材时, 上下两层和相邻两幅卷材的接缝应错开 ( ) 幅宽, 且两层卷材不得相互垂直铺贴。

   A. 1/3～1/2　　　B. 1/2～2/3　　　C. 1/3～2/3　　　D. 2/3～3/4

4. 地下防水层及结构施工时, 地下水位要设法降至底部最低标高下 ( ), 并防止地面水流入, 否则应设法排除。

   A. 200mm　　　B. 300mm　　　C. 350mm　　　D. 400mm

5. 在高层框架结构、大模板 "内浇外挂" 结构和装配式大板结构工程中, 其外墙一般多采用 ( )。

   A. 现浇内墙板　　　B. 现浇外墙板　　　C. 预制内墙板　　　D. 预制外墙板

三、简答题

1. 常用的合成高分子防水卷材有哪些?

2. 高层建筑地下室工程有哪些防水构造措施?

3. 地下防水层及结构施工时有何要求?

4. 在防水混凝土的施工中应注意哪些问题?

5. 试简述聚氨酯涂膜防水的施工工序。

6. 高层建筑的外墙防水有哪几类措施? 各有何特点?

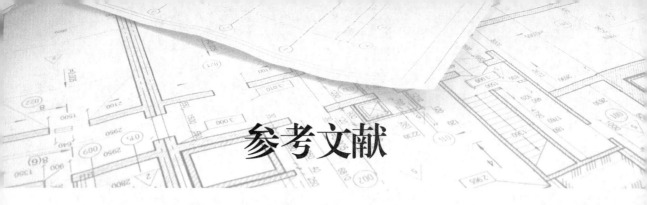

参考文献

[1] 赵志缙，赵帆．高层建筑施工[M]．3 版．北京：中国建筑工业出版社，2005．

[2] 张厚先，陈德方．高层建筑施工[M]．北京：北京大学出版社，2006．

[3] 杨跃．高层建筑施工[M]．武汉：华中科技大学出版社，2004．

[4] 中国建筑科学研究院．JGJ 120—2012 建筑基坑支护技术规程[S]．北京：中国建筑工业出版社，2012．

[5] 杨嗣信．高层建筑施工手册（上、下册）[M]．2 版．北京：中国建筑工业出版社，2001．

[6] 李顺秋，刘群，曹兴明．高层建筑施工技术[M]．哈尔滨：黑龙江科学技术出版社，2000．

[7] 韩林海，杨有福.现代钢管混凝土结构技术[M]．北京：中国建筑工业出版社，2004．

[8] 《建筑施工手册》（第 4 版）编写组．建筑施工手册[M]．4 版．北京：中国建筑工业出版社，2003．

[9] 侯君伟.建筑工程混凝土结构新技术应用手册[M].北京:中国建筑工业出版社,2001.

[10] 富文权，韩素芳．混凝土工程裂缝预防与控制[M]．北京：中国铁道出版社，2002．